U0279843

国际电气工程先进技术译丛

锂二次电池原理与应用

（韩）Jung-Ki Park 等著

张治安　杜柯　任秀　译

机械工业出版社

锂二次电池在日常生活以及工业界得到了广泛的应用和普及，正处于蓬勃发展时期。本书共分6章，第1章简述了电池发展历史，介绍了锂二次电池及其发展。第2章介绍了电池化学的基础。第3章以较大篇幅全面介绍了锂二次电池用的正极材料、负极材料、电解液、隔膜以及其他辅助材料，然后对锂二次电池中的界面反应与特性进行了重点介绍。第4章对电池研究中的电化学分析与材料性能分析进行了介绍。第5章详述了电池的设计与制造。第6章概述了电池性能评估及其应用。本书的大量内容反映了锂二次电池的最新研究成果，基本概念清楚、思路清晰、内容全面、易于读者理解。各章节之间力求相对独立，又相互联系，内容上又是一个统一的整体。本书适合从事材料、化学、新能源等领域研究、开发和生产的科研人员，以及高等院校相关专业教师、高年级本科生和研究生使用。

图书在版编目（CIP）数据

锂二次电池原理与应用/（韩）朴正基（Jung-Ki Park）等著；张治安等译. —北京：机械工业出版社，2014.6（2022.10 重印）
（国际电气工程先进技术译丛）
ISBN 978-7-111-46935-3

Ⅰ. ①锂… Ⅱ. ①朴…②张… Ⅲ. ①锂离子电池—研究 Ⅳ. ①TM912

中国版本图书馆 CIP 数据核字（2014）第 119151 号

机械工业出版社（北京市百万庄大街22 号　邮政编码 100037）
策划编辑：刘星宁　责任编辑：郑　彤
版式设计：霍永明　责任校对：樊钟英
封面设计：马精明　责任印制：单爱军
北京虎彩文化传播有限公司印刷
2022 年 10 月第 1 版第 6 次印刷
169mm×239mm · 20.25 印张 · 393 千字
标准书号：ISBN 978-7-111-46935-3
定价：88.00 元

凡购本书，如有缺页、倒页、脱页，由本社发行部调换
电话服务　　　　　　　　　网络服务
服务咨询热线：010-88361066　机工官网：www.cmpbook.com
读者购书热线：010-68326294　机工官博：weibo.com/cmp1952
　　　　　　　010-88379203　金 书 网：www.golden-book.com
封面无防伪标均为盗版　　教育服务网：www.cmpedu.com

贡献者列表

Chil-Hoon Doh
韩国电工研究所（KERI）
电池介电研究中心
12 Bulmosan-ro 10beon-gil，Seongsan-gu
Changwon-si，Gyeongsangnam-do，
642-120　韩国

Kyoo-Seung Han
忠南国立大学
精细化工和应用化学系
99 Daehak-ro，Yuseong-gu
Daejeon，305-764
韩国

Young-Sik Hong
首尔教育大学
科学教育系
96 Seochojungang-ro，Seocho-gu
Seoul，137-742
韩国

Kisuk Kang
首尔大学
材料科学与工程系
1 Gwanak-ro，Gwanak-gu
Seoul，151-742
韩国

Dong-Won Kim
汉阳大学
化学工程系
222 Wangsimni-ro，Seongdong-gu
Seoul，133-791
韩国

Jae Kook Kim
全南大学
材料科学与工程系
77 Yongbong-ro，Buk-gu
Gwangju，500-757
韩国

Sung-Soo Kim
忠南国立大学
绿色能源技术研究生院
99 Deahak-ro，Yuseong-gu
Daejeon，305-764
韩国

Chang Woo Lee
庆熙大学
化学工程系
26 Kyunghee-daero，Dongdaemun-gu
Seoul，130-701
韩国

Sung-Man Lee
江原国立大学
先进材料科学与工程系
1 Kangwondaehak-gil, Chuncheon-si
Gangwon-do, 200-701
韩国

Hong-Kyu Park
LG 化学
电池研究院
104-1 Munji-dong, Yuseong-gu
Daejeon, 305-380
韩国

Sang-Young Lee
江原国立大学
化学工程系
1 Kangwondaehak-gil, Chuncheon-si
Gangwon-do, 200-701
韩国

Jung-Ki Park
韩国科学技术院（KAIST）
化学与生物分子工程系
291 Deahak-ro, Yuseong-gu
Daejeon, 305-701
韩国

Young-Gi Lee
韩国电子通信研究院（ETRI）
电源控制装置研究团队
218 Gajeong-ro, Yuseong-gu
Daejeon, 305-700
韩国

Seung-Wan Song
忠南国立大学
精细化工和应用化学系
99 Deahak-ro, Yuseong-gu
Daejeon, 305-764
韩国

Yong Min Lee
韩巴大学
化学与生物工程系
125 Dongseo-daero, Yuseong-gu
Daejeon, 305-719
韩国

译 者 序

随着手机、便携式计算机、电动工具等日益普及，以及电动车、储能市场的不断扩大，对锂二次电池的需求不断增长。同时，各国科技工作者对锂二次电池的研究也取得了不断进展。在科研过程中，我们发现《锂二次电池原理与应用》一书系统介绍了锂二次电池的基础知识、最新的研究成果和发展趋势，内容丰富，具有较高的学术水平和较强的应用价值。翻译本书有助于我们进一步加深对锂二次电池的理解，中译本的出版对从事化学电源工作的科研人员具有较强的参考价值，同时本书对高等院校相关专业的师生来说也不失为一本有价值的教学参考书。

本书由中南大学张治安（译者序及前言、第3章、第5章）、中南大学杜柯（第1~4章）和中南大学任秀（第3章、第6章）负责翻译。全文由张治安统稿、定稿。

在此，我们要感谢对本书翻译出版给予帮助的众多朋友。感谢机械工业出版社的刘星宁先生为本书的出版做了大量工作，使得本书得以顺利出版。我们也感谢机械工业出版社的相关编辑对本书的关心和在本书编辑出版过程中付出的辛勤劳动！

诚然，由于译者水平有限，时间仓促，书中难免存在疏漏和不足之处，恳请广大读者批评指正。

张治安

前　　言

　　锂二次电池，作为一种重要的能源存储系统，人们更多地期望技术上取得重大突破。但是，要在一本书里系统而富有逻辑地将锂二次电池的原理与应用阐释清楚，却不是一件容易的事。我也曾认为，广大读者迫切需要有一本能涵盖锂二次电池各种知识的综合性图书。鉴于此，我和其他几位专家达成了共识，一起着手编写本书。本书的作者都是研究锂二次电池技术的专家、学者，他们分别来自大学、研究中心和工业界。

　　在编写之前，我们一致同意，本书的编写思路如下：除了基本事实外，书中各章所涉及的相关解释说明，都采用简单而统一的模式做通俗易懂的阐释。对于这点，作为作者代表，我也是按照这样的编写思路，审阅了本书的目录，并按此原则重新编排了书中所有的内容。即便如此，我仍担心我们的初衷没有完全实现，但是，毋庸置疑，我们已经尽了最大的努力。

　　有关这本书的篇章结构，我们进行了多次讨论。首先是引言，紧接着讲的是电池电化学反应的基本知识。接下来，我们介绍了电池关键组成部分如正极材料、负极材料、电解液以及界面反应的结构与性能。此外，我们还介绍了与电池相关的电化学和物理性能的分析技术。这本书还包括电池设计、制造以及性能评估。

　　早在2006年，我们就有了编写这本书的想法，花了四年的时间才得以完成。这确实是一个漫长的过程，编写者们经历了几十次的反复讨论。在此过程中，我们互相激励，成功地克服了所有的困难，期望本书能在相关的领域中做出重要的贡献。为了编写此书，我们常常在讨论的时候，用盒饭当午餐。尽管如此，我想，这一过程一定给我们留下了美好的回忆。

　　在此，我要特别感谢为本书的出版做出努力的人们。他们分别是：Yong-Mook Kang 教授，审阅了书中涉及正极部分的内容；Hochun Lee 教授，审阅了电化学分析技术部分；Doo-Kyung Yang 教授，制作了 NMR 分析的草图；Nam-Soon Choi 教授，审阅了电解液和界面反应部分。我也非常感谢 Myung-su Lee 女士，她为我们无数次周末会议提供了便利。最后，我们要特别感谢的是读者。

KAIST 实验室

作者代表　Jung-Ki Park

目　　录

第 1 章 引言

随着信息技术（IT）的迅速发展，移动通信设备的数量激增。21 世纪正朝着高质量通信服务无时无处不在的时代发展，这很大程度上可归因于锂二次电池的发展，它在 20 世纪 90 年代首次商业化。与其他二次电池相比，锂二次电池不仅具有更高的工作电压和更大的能量密度，工作寿命也更长。这些优异的特性使其可以满足各种不断发展的设备的复杂要求。全世界都在努力发展现有的锂二次电池技术并将其应用范围从环保型交通扩大到其他领域，例如储能、医疗和国防。

相关技术的持续发展以及技术创新需要对锂二次电池有一个基本和系统的了解。

1.1 电池的历史

电池可以定义为一个通过电化学反应将电极材料的化学能直接转化为电能的系统。对电池的最早描述出现在伏特（Volta）于 1800 年发表在伦敦皇家学会刊物的文章中，伏特是意大利帕维亚大学的教授。1786 年，意大利的伽伐尼（Galvani）发现用金属物体接触青蛙的大腿会引起其肌肉抽搐。他声称"动物电"产生于青蛙体内并通过肌肉进行传送。伏特怀疑"动物电"的可信性，并证实动物的体液充当两种不同金属间的电解液。伏特在 1800 年发明了伏特电堆（见图 1.1a），在该装置中，用浸泡在碱溶液中的布隔开两种金属的堆积片，再以导线连接两端就会产生电流，这是我们今天所认识的电池的最初形式[1]。

1932 年，在巴格达（Baghdad）的一处遗址发现了一个两千多年前的陶罐（见图 1.1b），这被认为是最早的电池标本。该陶罐高 15 cm，包括一个用铜棒和铁棒固定的铜柱，棒已被酸腐蚀。虽然有些学者认为该手工艺品是一个原始电池，但它是否真有这种用途却无从考证。

电池可以分为一次电池和二次电池（或可充电电池）。一次电池使用一次后即废弃，二次电池可以充电使用多次。自从发明伏特电堆起，人类已经开发并商业化各种各样的电池。

最早被广泛使用的一次电池是勒克朗谢（或锌锰）电池，它由一位叫勒克朗谢（Leclanché）的法国工程师于 1865 年发明。它包括一个锌负极、一个二氧化锰（MnO_2）正极以及氯化铵（NH_4Cl）和氯化锌（$ZnCl_2$）组成的酸性电解液，该电池的电动势为 1.5 V，有着广泛的应用。后来，勒克朗谢电池中的酸性电解液被

图 1.1　伏特电堆（图 a）和 Baghdad 电池（图 b）

KOH 碱性电解液代替，演变成了碱性电池，它有着和勒克朗谢电池一样的电压，但容量和放电能力得到了提高。后来又出现了新型的一次电池，例如锌-空气电池（1.4 V）和氧化银电池（1.5 V）。一次电池的性能在 20 世纪 70 年代得到了显著提高，当时以金属锂为负极的 3 V 锂一次电池得到了商业化。

最古老的二次电池是由法国物理学家普朗特（Planté）于 1859 年发明的铅酸电池。铅酸电池以二氧化铅为正极，铅为负极，硫酸为电解液。单个电池的电动势为 2 V，常用做机动车辆的储能电池。NiCd（1.2 V）电池在 1984 年开始普及并取代小型电器中的一次电池[2]。然而，由于镉对环境的有害影响，NiCd 电池如今已不被广泛使用。

在 20 世纪 90 年代早期，相对于 NiCd 电池，NiMH（1.2 V）电池由于环保且性能更优异因而获得青睐。紧随其后出现的 3 V 锂二次电池由于能量密度得到显著提高、结构紧凑且重量轻迅速占领了便携式设备的市场，包括手机、笔记本电脑和摄像机[3]。

1.2　电池技术的发展

在 1800 年发明的伏特电堆之后，电池技术 200 余年的发展史上出现了两个重要的里程碑。一个是一次电池发展到二次电池，另一个是工作电压提高至 3 V。锂二次电池以锂离子为主要的电荷载体，在重量轻的前提下仍可保持高达 3.7 V 的平均放电电压。锂二次电池在目前所有可实际应用的电池中具有最高的能量密度，引领着电池技术的革新。

回顾能量密度随着二次电池技术发展的变化可以发现，铅酸电池的质量比能量约为 30 Wh/kg，体积能量密度约为 100 Wh/L，而锂离子电池的能量密度以 10% 的年增长率得到提高。目前圆柱形锂二次电池的质量比能量约为 200 Wh/kg，体积能量密度约为 600 Wh/L（见图 1.2）。锂离子电池的质量比能量分别是铅酸电池和 NiMH 电池的 5 倍和 3 倍[4]。

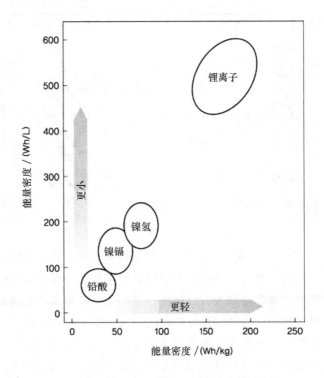

图 1.2　电池技术的发展及随之能量密度的变化

NiMH 电池作为二次电池中的一种，虽然工作电压和能量密度有限，但由于具有优异的稳定性因而在混合动力汽车（HEV）应用领域很受欢迎。近年来，插电式混合动力汽车（PHEV）和电动汽车（EV）的出现使锂二次电池受到了更多的关注。与 NiMH 电池相比，锂二次电池具有更高的能量输出。用于电动汽车的二次电池必须能快速充电、重量轻和性能优异，因此未来围绕锂二次电池的技术发展可能具有相当大的竞争力。我们可以预料革命性的和持续不断的技术进步终究会克服当前的局限。

1.3 锂二次电池的概述

能被称为二次电池的电池必须具有负极和正极可重复充放电的特点。电极结构在离子脱嵌的过程中必须保持稳定，在此过程中电解液充当离子传输的介质。锂二次电池的充电示意图如图 1.3 所示。

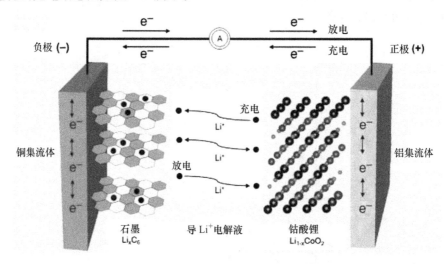

图 1.3 锂二次电池中 Li⁺在电解液中的迁移以及在电极中的嵌入/脱出

当流入电极的离子和通过导体进入电极的电子相遇时就会发生电荷中和，从而通过一种介质将电能储存在电极内。此外，当离子从电解液中快速进入电极时，反应速率增加。换句话说，电池的总反应时间很大程度上取决于电解液与电极间的离子迁移。电荷中和条件下嵌入电极的离子数量决定了电能储存容量。从根本上说，离子和材料的类型是影响材料电能储存能力的主要因素。基于锂离子（Li⁺）的电池就是我们所知的锂二次电池。

锂是所有金属中最轻的，并具有最低的标准还原电位，它可以产生 3 V 以上的工作电压。金属锂以高的比能量和能量密度成为负极材料的理想选择。由于锂二次电池的工作电压比水的分解电压高，因此必须用有机电解液而不能使用水溶液。能够进行 Li⁺脱嵌的材料可用作电极。

锂二次电池使用过渡金属氧化物做正极，碳做负极。液态锂离子电池（LIB）的电解液采用有机溶剂，而聚合物锂离子电池（LIPB）则采用固态聚合物复合材料。

如图 1.4 所示，商业化的锂二次电池可根据电池的形状和组成材料进行分类。电池的不同形式包括圆柱形笔记本电池、便携式设备用方形电池、纽扣式电池和包装在铝塑复合材料中的软包电池[4]。

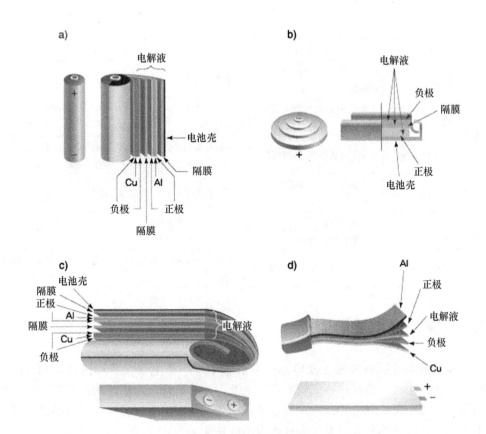

图1.4 不同形状的锂离子电池：a）圆柱形，b）纽扣式，c）方形，d）软包式（经 Macmillan 出版有限公司授权[4]，版权2001年）

表1.1 给出了锂二次电池的主要部件，其材料可描述如表所示。由于锂从晶格中脱出成为离子，稳定的过渡氧化物可用作正极。负极材料必须有接近于锂的还原电位来固定释放的离子并提供高电动势。电解液由溶于有机溶剂的锂盐组成，这样可以在工作电压范围内保持电化学稳定性和热稳定性。此外，由聚合物或陶瓷构成的隔膜具有高温熔融完整性，可以防止由于正极和负极电接触而引起的短路。

表1.1 锂二次电池中主要组成部分的特征性和举例

	组件	材料/特性	例子
电极	正极活性材料	过渡金属氧化物/电池容量	$LiCoO_2$、$LiMn_2O_4$、$LiNiO_2$、$LiFePO_4$
	负极活性材料	碳/非碳合金/电极可逆反应	石墨、硬（软）碳、Li、Si、Sn、锂合金
	导电剂	碳/电子电导率	乙炔黑
	粘结剂	聚合物/粘结性能	聚偏二氟乙烯（PVdF）、SBR/CMC
	集流体	金属箔/作为极板	Cu（-）、Al（+）

（续）

	组件	材料/特性	例子
电解液	隔膜	聚合物/隔离正负极，防止短路	聚乙烯（PE）、聚丙烯（PP）、PVdF
	锂盐	有机和无机的锂化合物/离子导电	$LiPF_6$、$LiBF_4$、$LiAsF_6$、$LiClO_4$、$LiCF_3SO_3$、$Li(CF_3SO_2)_2N$
	电解质溶剂	非水有机溶剂/溶解锂盐	碳酸乙烯酯（EC）、碳酸丙烯酯（PC）、碳酸二甲酯（DMC）、碳酸二乙酯（DEC）、碳酸甲乙酯（EMC）
	添加剂	有机化合物/SEI 膜形成和过充保护	碳酸亚乙烯酯（VC）、联苯（BP）
其他	极耳	金属/电极连接	Al（+）、Ni（-）
	外壳	电池保护、成型	富铝不锈钢、铝塑壳
	安全元件	过充过放保护、安全装置	安全阀、正温度系数（PTC）装置、保护电路模块（PCM）

1.4 锂二次电池的未来

到目前为止，有关锂二次电池的发展集中于小型电器设备和便携式 IT 设备。我们期待锂二次电池在这些成就的基础上开创如时髦词汇所描述的那些新应用，例如绿色能源、无线充电、自我发展、循环利用、从可携带到可穿戴以及柔性。制备未来的电池时，非常有必要考虑这些应用的功能。

在锂二次电池的未来应用中，中型电池和大型电池展现了巨大的潜力。储能系统被视为下一代智能电网技术的关键部件，包括电动汽车和机器人用的电池或可利用储存太阳能、风能和潮汐能之类替代能源的高性能锂二次电池。

未来其他类型的锂二次电池还有微型电池和柔性电池。微型电池可用于 RFID/USN、MEMS/NEMS 和可嵌式医疗设备；而柔性电池则主要要用于穿戴式计算机和柔性显示器。这些电池的结构控制和制造工艺将和今天我们所用的方法有显著不同。

全固态锂二次电池的发展同样备受期待。鉴于频繁发生电池爆炸事件而引发大量召回，我们亟需解决当前液态电解质不稳定的问题，这可以通过应用由聚合物或有机/无机复合物组成的电解质以及开发合适的电极材料和工艺来实现。

参考文献

1 Vincent, C.A. and Scrosati, B. (1997) *Modern Batteries: An Introduction to Electrochemical Power Sources*, 2nd edn, Arnold, London.

2 Besenhard, J. (1998) *Handbook of Battery Materials*, Wiley-VCH Verlag GmbH.

3 Mizushima, K., Jones, P.C., Wiseman, P.J., and Goodenough, J.B. (1980) *Mater. Res. Bull.*, **15**, 783.

4 Tarascon, J.M. and Armand, M. (2001) *Nature*, **414** (15), 359.

第2章　电池化学的基础

电化学是研究发生在两类导体（电子导体，如金属或半导体；离子导体，如电解质溶液）界面上所发生的氧化还原反应引起的电子转移的学科。基于电化学的技术包括电池、半导体、蚀刻、电解和电镀等。在本书中，电化学反应是指在不同的系统（例如一次电池、二次电池和燃料电池）中将化学能转化为电能。本章将针对二次电池的电化学特征进行描述。

2.1　电池的组成

2.1.1　电化学单元和电池

电化学单元是将化学能转化为电能的最小器件单元。一个电池通常有多个电化学单元，但也可指单个电化学单元。一个电化学单元包括两个不同的电极和电解液。将两个电势不同的电极浸没在电解液中会产生电位差，也就是我们通常所说的电动势。

电动势以 V 表示，是单位电荷在电场内的电势能，电动势是电路中电流的驱动力。在电动势的作用下，每个电极发生氧化还原反应，生成的电子流过外部电路。为了保持电解液的电中性，电极的氧化还原反应一直连续进行直到该单元达到电化学平衡。

2.1.2　电池组件和电极

如上所述，电池（或电化学单元）是通过氧化还原反应实现化学能和电能互相转换的装置。图 2.1 所示为电池的组成部件，包括正极、负极、电解质和防止电极间短路的隔膜。

当电极上发生电化学氧化还原反应时，离子通过电解液在负极和正极间穿梭往返。与此同时，电子转移发生在两个电极之间。电子在连接两电极的外部电路中迁移，从而形成一个闭合回路。

电池放电时，电极的电化学氧化（氧化反应，$A \rightarrow A^+ + e^-$）发生在负极。放电是一个将电池自身的化学能转化为电能的过程。从负极端来的电子通过外电路参与正极上的还原反应（还原反应，$B^+ + e^- \rightarrow B$）。电解液充当两个电极间的离子导体，这与电子导体是有区别的。

对于一次电池来说，电极上发生的氧化还原反应是不可逆的，而在二次电池

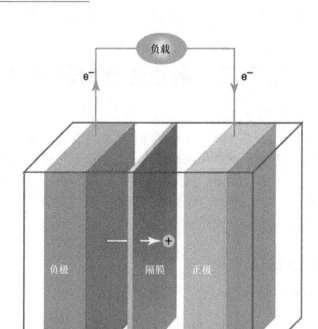

图 2.1   一个电池或电化学单元（放电态）

中，该反应是可逆的和可反复的。这里所谓的"可逆"指的是氧化还原反应在同
一电极上可重复发生。二次电池相比于一次电池的一个优势在于其可重复充电。对
于二次电池来说，氧化反应和还原反应可以在同一电极上发生，这就意味着放电过
程中的阴极可以作为充电过程的阳极。但是从传统的观点来看，充放电过程的术语
一样，即放电（自发电化学反应）时氧化电极为阳极，还原电极为阴极。

2.1.3   全电池和半电池

通常用全电池或半电池形式的电化学单元来分析电池的电化学性能。全电池采
用电池的完整形式，电化学反应在正极和负极上进行，可以对电池特征和性能进行
直接的检测。如果使用额外的参比电极，全电池可通过单独测量正负极获得两电极
间的电势差。另一方面，半电池的对电极常被用作参比电极，从而简化在工作电压
下对反应过程的测量和分析，有助于了解每个电极材料的基本性能。实验者可根据
实验目的选择全电池或半电池。

2.1.4   电化学反应和电势

放电过程中发生的电化学反应与电池可传递的电能有关。对于一个给定的电

极，考虑如下的电化学反应：

$$pA + qB = rC + sD \qquad (2.1)$$

式中，p、q、r 和 s 是不同化学物质 A、B、C 和 D 的化学计量系数。上面方程式的吉布斯自由能见方程式（2.2），其中 a 是活度。

$$\Delta G = G° + RT\ln(a_C^r a_D^s / a_A^p a_B^q) \qquad (2.2)$$

平衡状态下的电功（W_{rev}）是最大的可能电能（W_{max}），电池发生化学反应时，可以通过吉布斯自由能的变化 ΔG 来表示。

$$W_{rev} = W_{max} \qquad (2.3)$$

$$- W_{max} = \Delta G \qquad (2.4)$$

同时，电能与电荷 Q（单位为库伦，C）和电势 E 有如下关系：

$$- W_{max} = QE \qquad (2.5)$$

Q 可用电池单元内的电子数和基本电荷电量的乘积来表示。电子数 n_e 等于摩尔数乘以阿伏伽德罗常数 N_A（$N_A = 6.023 \times 10^{23}$）。$Q$ 用摩尔数和基本电荷数量分别表示如下：

$$Q = n_e e \qquad (2.6)$$

$$Q = n N_A e \qquad (2.7)$$

Q 还可以用下面的方程式表示。

$$Q = nF \qquad (2.8)$$

式中，F 是法拉第常数，即每摩尔电子的基本电荷数（96485 C/mol）。n 摩尔电子在电势差的作用下在两电极间运动可用下述公式进行表达：

$$W_{max} = nFE \qquad (2.9)$$

$$\Delta G = - nFE \qquad (2.10)$$

上式表明了平衡时吉布斯自由能的变化与电池电动势之间的关系。

当所有反应物和产物都处于标准状态时，标准电势以 $E°$ 表示。

$$\Delta G° = - nFE° \qquad (2.11)$$

由方程式（2.2）和（2.11）可导出下面的能斯特方程式，其中电势差受参与化学反应的组分浓度的影响。

$$E = E° - RT\ln(a_C^r a_D^s / a_A^p a_B^q) \qquad (2.12)$$

2.2　电池电压和电流

2.2.1　电压

电压即为电场驱动力，等于电路内两点间的电势差。电压也称为电动势，单位为伏特（V）。由于电池单元的实际电压受诸多条件的影响，如温度和压力，因此需要一个参考点，即电极的标准状态（1 bar，25℃ 和 1 mol/dm³）。标准电势为平衡状态下的电势测量值，它是各电极电势的基础。两个电极间的实际电势差可表示如下：

$$E_{rxn} = E_{right} - E_{left} \tag{2.13}$$

E_{rxn} 是由化学反应引起的电势差，而 E_{right} 和 E_{left} 分别对应各电极的电势。对于氧化还原反应自发进行的伽伐尼原电池（galvanic cell）来说，E_{rxn} 取正值。对于氧化还原反应非自发进行的电解池来说，E_{rxn} 为负值。

当电池处于平衡状态，没有或只有极小电流时，它可以提供相当于 $\triangle G$ 数量的电能。由于放电过程中电流在电池内部持续流动，此时可认为电池处于热力学非平衡状态，不能产生最大可能电能，因为此时的电压总是小于开路电压（OCV）。开路电压是器件两端在无外加载荷条件下的电势差。工作电压总是比开路电压低，这可解释为欧姆极化以及由电极/电解液界面的电荷运动引起的类似极化效应。另一方面，反向充电反应的电压比开路电压高。引起该现象的原因包括内阻、活化极化引起的过充、离子电导性比电子电导性低、电极材料内的杂质，以及锂离子在表面和电极内部扩散速度不同引起的浓差极化等。

图 2.2 为实际充放电过程中由周期性电流脉冲引起的电压变化示意图。充放电曲线的电压可以通过在标准状态下缓慢施加电流来测量，在平衡状态没有任何电流通过的条件下可记录开路电压的图形。如上所述，充放电过程中测得的实际电压与开路电压间的电势差可以解释为极化的结果。

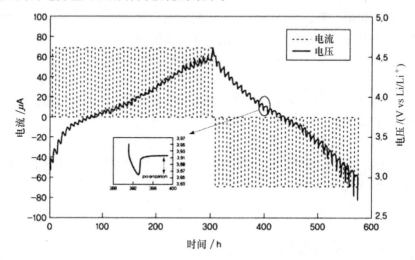

图 2.2 电池的充/放电电压和开路电压曲线

2.2.2 电流

电流是指电荷的移动速率，它与电极处的电化学反应速率紧密相关。电极反应速率取决于电子从电解液传递到电极以及电极活性物质表面的速率。

在电极上，反应物 O 和产物 R 发生如式（2.14）所示的可逆电化学反应。电流与反应速率间的关系用式（2.15）和式（2.16）的能斯特方程式表示。

$$O + ne \leftrightarrow R \tag{2.14}$$

$$v_f = k_f C_o(0,t) = i_c/nFA \tag{2.15}$$

$$v_b = k_b C_R(0,t) = i_a/nFA \tag{2.16}$$

式中，v_f 和 v_b 分别表示正向反应和逆向反应的速率；而 k_f 和 k_b 则是对应的速率常数；C_o 和 C_R 分别是氧化物和还原物的浓度，$C_o(x,t)$ 是时间 t 与电极表面距离 x 的浓度函数；i_c 和 i_a 分别表示阴极和阳极电流；n、F 和 A 分别表示摩尔数、法拉第常数和电极表面积。

净反应速率是正向反应速率和逆向反应速率间的差值。

$$v_{net} = v_f - v_b = k_f C_o(0,t) - k_b C_R(0,t) = i/nFA \tag{2.17}$$

换句话说，电极产生的电流主要取决于净反应速率。在平衡状态时正逆向反应速率一样，净反应速率 v_{net} 和净电流都为 0。

2.2.3　极化

极化是电极偏离平衡电极电位的现象。由于电池的每个组件的电荷传递速率不同，速率最慢的过程为速率限制步骤。当电流在电池的两极间流动时，实际电势 E 总是大于（充电）或小于（放电）平衡电位 E_{eq}。过电势指的是实际电势和平衡电位间的差值，它被用来测量极化的程度。实际电势 E、平衡电位 E_{eq} 和过电势 η 的关系表示如下：

$$\eta = E - E_{eq} \tag{2.18}$$

如图 2.3 所示，极化可分为欧姆极化（iR 降）、活化极化和浓差极化。

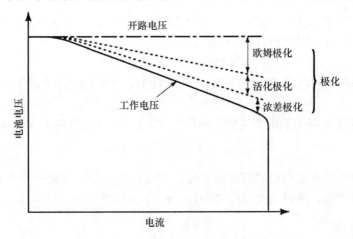

图 2.3　电流密度对极化的影响

这里，iR 降与电解液有关，与电极反应的电阻无关。考虑到 iR 降与电流密度成正比增加，通过使内阻最小化可以避免在高电流密度条件下工作电压的急剧下降。

另一方面，活化极化与电极特征紧密相关，作为活性物质的固有属性，它受温度的影响很大。浓差极化由活性物质表面的反应物浓度梯度引起。但在实际电池中很难区分这些极化类型。

2.3 电池特性

2.3.1 容量

电池的容量是指在给定条件和时间下完全放电产生的电荷总数。理论容量 C_T 取决于活性物质的量，计算如下：

$$C_T = xF \tag{2.19}$$

式中，F 是法拉第常数；x 是放电过程产生的电子摩尔数。实际容量 C_p 比理论容量小，因为反应物在放电过程中无法被 100% 利用。随着充放电倍率的增加，iR 降使得实际容量进一步降低。

充放电倍率通常用 C_{rate} 表示。电池容量和充放电电流的关系可表示如下：

$$h = C_p/i \tag{2.20}$$

式中，h 是电池完全放电（或充电）所需时间（单位为 h）；i 是电流（单位为 A）；C_p 是电池容量（单位为 Ah）。h 的倒数即为 C_{rate}，也就是说，当 C_{rate} 增加时，电池充放电所需的时间减少。电池容量可用质量比容量（Ah/kg、mAh/g）或体积比容量（Ah/l、mAh/cm^3）来表示。

2.3.2 能量密度

能量密度是单位质量或单位体积所储存的能量，它是衡量电池性能的一个重要参数。1 mol 反应物所能提供的最大容量可表示如下：

$$\Delta G = -FE = \varepsilon_T \tag{2.21}$$

式中，E 是电池的电动势；ε_T 是 1 mol 物质发生电池反应的理论能量（单位 Wh，1 Wh = 3600 J）。

实际能量 ε_p 根据放电方式的不同而变化，1 mol 反应物的实际能量导出如下：

$$\varepsilon_p = \int E dq = \int (E_i) dt = -F(E_{eq} - \eta) \tag{2.22}$$

随着放电倍率或单位时间放电电流的增加，电池的电势进一步偏离平衡电位。与电池容量类似，能量密度可用 Wh/kg、mWh/g 或 Wh/l、mWh/cm^3 表示。

2.3.3 功率

电池的功率指的是单位时间内可获得的能量。功率 P 是电流 i 和电压 E 的乘积。

$$P = iE \tag{2.23}$$

电功率是测量给定电压下通过的电流值。电流增加，功率增加达到最大值后会下降，这是因为当电流超出一定范围时，电池电压下降，进而引起功率下降。该极化现象与锂离子扩散和电池内阻有关。为了提高功率，需要提高锂离子的扩散速度和电子电导率。与电池容量和能量类似，功率密度用单位质量功率或体积功率来表示。

2.3.4 循环寿命

循环寿命是电池在容量耗尽前所能完成的充电和放电循环次数，高性能电池必须能在多次充放电循环后保持一定容量。锂二次电池的循环寿命很大程度上取决于电极活性材料在充放电过程中的结构稳定性。通常在首次充放电循环后就会观察到不可逆容量，即损失的电荷数，这是因为在电极和电解质界面会生成一层新的膜层。

经过 N 次充/放电循环后，容量保持率表示为 C_N/C_1（%），相对的容量降低率表示为 $(C_1 - C_N)/C_1$。N 次充放电循环和 1 次循环后的容量分别为 C_N 和 C_1。循环寿命受放电深度的影响，与电池类型有关。如果反复进行浅程度放电，锂二次电池的循环寿命更长，在这种情况下电池的容量不会被完全耗尽。

2.3.5 放电曲线

反复充放电会影响电池的放电特性。放电条件、电性能和其他测试变量的不同，放电曲线可以有不同的形式。恒电流、恒功率和恒外部电阻是常用的放电条件。待测的电性能包括电池电压、电流和功率，而测试变量则为放电时间、容量和含锂量。由同样材料采用同样设计制得的同种电池，根据测试条件的不同可能产生不同的放电曲线。要对电池性能有更精确的了解就很有必要对这些放电曲线进行比较。一个实际的电池根据电池组件的不同可给出各种各样的放电曲线。图 2.4 给出了一个电池的典型放电曲线。

图 2.4 是电池在恒电流条件下放电时电压随容量变化的曲线。由于施加电流时容量与时间成正比，图 2.4 也表明了电压随时间的变化。此外，电池没有连接外

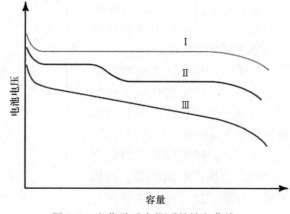

图 2.4 电化学反应得到的放电曲线

部负载时，电池电压为开路电压，回路闭合时则为工作电压。放电完成时的电池电压就是所谓的截止电压。

就图2.4中的曲线Ⅰ来说，电池电压几乎不受放电过程中电池内所发生反应的影响。曲线Ⅱ展示了由反应机制变化引起的两个平台区域。在曲线Ⅲ上，在整个放电过程中反应物、产物和电池内阻都在不断变化。

对于锂二次电池来说，充放电以后的电池电压变化可用 Armand 方程式表示。

$$E_{cell} = E°_{cell} - (nRT/F)\ln(\gamma/1-\gamma) + k\gamma \tag{2.24}$$

式中，γ 是含锂量；$k\gamma$ 是已嵌入的锂离子间的相互作用对电池电压的影响。基于容量的电池电压变化取决于锂离子扩散速率、相变、晶格结构变化和溶解等直接因素，以及电极活性材料的粒度、温度、电解液特性和隔膜孔隙率等间接因素。这些因素可能会改变 Armand 方程中的 γ 和 k 值。

在低电流密度条件下，工作电池的电压和放电容量接近理论平衡。从图2.5中①~④的变化趋势，我们可以看出放电过程中的电池电压不断下降，这是因为由极化引起的 iR 降和过电势随着放电电流增大而增加。即使电池超过截止电压放电，容量同样减少，这是由于放电曲线的变化梯度明显增加了。放电电压的特性与温度有很大的关系。

如图2.6所示，当电池在低温下放电时，反应物化学活性的降低会增大内阻，这会引起电池电压急剧下降同时降低电池容量。在高温下，内阻的降低和放电电压的提高会提高电池容量。但如果温度过高，过高的化学活性可能引起自放电和其他有害的化学反应。

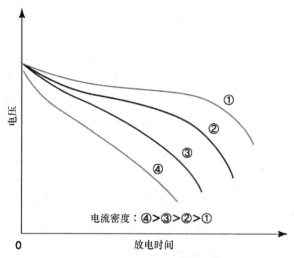

图2.5　电流密度对电池电压的影响

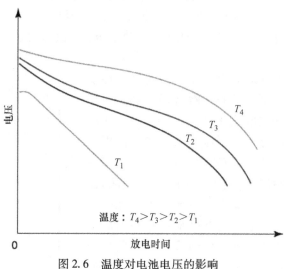

图2.6　温度对电池电压的影响

第 3 章　锂二次电池材料

3.1　正极材料

3.1.1　正极材料的发展史

　　锂电池始于 20 世纪 10 年代 G. N. Lewis 的开拓性工作。而第一颗 Li/（CF）$_n$锂一次电池在 20 世纪 70 年代销售，其正极材料（CF）$_n$是一种可嵌脱锂的氟和碳的化合物。美国研究人员曾尝试开发 Li/MnO$_2$电池，但由于湿度控制、电池结构和装配技术上的问题没有成功。1973 年，日本成为首个将 Li/MnO$_2$电池商业化的国家，该电池由于使用有机溶剂代替水溶剂而使工作电压高达 3V，很快获得普遍认可。这些工作奠定了第一颗锂二次电池在日本诞生的基础。

　　根据正极材料的不同，早期发展的锂一次电池有 Li/（CF）$_n$电池、Li/MnO$_2$电池、Li/SO$_2$电池和 Li/SOCl$_2$电池。其中，Li/MnO$_2$电池应用最广。尽管 Li/SO$_2$电池和 Li/SOCl$_2$电池具有优异的低温性能和耐久性，但由于存在有害物质，这两种电池仅限于军事使用。

　　随着 20 世纪 70 年代一次电池中具有可嵌锂的层状结构的（CF）$_n$正极材料被发现以后，大量的研究集中于寻找同时具有高电导和高电化学反应活性的可嵌型化合物上。研究发现，硫族化合物如 TiS$_2$能发生层间嵌脱反应，这一发现奠定了开发锂二次电池商业化技术的基础。如图 3.1 所示，TiS$_2$是一种具有层状结构的轻质半金属，无需添加导电剂就能够直接用作电极材料。由于其结构在电池充放电过程中可保持不变，因此锂的嵌入和脱出是可逆的。但该材料难以合成，且成本较高，限制了其商业化发展。1989 年，加拿大的 Moli Energy 公司开发了以 MoS$_2$作为正极材料的金属锂二

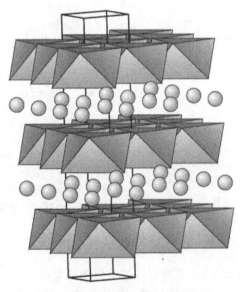

图 3.1　正极材料 Li$_x$TiS$_2$的结构
（经美国化学学会授权改编，版权 2004 年）

次电池,但锂负极的枝晶生长会带来诸如内部短路和燃烧等安全问题。

除了电势较低的硫化物,一些氧化物也曾被考虑用作锂电池的正极材料,但都未能实现商业化。直到 1991 年,以 $LiCoO_2$ 为正极和碳为负极的锂二次电池成功商业化后,引发大量的有关于正极材料的研究开发[1, 2]。当 $LiCoO_2$ 用作正极时,负极的碳可通过锂离子的嵌入形成 Li_xC_6 化合物,因此避免了使用金属锂作负极而带来的枝晶生长引起的内部短路问题。碳的还原电位比金属锂高 0.1 ~ 0.3 V,但 $LiCoO_2$ 的高电位可以抵消这种影响,碳/$LiCoO_2$ 电池的平均电压可达到 3.7 V。$LiCoO_2$ 的锂离子扩散系数为 5×10^{-9} cm^2/s,与 $LiTiS_2$(10^{-8} cm^2/s)相近。它的电子导电性与嵌入的锂含量有关,介于半导体和金属之间[2]。

随着 $LiCoO_2$ 的商业化,各种类型的正极材料的研究广泛展开。其中,容量较高的材料包括:具有稳定尖晶石型结构的 $LiMn_2O_4$ 和能够嵌脱 70% 锂的 $LiNiO_2$。但尖晶石 $LiMn_2O_4$ 相对容量较低,同时高温下由于锰的溶解会造成性能下降;而 $LiNiO_2$ 存在安全问题。为了解决这些问题,$LiCoO_2$、$LiNiO_2$ 和 $LiMn_2O_4$ 三种材料的优点被整合在三元材料 $Li[Ni, Mn, Co]O_2$ 中。含铁元素的橄榄石型 $LiFePO_4$ 也被广泛研究。图 3.2 是 3 ~ 4V 间材料的电势和容量之间的关系[3]。

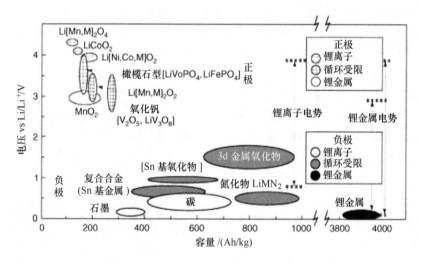

图 3.2   正负极材料的电极电势和容量[3]

(经 Macmillan 出版有限公司许可复制,版权 2001 年)

3.1.2   正极材料的概述

3.1.2.1   正极材料的氧化还原反应

对于正极材料 $LiCoO_2$,充电过程中,$LiCoO_2$ 中的锂离子脱出,电子通过外部电路传输,同时 Co^{3+} 被氧化为 Co^{4+}。电池放电时,$Li_{1-x}CoO_2$ 中的 Co^{4+} 被外电路输入

的电子还原为 Co^{3+}，同时锂离子嵌入晶格。因此，自发放电过程中电极包含有部分可还原的 $Li_{1-x}CoO_2$ 材料。

图 1.3 显示了以 $LiCoO_2$ 为正极和碳为负极的锂二次电池的氧化还原反应。充电过程中，从 $LiCoO_2$ 中脱出的锂离子和释放的电子分别通过电解液和外部回路，在负极重新复合。这些非自发反应（对于正极就是非自发的氧化反应）起源于外电路提供的电能。氧化反应产生的电子和锂离子分别通过外电路和电解液输送到负极，通过负极材料的非自发还原反应将电能转化为化学能存储起来。

另一方面，放电过程是一个自发反应。由于两个充电电极之间的电势差（或电动势），负极材料发生氧化反应，产生的电子流过外电路对外界设备做功，并使正极材料发生还原反应。同时，从负极材料脱出的锂离子通过电解液嵌入正极材料。如图 3.3 中箭头所示，正极材料的电势下降，负极材料的电势上升，使得电池的电压从全充电时的 4.2 V 降至 3V。

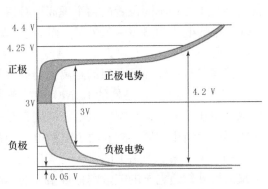

图 3.3　充放电对电池电压的影响

3.1.2.2　放电电压曲线

由于电池的电压值是随着充放电状态而改变的，一般将放电中点的电压值作为标称电压。电池电压受锂离子嵌入和脱出正负极材料晶格时电子排列和轨道能量的影响。换句话说，就是电池放电时的电压取决于锂离子的占位，而锂离子的占位又与电极活性材料的 Fermi 能级变化和锂离子的相互作用有关，可用 Armand 方程（2.24）表示。

放电过程中，电压逐渐下降（见图 2.5）。放电曲线变化的梯度受正极材料表面锂离子的扩散速率、电极活性材料的相变、晶体结构的破坏和过渡金属离子迁移到电解液中这些因素的影响。在同样的限速步骤下，放电曲线将受正极材料的颗粒尺寸和分布情况、温度、正极材料/导电剂/粘结剂混合情况、电解液特性和隔膜孔结构等因素影响。

电池电压也可解释为锂离子在正负极材料中的化学势差。锂离子的化学势（μ）可定义为电极材料的自由能对锂离子浓度的偏微分。平衡电势或开路电压（OCV）可通过下列方程获得。其中，Li_xMX 为锂的化合物；z 是电解液中锂离子的氧化数；e 为电荷。

$$V(x) = -(\mu_{Li}^{cathode}(x) - \mu_{Li}^{anode})/ze \tag{3.1}$$

在上述方程中，$V(x)$ 是平衡电势；x 是锂含量；μ 是电极中锂的化学势。通常，电池的平衡电势可以推导如下。假定负极为金属锂，正极材料的锂含量从 x_1

变化为 x_2 可用下式表示：

$$Li_{x1}MX(cathode) + (x_2 - x_1)Li(anode) \rightarrow Li_{x2}MX \quad (3.2)$$

设 ΔG 为 Gibbs 自由能，则电池的平衡电势（V）为

$$V = -\Delta G/(x_2 - x_1)ze \quad (3.3)$$

放电电压受决定锂离子化学势的各种因素所直接影响。例如，晶格中锂离子的错排所引起的锂化学势变化会影响放电电压。换句话说，就是相对氧化还原能随位能变化，而位能由电极活性材料晶格中锂的位置决定。因此，$Li_2Mn_2O_4/LiMn_2O_4$ 尖晶石结构中处在不同位置的两个锂离子具有不同的电势。同样的 Co 离子在层状的 $LiCoO_2$ 中的电势为 3.6 ~ 3.7 V，而在尖晶石型结构的 $LiMnCoO_4$ 中有更高的电势 4.5 V。

晶体结构中锂离子之间的距离也会通过影响化学势而改变放电电压。如层状结构的 Li_2NiO_2 和 Immm 结构的 Li_2NiO_2 中的锂离子之间的排斥力不同，因此具有不同的放电电压。另一个影响放电电压的因素是过渡金属元素的氧化还原电势，这是由正极活性材料中的氧元素 p 轨道上的电子和过渡金属元素 d 轨道上的电子相互作用产生的。氧元素 p 轨道上的电子使其呈现 -2 价，其能量基本一致。但不同的过渡金属元素 d 轨道电子的能量则呈现很大的不同。从图 3.4 可看出，同一周期的过渡金属元素，其电势随着 d 轨道上电子数量的增加而增加。同族元素，随着周期数增加，电子的结合能下降，最外壳层为 3d 的正极材料比最外壳层为 4d 的材料具有更高的电势。

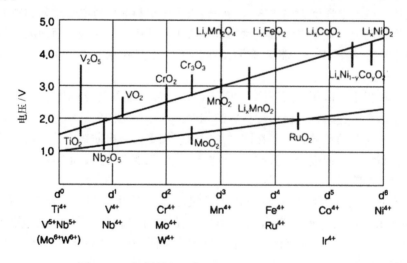

图 3.4 正极材料的工作电压和 d 电子数的关系

对于 $LiCoO_2$ 和 $LiNiO_2$ 来说，尽管 Ni 的 d 电子数要多于 Co 的，$LiCoO_2$ 的电压却更高。这是因为 Co^{3+} 和 Ni^{3+} 的能级发生了部分反转，如图 3.5 所示。$LiCoO_2$ 中

Co^{3+} 所有的 6 个电子都处于低自旋态的 t_{2g} 轨道，而 $LiNiO_2$ 中 Ni^{3+} 的 7 个电子分裂成 6 个 t_{2g} 电子和 1 个 e_g 电子。由于处于高能态的电子更容易释放，所以 Ni^{3+} 的电势就降低了。

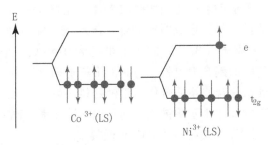

图 3.5　占据八面体位置的 Co^{3+} 和 Ni^{3+} 的 d 轨道能级

诱导效应引起的能隙也会影响放电电压。例如，在 $LiFePO_4$ 的 Fe-O-P 键中，PO_4^{2-} 强的 P-O 共价键吸引铁离子的 d 电子，阻碍了铁离子的氧化。因此，$LiFePO_4$ 具有比 $LiFeO_2$ 更高的电压。

非平衡极化是另一个影响电池电压的重要因素。特别是，当正极材料的锂离子或电子迁移电阻较大时，难以建立电化学平衡，电压会随着 iR 降而降低。为克服 iR 降，必须将正极材料的锂离子或电子迁移的电阻最小化。

3.1.2.3　正极材料的特性要求

1）正极材料应能可逆地嵌入和脱出大量的锂离子，并具有电势平台，使得充放电过程中的能量效率得以加强。

2）正极材料应该轻且致密，使得单位重量或单位体积的容量高；还应具有高的电子和离子导电率以保证高功率。

3）保持高的循环效率。正负极上与锂离子循环无关的副反应会降低循环效率。

4）由于晶体结构的不可逆相变会缩短循环寿命，正极材料在充放电循环中应避免这些相变。如果材料晶格有较大的体积变化，活性材料会从集流体上脱落，会降低电池容量。

5）为阻止其与电解液发生反应，正极材料应当具有电化学和热稳定性。

6）正极材料的颗粒必须是具有窄粒径分布的球形颗粒，这样制备电极时才能与铝箔有良好的接触，同时改善材料颗粒间的接触和提高电导率。

3.1.2.4　正极材料的工作原理

3d 过渡金属常被用作正极材料的阳离子。与 4d 和 5d 过渡金属相比，3d 过渡金属元素的电极电势更高，同时由于更轻的重量和更小的尺寸，其单位重量或体积的容量也更高。硫族元素，特别是氧，相对于卤族元素结构更稳定，更适合作为正极材料的阴离子。

在充电或放电过程中，为保持过渡金属氧化物的电中性，阳离子嵌入或脱出正极材料并通过电解液传输的过程必须快速发生。为了保证能在较宽的氧化还原电势范围内进行基于阳离子运动的快速充放电或者使得正极材料的晶体结构变化最小，需选择尺寸小且与活性材料只形成弱键的低价阳离子。配位数（Coordination Number，CN）为 6 时，铍离子（Be^{2+}）的离子半径为 0.45Å，小于锂离子的 0.76Å，但由于其价态高，与氧的键合力更强。与其他阳离子相比斥力较大使得铍离子在晶格中传输缓慢，因此其化合物不适合作为正极材料。另一方面，锂是一种合适的正极材料元素，因为它的尺寸小于除铍之外的其他候选元素，同时其电荷低。锂的标准还原电势是 -3.040 V，比铍的 -1.847 V 低很多。

通常的正极材料为锂过渡金属氧化物，如层状的 $LiMO_2$ 和尖晶石型的 $LiMn_2O_4$，以及锂过渡金属磷酸盐，如橄榄石型的 $LiMPO_4$。通过混合、表面包覆和形成化合物等方法来利用这些不同的结构材料的研究很广泛。例如，在一种价廉的、稳定的、电导率低但容量高的正极材料表面包覆一层昂贵的、电导率高但容量低的材料，可以得到一种既有高容量又有高功率特性的材料。表 3.1 显示了各种正极材料以及它们具有的包括放电容量和电势的特性。

表 3.1　各种正极材料的电池特性

正极	理论容量/ （mAh/g）	实际容量[①]/ （mAh/g）	平均电压/ （V vs Li/Li$^+$）	真密度/ （g/cc）
$LiCoO_2$	274	~150	3.9	5.1
$LiNiO_2$	275	215	3.7	4.7
$LiNi_{1-x}Co_xO_2$（$0.2 \leqslant x \leqslant 0.5$）	~280	~180	3.8	4.8
$LiNi_{1/3}Mn_{1/3}Co_{1/3}O_2$	278	~154	3.7	4.8
$LiNi_{0.5}Mn_{0.5}O_2$	280	130~140	3.8	4.6
$LiMn_2O_4$	148	~130	4.0	4.2
$LiMn_{2-x}M_xO_4$	148	~100	4.0	4.2
$LiFePO_4$	170	~160	3.4	3.6

①商业化可获得的容量。

3.1.3　正极材料的结构与电化学性质

3.1.3.1　层状化合物

层状结构的锂过渡金属氧化物 $LiMO_2$ 具有很强的离子特性和最密堆积的晶体结构。氧离子在锂离子、过渡金属离子和氧离子三种组成元素离子中具有最大的离子半径，它首先形成一层密堆积层。然后锂离子和过渡金属离子填充在氧离子之间的空隙中，因此增加了材料的体积密度。如图 3.6 所示，氧离子的最密堆积可通过六方密堆积（Hexagonal Close Packed，HCP）和立方密堆积（Cubic Close Packed，CCP）获得。两种堆积的结构均可获得 0.7405 的堆积密度。在这两种结构中，氧离子之间的四面体和八面体空隙被离子半径在 $0.680 \sim 0.885 \text{Å}$ 之间的 3d 过渡金属（当 CN = 6 时，Co^{3+}：0.685Å，Ni^{3+}：0.700Å，Mn^{3+}：0.720Å，Fe^{3+}：0.690Å）和锂离子（当 CN = 6 时，为 0.900Å；当 CN = 4 时，为 0.730Å）所占据。

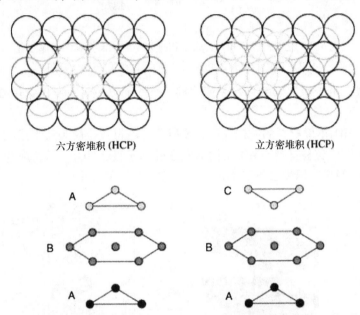

六方密堆积 (HCP)　　　　　　立方密堆积 (HCP)

图 3.6　最密堆积氧层的结构（不同颜色代表在 c 轴方向的氧层分布）

若一个晶胞中有 n 个氧，则存在 $2n$ 个四面体位置和 n 个八面体位置（见图 3.7）。因此层状的 $LiMO_2$ 有 4 个四面体和 2 个八面体位置。考虑到阳离子的几何尺寸，四面体位置被离子半径比在 $0.225 \leqslant r/R < 0.414$ 之间的离子所占据，而八面体位置被离子半径比在 $0.414 \leqslant r/R < 0.732$ 之间的离子所占据。由于 3d 过渡金属离子的半径比处在 $0.5397 \leqslant r(M^{3+})/R(O^{2-}) \leqslant 0.7024$ 之间，而对于锂离子则为 $r(Li^+)/R(O^{2-}) = 0.7143$，因此它们占据 $LiMO_2$ 的 2 个八面体位置。由于八面体和四面体位置彼此很接近，因此很难进一步再嵌入更多的锂离子。

另外，二维方向上的共角不仅有利于层状结构的稳定，也通过直接的 M-M 相互作用提高了电导率，因此减小了充放电过程中的体积变化。因此，$LiMO_2$ 所代表的化合物采取层状结构，锂、过渡金属和氧沿着岩盐结构的［111］面作 O-Li-O-M-O-Li-O-M-O 规则排列。换言之，即锂离子和过渡金属离子在 ABCABC 面心立方结构中各占据 50% 的八面体位置。对应 1 个晶胞中重复的 3 个 MO_2 层，锂占据 1 个

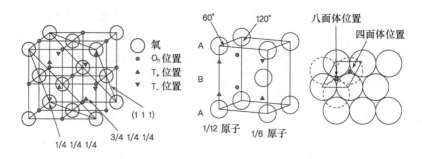

图3.7　立方密堆积和六方密堆积排列中的八面体和四面体位置

（将四面体看成是三角锥时，顶点 T_1 和 T_2 在相反方向）

八面体位置。由于通常采用 O 代表锂占据 1 个八面体位置，所以常用 O_3 结构指代 3 个重复单元。

　　层状 $LiMO_2$ 正极材料的结构如图 3.8 所示。由过渡金属和氧组成的金属氧化物层和锂氧八面体交替排列，MO_2 层内形成强的离子键，MO_2 层间的库仑斥力允许锂离子的嵌入/脱出，沿着二维平面的离子扩散产生高的离子电导。

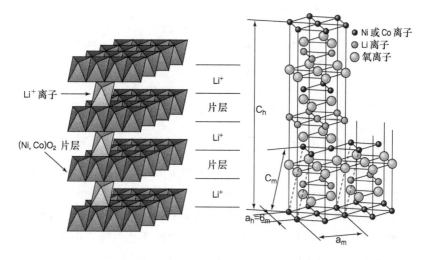

图3.8　层状 $LiMO_2$ 正极材料的结构[4]

［经电化学学会（ESC）许可复制］

　　颗粒表面的锂离子在充电过程中脱出，形成空的八面体位置，使得邻近的锂离子可以依次扩散和脱出。放电时，锂离子嵌入颗粒表面空的八面体位置。若锂要在层间移动，则它需要通过 MO_2 层中空的四面体位置到达另一锂层中空的八面体位置。但该四面体与 MO_2 层中的过渡金属八面体是共面的，因此要求锂离子扩散通过静电排斥区，需要较高的活化能，导致锂离子不能在层间移动。由于在起始放电阶段，离子电导小于电子电导，锂离子堆积在活性材料的表面，需要通过扩散达到平衡。这就导致充放电过程中，开路和闭路条件下存在电势差。

锂在充电过程中脱出，由于 MO_2 层的氧原子相互排斥，使得晶格膨胀。当锂完全脱出，可观察到层状 $LiMO_2$ 活性材料结构的明显变化，即 c 轴显著收缩。充电过程中锂含量的变化，使正极材料重构形成稳定的晶体结构。此时，材料的活性区域应是单相。图 3.9 显示了锂过渡金属氧化物在充电/放电过程中的相变。

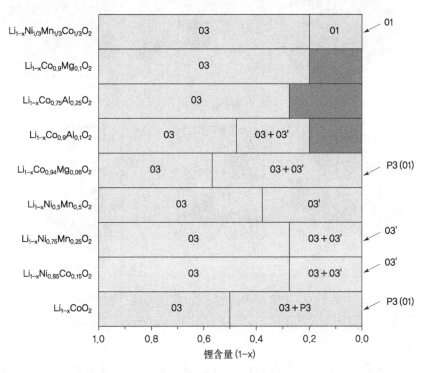

图 3.9　层状 $LiMO_2$ 正极材料在充放电过程中的相变

$LiCoO_2$ 中当锂含量低于 0.5 时，结构会从 O3 型变为 P3 型。图 3.10 显示了各种形式的 $LiMO_2$ 层状氧化物的结构，从中可看出，O3 和 P3 是完全不同的结构，这是由 $LiCoO_2$ 中锂含量的减少导致的结构变化。如图 3.9 所示，锂含量对 Li [Ni，Mn]O_2 的 O3 型结构影响小得多。可以期望即使应用更高的充电电压，这种材料的特性也能保持。

1. $LiCoO_2$

$LiCoO_2$ 具有 $R3m$ 斜方六面体结构，尽管价格昂贵，但其适合大规模生产，因此被广泛应用于锂离子电池的正极材料。根据热处理温度的不同，$LiCoO_2$ 可形成两种不同结构。层状 $LiCoO_2$ 是通过 800℃ 以上的固相反应合成获得的，而尖晶石型 $Li_2Co_2O_4$ 在约 400℃ 合成获得[5]。当合成温度低时，由于晶格中有较多缺陷和结晶

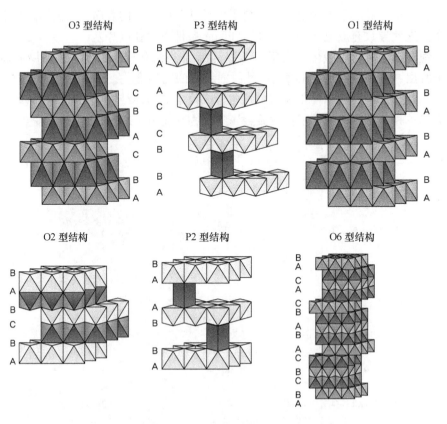

图 3.10 层状 $LiMO_2$ 发生相变过程中可能产生的结构

度低，导致电化学性能较差。因此，通常使用高温下合成的层状 $LiCoO_2$ 作为正极活性材料[6]。

考虑 Co 离子的晶体场稳定化能（Crystal Field Stabilization Energy，CFSE），Co^{2+}（$t_{2g}^6 e_g^1$）、Co^{3+}（t_{2g}^6）和 Co^{4+}（t_{2g}^5）的相对能级分别为 $-18Dq+P$、$-24Dq+2P$ 和 $-20Dq+2P$。如果电子成对能 P 相对小，那么 Co^{2+}（$t_{2g}^6 e_g^1$）是最稳定的。但为使 Co^{2+} 存在，必须形成非计量的 $Li_{1-x}Co_{1+x}O_2$ 以满足电中性的要求。考虑离子半径，$r(Co^{2+})/r(O^{2-})=0.627$，落在八面体的范围 $0.414 \sim 0.732$ 内。但 $r(Co^{2+})/r(Li^+)=0.878$，即 12.2%，接近 Hume-Rothery 规则的 15% 的极限值。因此，合成计量的 $LiCoO_2$ 更为稳定。

图 3.11 显示了采用金属锂为负极时 $LiCoO_2$ 正极材料的充电/放电曲线。可看到一个约 4V 的平台，且放电电压随时间变化不显著。$Co^{3+/4+}$ 中部分充满的 t_{2g}^{6-x} 轨道所形成的 Co-Co 直接相互作用使得材料有高的电导率。由于低自旋和八面体位置上稳定的 Co^{4+} 离子，充放电过程中不可能发生不可逆相变。

但对于 $Li_{1-x}CoO_2$，$x>0.5$ 时，层状 O3 结构和单斜 P3 结构相混，相变可能是

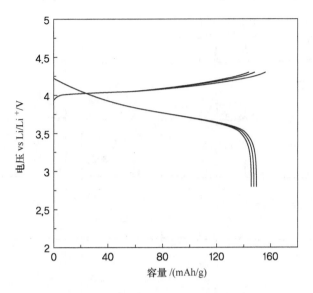

图 3.11 高温合成的 O3-LiCoO$_2$ 的充放电曲线

不可逆的。LiCoO$_2$ 中只有不到 50% 的锂可进行可逆的嵌入-脱出。完全脱锂获得的 CoO$_2$，是不可逆相变形成的六方密堆积的 O1 层状结构。LiCoO$_2$ 的理论比容量为 274 mAh/g，实际比容量只有 145mAh/g，比理论比容量值的一半 137mAh/g 稍高。图 3.12 为 Li$_{1-x}$CoO$_2$ 在充电/放电过程中结构变化的 XRD 谱图。充电过程中，LiCoO$_2$ 转变成完全不同的结构，这可从（003）峰右侧的小峰逐渐变大看出来。

充电时，Li$_{1-x}$CoO$_2$ 的相变过程为 O3→［O3＋P3］→P3（O1）。由于 P3（O1）结构中氧沿 c 轴作 AABBCC 和 ABABAB 排列，Co-O 键得以保持，而 CoO$_2$ 层滑移形成新的结构，如图 3.13 所示。

当过充至 4.5V 时，Co 氧化数的增加会引起 O-Co-O 键键长的缩短，x-y 平面的晶格常数 a 收缩 0.3%。但由于 CoO$_2$ 层的排斥使得 c 轴增加大于 2%，总的晶胞体积膨胀。注意当 x 接近 1 时，晶格常数 c 迅速下降。

当 $x>0.72$ 时，电荷的补偿不是通过 Co 的氧化而是晶格氧的释放，这会导致可逆容量下降。温度高于 50℃时，氧的大量释放使晶格坍塌。同时，正极材料和电解液的副反应引起电解液分解，释放气体，使电池膨胀，导致电池变得不安全。

2. LiNi$_{1-x}$Co$_x$O$_2$

O3-LiNiO$_2$ 具有 R-$3m$ 斜方六面体结构，$a=2.887$Å，$c=14.227$Å，$c/a=4.928$，晶胞体积（$V=\sqrt{3/2}a^2c$）为 102.69Å^3。由于具有比 LiCoO$_2$ 多出 20% 的实际比容量，层状 LiNiO$_2$ 被作为 LiCoO$_2$ 的一种替代材料进行研究。LiNiO$_2$ 中由于有稳定的 Ni^{2+} 存在，使得合成的产品常为非计量的 Li$_{1-y}$Ni$_{1+y}$O$_2$。这是因为在保持电中性的

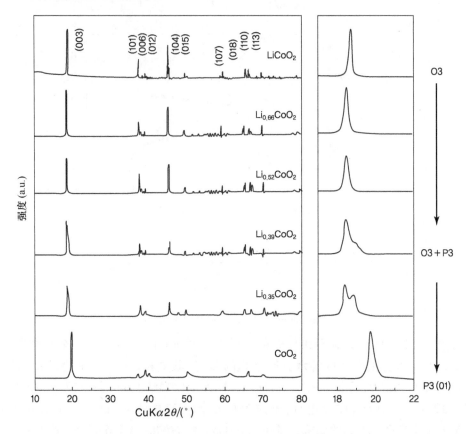

图 3.12　不同锂含量的 $Li_{1-x}CoO_2$ 的 X 射线衍射分析[7]

条件下，部分 Ni^{3+} 的八面体位置和锂离子的位置可被 Ni^{2+} 所代替。低自旋 Ni^{3+} 八面体配位形成的不成对电子具有不稳定性，容易转变为 Ni^{2+}。因此，合成 $LiNiO_2$ 通常需要在氧化条件下进行。

比较 Ni 离子的晶体场稳定化能，Ni^{4+}（t_{2g}^6）、Ni^{3+}（$t_{2g}^6 e_g^1$）和 Ni^{2+}（$t_{2g}^6 e_g^2$）的相对能级分别为 $-24Dq+2P$、$-18Dq+P$ 和 $-12Dq$。假定电子成对能 P 相对较小，Ni^{2+} 的电子构型是最稳定的。与 Co 相似，考虑离子半径，r（Ni^{2+}）$/r$（O^{2-}）$=$ 0.659 在八面体构型范围 0.414 ~ 0.732 之内，r（Ni^{2+}）$/r$（Li^+）$= 0.922$，即 Hume-Rothery 规则中的 7% ~ 8%。与 Co^{2+} 的相比，Ni^{2+} 的半径与 Li^+ 的更接近，因此，使得 Ni^{2+} 容易出现在锂离子层，生成非计量的 $Li_{1-x}Ni_{1+x}O_2$。

图 3.14 显示了当 Ni^{2+} 取代锂离子时的离子迁移路径。在氧原子的立方密堆积结构中，过渡金属和锂分别占据 3b 和 3a 八面体位置，所有的四面体均是空的。3b 八面体位置上的过渡金属可移至最近邻的 T_1 四面体位置，然后迁移到较远的 3a 八面体位置。另一条路径是先移至 T_2 四面体位置，再迁移至 3a 八面体位置。两种路径的总距离相等。

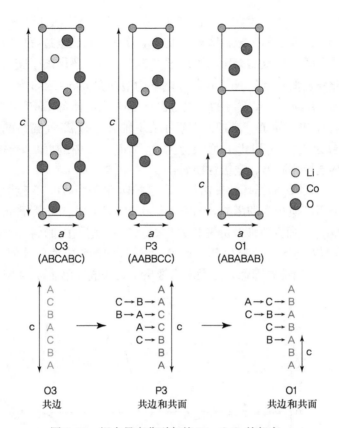

图 3.13　锂含量变化引起的 $Li_{1-x}CoO_2$ 的相变

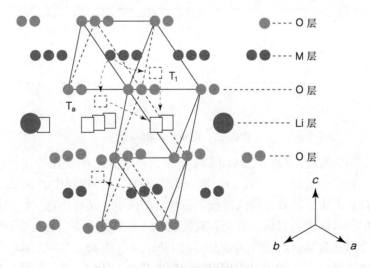

图 3.14　阳离子迁移路径模拟图

在非计量的 $Li_{1-x}Ni_{1+x}O_2$ 中，由于锂被 Ni^{2+} 代替，NiO_2 层形成一个局部的三维结构。这阻碍了锂离子的扩散，降低了充放电效率。充放电过程中的不可逆相变也使电池的容量下降。计量的 $LiNiO_2$ 可通过水热法或氧化还原离子交换法制得，但重复性较差。此外，低自旋的 Ni^{3+}（d^7）电子构型存在 Jahn-Teller 效应，使得 z 轴方向的键长增加。Jahn-Teller 效应的产生是由于 MO_6 八面体的 CFSE 引起 d 轨道分裂成能量不同的 t_{2g} 和 e_g 轨道，增加或缩短了在 z 轴方向金属-氧键的键长。获得额外稳定能的 t_{2g} 分为 d_{xy}、d_{yz} 和 d_{zx}，而 e_g 分为 d_{z^2} 和 $d_{x^2-y^2}$。在这里，z 轴方向的反复膨胀收缩，使得电导率降低，电极性能恶化。

图 3.15 是 $LiNiO_2$ 的循环伏安曲线。$Li_{1-x}NiO_2$ 在 $0 \leqslant x \leqslant 0.75$ 范围内，电池性能几乎不受三个不可逆相变的影响。当充电至 4.2V 以上时，可获得 160 mAh/g 的容量，高于 $LiCoO_2$。相变所涉及的三相为 $0 < x < 0.25$ 范围内的斜方六面体相、$0.25 < x < 0.55$ 范围内的单斜相和 $0.55 < x < 0.75$ 范围内的斜方六面体相。充电至 4.2V 对应 $x > 0.75$，电池性能降低，这是因为锂离子无法嵌回已生成的 NiO_2。

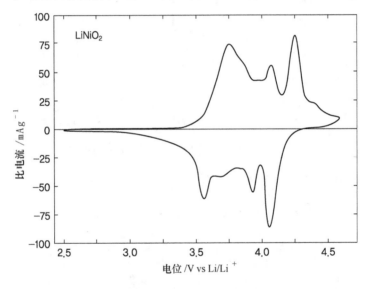

图 3.15　$LiNiO_2$ 的循环伏安

尽管 $LiNiO_2$ 有比 $LiCoO_2$ 更高的实际容量，但它并未能被用作正极材料。第一个原因是，在非计量的 $Li_{1-x}Ni_{1+x}O_2$ 中，锂离子的扩散被锂层中的 Ni 离子阻碍，导致容量下降。其次，随着充电的进行和锂含量的减少，结构不稳定性增加，引起氧化态物质的分解而增加氧压，并会和有机电解液发生反应使电池变得不安全。采用其他过渡金属元素部分取代镍离子获得的 $LiNi_{1-x}Co_xO_2$ 和 $LiNi_{1-x-y}Co_xAl_yO_2$，可代替 $LiNiO_2$ 而被使用[4]。掺入具有固定氧化数的其他 M^{3+} 时，Ni^{2+} 就难以取代锂离子而保持电中性。Co 离子的引入可以有效地阻止 Ni^{2+} 取代锂离子；而惰性的 Al 则会影响锂离子的嵌入/脱出。在高温合成中，通常使用过量的锂盐以补充锂的挥发，这同时也有利于阻止 Ni^{2+} 的产生。

因为过渡金属离子有不同的氧化还原电势，所以如果化合反应不均匀，在充放电过程中电极材料性能会下降。为了使反应均匀，往往采用其他合成方法来代替固相反应，如共沉淀烧结法、共沉淀熔盐法和喷雾热解法。

在 $LiNi_{1-x}Co_xO_2$ 中，Co 替代量的增加使材料晶格参数下降，因此可使体积比容量增大。图 3.16 显示了 $LiNi_{0.85}Co_{0.15}O_2$ 的充放电曲线。$LiNi_{0.85}Co_{0.15}O_2$ 的理论容量为 274 mAh/g，实际容量约为 174 mAh/g。由于 Co 的取代，使得 Jahn-Teller 效应减弱，更少的 Ni^{2+} 发生交换（或 NiO 的形成），同时充放电过程中的相变被压抑，从而使得电化学性能得到提高。

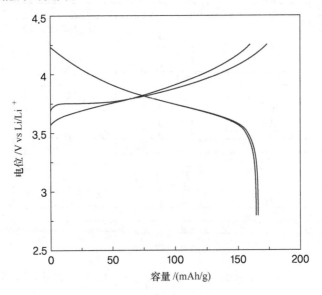

图 3.16　$LiNi_{0.85}Co_{0.15}O_2$ 的充放电曲线

充电过程中，$Li_{1-x}Ni_{1-y}Co_yO_2$ 的 O3 层状结构在 $0 \leqslant x \leqslant 0.70$ 范围内保持稳定，在 $0.70 < x < 1$，转变成 O3 和 P3 层状结构共存。当锂离子完全脱出时，形成一个新的 O3 层状结构相 $Ni_{1-y}Co_yO_2$。图 3.17 是在 $Li_{1-x}Ni_{0.85}Co_{0.15}O_2$ 中，随着锂含量变化，材料 XRD 图谱变化的情况。

$Li_{1-x}CoO_2$ 在 $0.50 < x < 1$ 时转变为 O3 和 P3 两相共存，但对 $Li_{1-x}Ni_{1-y}Co_yO_2$，同样的情况发生在 $x = 0.70$。充电时，因为只有 Ni^{3+} 发生氧化，而 Co^{3+} 不氧化，所以 $Li_{1-x}Ni_{0.85}Co_{0.15}O_2$ 的理论容量约为 233mAh/g。如不涉及相变，该材料的实际容量是 163 mAh/g。但如果将 O3 和 P3 共存的不可逆相变也考虑在内，容量值可增加至 174 mAh/g。充电中，低自旋的 Ni^{3+}（d^7）氧化为 Ni^{4+}，为 Jahn-Teller 效应所扭曲的 NiO_6 八面体变回为对称的形式。

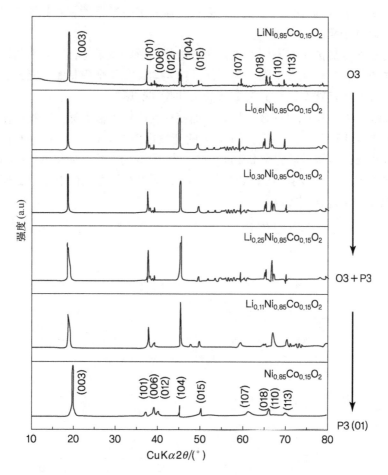

图 3.17 不同锂含量的 $Li_{1-x}Ni_{0.85}Co_{0.15}O_2$ 的 X 射线衍射分析

3. LiMO₂ (M = Mn, Fe)

由于热力学上的不稳定，层状结构的 $LiMnO_2$ 很难合成。但可通过先制备 α-$NaMnO_2$ 前驱体，然后进行锂离子和钠离子的交换反应来制备[8]。一般获得的是 3% ~10% 的锰占据锂位的非计量氧化物，而不是晶体结构发育良好的符合计量比的层状 $LiMnO_2$。在 $Li_{1-x}Mn_{1+x}O_2$ 中，当 3% 的锂被锰所替代时，层状结构会转变为类尖晶石结构，在对应的放电曲线上会出现 4V 和 3V 电压平台，如图 3.18 所示。对于层状 $LiMnO_2$，虽然锂离子可以 100% 脱出，但在充放电过程中会不可逆地转变为尖晶石结构。尽管有这种转变，循环过程中，容量在起始阶段上升，然后逐渐下降[9]。

岩盐结构的正交 $LiMnO_2$ 在 2.0 ~4.5V 充电时，初始的容量高达 200mAh/g。由于锂脱出形成的 $Li_{1-x}MnO_2$ 结构很不稳定，故易于转变成为容量较稳定的尖晶石

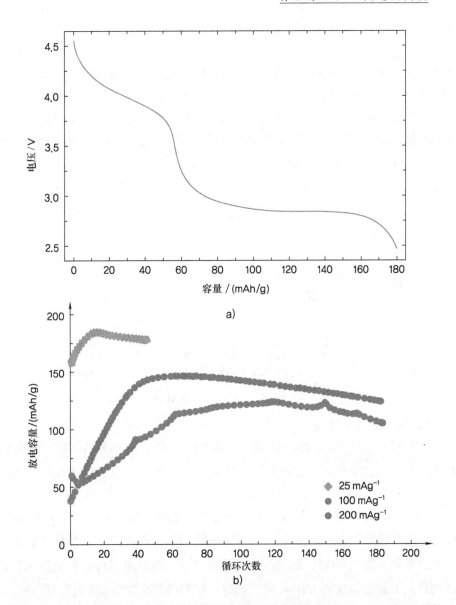

图 3.18　600℃合成的 $Na_{0.51}Mn_{0.90}O_2$ 在 80℃进行离子交换获得的 $Na_{0.09}Li_{0.59}Mn_{0.94}O_2$ 的
a）第 50 次放电曲线（25 mA/g）和 b）循环特性[9]（经美国化学学会许可改编，2002 年）

$Li_{1-x}Mn_2O_4$（见图 3.18）。一些研究表明可通过表面修饰和改善合成工艺来提高
$LiMnO_2$ 的电化学性能[10, 11]。

尽管有大量的通过 α-$NaFeO_2$ 离子交换来制备层状 $LiFeO_2$ 的研究，但其不稳定
的层状结构在最初的充电阶段就会转变成为尖晶石[12]。其原因首先在于，从结构
和阳离子相对大小的普适关系看，$LiCoO_2$ 和 $LiNiO_2$ 满足 $r_B/r_A < 0.8$ 的稳定条件，分

别为 0.76 和 0.78。而 $LiFeO_2$ 则超过极限值，为 $rFe^{3+}/rLi^+ = 0.87$。其次，高自旋的 Fe^{3+} 不存在晶体场稳定化能，容易移至四面体位置。波纹的、针状的和隧道型的各种铁化合物，如 $FePS_3$、$FeOCl$ 和 $FeOOH$，都表现出很糟糕的电化学性能[13]。与 $LiCoO_2$ 相比，含铁材料的平均电压不是太高（Fe^{4+}/Fe^{3+}）就是太低（Fe^{3+}/Fe^{2+}）（见图 3.19）。这是因为在氧为阴离子的铁化合物中，铁和电子之间的相互作用相对较大。同时，锂的 Fermi 势能和 Fe^{4+}/Fe^{3+}（$e_g: 3d^5\sigma^*$）相差很大，而与 Fe^{3+}/Fe^{2+}（$e_g:3d^5\pi^*$）相差很小。

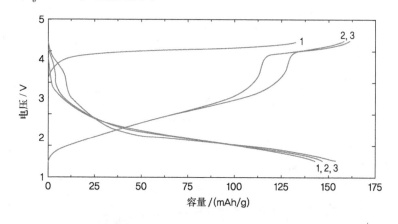

图 3.19　Li/LiFeO$_2$ 的充放电曲线

4. Ni-Co-Mn 三元体系

三元材料 $Li[Ni_xCo_{1-2x}Mn_x]O_2$ 是高容量的 $LiNiO_2$，热稳定性好和价格便宜的 $LiMnO_2$，以及电化学性能稳定的 $LiCoO_2$ 的复合物，展现了优秀的电化学性能。根据第一性原理的计算，由低自旋的 Co^{3+}、Ni^{2+} 和 Mn^{4+} 组成的具有 P3$_1$12 空间群对称性的 $LiNi_{1/3}Co_{1/3}Mn_{1/3}O_2$ 比按 1:1:1 比例混合的 $LiNi^{3+}O_2$、$LiCo^{3+}O_2$ 和 $LiMn^{3+}O_2$ 更稳定。这意味着 $LiNi_{1/3}Co_{1/3}Mn_{1/3}O_2$ 可通过恰当的方法合成。在该低自旋混合物中，晶格常数 a 为 4.904Å，是 $LiMO_2$ 材料的 $\sqrt{3}$ 倍，这是由三种过渡金属元素的均匀规则排列引起的，如图 3.20 所示。同时，锰使得晶格常数 c 增大至 13.884Å[14]。

通常，$LiCoO_2$ 能和 $LiNiO_2$ 形成固溶体，但不能和 $LiMnO_2$ 形成固溶体，而 $LiNiO_2$ 和 $LiMnO_2$ 可形成固溶体。相对于制备 $LiNi_{1-x}Co_xO_2$，制备 $LiNi_{1/3}Co_{1/3}Mn_{1/3}O_2$ 时，均匀混合过渡金属显得更重要。因此，普遍采用的是共沉淀方法。在共沉淀获得氢氧化物前驱体时，$Mn(OH)_2$ 会氧化产生 $MnOOH$ 或 MnO_2。通过碳酸盐共沉淀，沉淀前驱体中的锰可以保持为 Mn^{2+}，但在后续的烧结过程中不易完全消除 NiO 和 Li_2MnO_3 等杂质，因而电池性能不理想。

如果要保持化合物的电中性，镍离子和锰离子倾向于采取 Ni^{2+} 和 Mn^{4+} 的电子

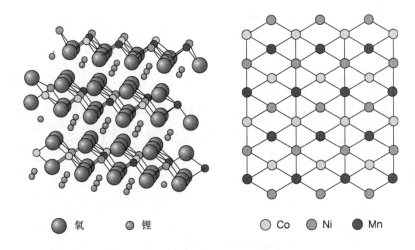

○ 氧 ● 锂 ○ Co ◐ Ni ● Mn

图 3.20 具有 $[\sqrt{3} \times \sqrt{3}]$ R30° 形式超晶格

$[Ni_{1/3}Co_{1/3}Mn_{1/3}O_2]$ 层的 $LiNi_{1/3}Co_{1/3}Mn_{1/3}O_2$ 模拟图

构型，而非 Ni^{3+} 和 Mn^{3+}。在 $LiNi_{1/3}Co_{1/3}Mn_{1/3}O_2$ 中，镍的化合价为 $2+$，钴的化合价为 $3+$，锰的化合价为 $4+$。通常认为 Ni^{2+} 参与充放电过程，Co^{3+} 在充电末期被激活，而 Mn^{4+} 不参与充放电过程，但通过八面体位置的晶体场稳定化能来提供整个晶体结构的稳定性。

$Li_{1-x}Ni_{1/3}Co_{1/3}Mn_{1/3}O_2$ 在充放电过程中会发生结构的变化，主要表现：晶格参数 c 随着锂含量的减少而增大，但当 $(1-x) < 0.35$ 时，又会由于氧的产生而减小；晶格参数 a 的变化却正好相反[15]。总的来说，这种材料的体积变化小，适合作为正极活性材料。$Li_{1-x}CoO_2$ 在 $x=1$ 时是 P3 结构，而 $Li_{1-x}Ni_{1/3}Co_{1/3}Mn_{1/3}O_2$ 在 $x=1$ 时为 O1 结构，考虑到两种材料在 $0 \leqslant x \leqslant 0.8$ 范围内均是 O3 结构，因此在整个充电过程中可以很好地保持 $Li_{1-x}Ni_{1/3}Co_{1/3}Mn_{1/3}O_2$ 材料的稳定结构。这种材料的优异充放电特性使得相应的电池表现出长寿命和高安全性。图 3.21 是 $LiNi_{1/3}Co_{1/3}Mn_{1/3}O_2$ 正极材料在不同放电电流下的放电曲线。

由于容量与 $LiCoO_2$ 相近，因而从性能、安全和成本方面综合考虑，这种材料是一种很好的 $LiCoO_2$ 替代品。最近出现了各种材料复合的研究，其目的是通过增加 Ni 含量来提高容量的同时又保留其优势。

5. Ni-Mn 体系

$LiNi_{1/2}Mn_{1/2}O_2$ 的晶格常数 $a = 2.889$Å，$c = 14.208$Å，$c/a = 4.918$，晶胞体积为 102.697Å^3。与 $LiNi_{1/3}Co_{1/3}Mn_{1/3}O_2$ 相似，$LiNi_{1/2}Mn_{1/2}O_2$ 中镍锰比例为 1:1，由于存在 NiO 和 Li_2MnO_3 杂质使其电化学性能有所下降。它的理论容量为 280mAh/g。图 3.22 是 $LiNi_{1/2}Mn_{1/2}O_2$ 的充放电曲线；图 3.23 是 $Li_{1-x}Ni_{1/2}Mn_{1/2}O_2$ 中锂含量所引起的 XRD 谱图变化的情况。$Li_{1-x}Ni_{1/2}Mn_{1/2}O_2$ 在 $0 \leqslant x \leqslant 1$ 范围内保持均一的 O3 结构，

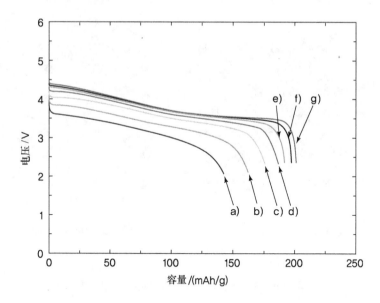

图 3.21 LiNi$_{1/3}$Co$_{1/3}$Mn$_{1/3}$O$_2$充电至 4.6 V 时的倍率性能。

a) 2400 mA/g, b) 1600mA/g, c) 800mA/g, d) 400mA/g, e) 200mA/g,

f) 100mA/g 和 g) 50mA/g。活性材料 88%；乙炔黑 6%；PVdF6%

在 60℃下可实际放出 260mAh/g 的容量。

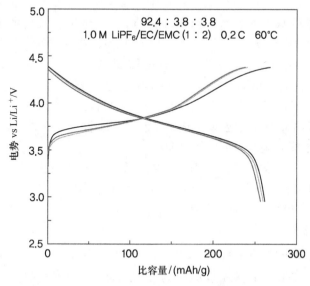

图 3.22 LiNi$_{1/2}$Mn$_{1/2}$O$_2$的充放电曲线

LiNiO$_2$-LiMnO$_2$固溶体与 LiCoO$_2$-LiMnO$_2$ 和 LiCrO$_2$-LiMnO$_2$固溶体本质上有所不同，LiNiO$_2$-LiMnO$_2$固溶体中形成 Ni^{2+} 和 Mn^{4+}，而在 LiCoO$_2$-LiMnO$_2$中不存在 Co^{2+}

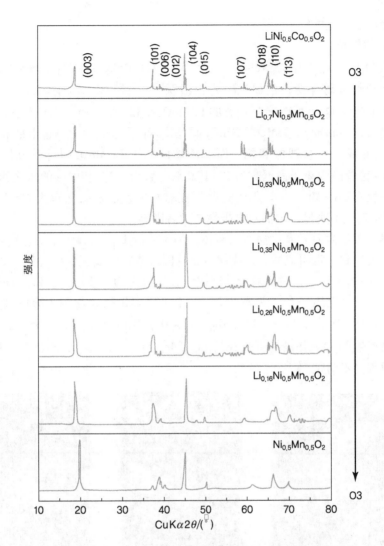

图 3.23　$Li_{1-x}Ni_{1/2}Mn_{1/2}O_2$ 中不同锂含量所对应的 X 射线衍射分析

和 Mn^{4+} [16]。$LiCrO_2$-$LiMnO_2$ 中，当 $LiMnO_2$ 含量超过 30% 时，由于 Cr^{3+} 的稳定性，锰以 Mn^{3+} 形式存在，材料为单斜晶系。

在 $LiNiO_2$-$LiMnO_2$ 固溶体中，因为 Mn^{4+} 不参与充放电过程中的氧化还原反应，所以没有层状结构向尖晶石结构转变的现象。$Li[Ni_{1/2}Mn_{1/2}]O_2$ 的充放电对应 $Ni^{2+/4+}$ 的氧化还原过程，表现出来的可逆容量和电压平台与 $LiNiO_2$ 对应的 $Ni^{3+/4+}$ 氧化还原过程相似。根据理论计算，当 Mn-Ni 从 2+/4+ 变为 4+/4+ 时，它们之间相互作用的变化可说明其具有高工作电压的原因。然而，$Li[Ni_{1/2}Mn_{1/2}]O_2$ 的合成较为复杂，因为会出现尖晶石不纯相和 Ni^{2+} 出现在锂层。为了克服这些问题，反应中会使用过量的锂。

6. 富锂材料

自从 $Li_xCr_yMn_{2-y}O_{4+z}$ 发现以来，对 $(1-x)Li_2MnO_3 \cdot xLiMO_2$（M = Ni，Co，Cr）固溶体（或纳米复合物）的研究一直很活跃[17]。$Li[Ni_xLi_{1/3-2x/3}Mn_{2/3-x/3}]O_2$ 可看成是包含电化学非活性 Mn^{4+} 氧化态的 Li_2MnO_3 和 $Li[Ni_{1/2}Mn_{1/2}]O_2$ 的固溶体，其容量可高达 250 mAh/g。$LiMO_2$-$LiMnO_2$ 固溶体可看成是一个锂计量相，$LiMO_2$-Li_2MnO_3 可看成是一个锂饱和相，而 $LiMO_2$-$LiMnO_2$-Li_2MnO_3 则可看成是一个富锂相[18]。3b 位置的阳离子占据数为 1，其总氧化数为 +3。其中锰的氧化物所发生的氧化还原反应不是 $Mn^{3+/4+}$。因为这些正极材料中锰的价态保持为 Mn^{4+}，Mn^{3+} 的 Jahn-Teller 效应不明显，因而对电极性能没有影响。

虽然一般认为上述氧化物为固溶体，但 $Li[Cr_xLi_{(1-x)/3}Mn_{2(1-x)/3}]O_2$ 的 TEM 分析表明，当达到一定组成后，这类材料会从固溶体转变成复合物（见图 3.24）。当充电至 4.6 ~ 4.8 V 时，材料对应的充放电容量分别为 352mAh/g 和 287mAh/g，并在 4.5 V 有一个电压平台（见图 3.25）。不可逆容量损失起源于充电过程中 Li_2O 从 Li_2MnO_3 中脱出。以 $LiNi_{0.20}Li_{0.20}Mn_{0.6}O_2$ 为例，充电首先使 Ni^{2+} 氧化为 Ni^{4+}，继续充电则产生 Li_2O，并最终生成 $Ni^{4+}_{0.20}Li_{0.20}Mn_{0.6}O_{1.7}$。放电时，通常 $Mn^{4+/3+}$ 发生还原，但原因尚不清楚[19, 20]。

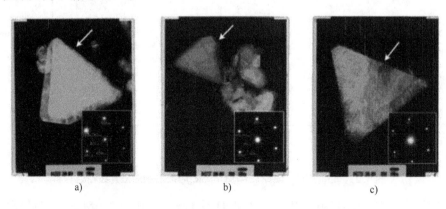

图 3.24　电子衍射图谱：a) $Li[Cr_{0.211}Li_{0.268}Mn_{0.520}]O_2$，b) $Li[Cr_{0.290}Li_{0.240}Mn_{0.470}]O_2$，c) $Li[Cr_{0.338}Li_{0.225}Mn_{0.436}]O_2$[21]（经 Elsevier 许可复制，版权 2007 年）

根据最近的研究[22]，$xLi_2MnO_3 \cdot (1-x)LiMO_2$ 充电到 4.4 V，其中 $LiMO_2$ 的 Li 完全脱出后，形成 $xLi_2MnO_3 \cdot (1-x)MO_2$；在 4.4 V 以上，随着 Li_2O 脱出，形成 $(x-\delta)Li_2MnO_3 \cdot \delta MnO_2 \cdot (1-x)MO_2$（见图 3.26）。在电压高于 4.4V 时，由于 Li_2MnO_3 中锂的脱出，而生成了 Li_2O 和 MnO_2，并释放氧。这一过程可表示为 $Li_2MnO_3 \rightarrow xLi_2O + xMnO_2 + (1-x)Li_2MnO_3$。由于 Li_2MnO_3 余量的多少由截止电压决

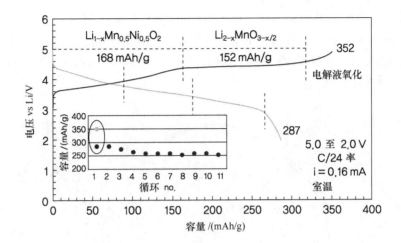

图 3.25　Li/0.3Li$_2$MnO$_3$ · 0.7LiMn$_{0.5}$Ni$_{0.5}$O$_2$的首次充放电曲线（5.0～2.0 V）[19]

（经 Elsevier 许可复制，版权 2004 年）

定，因此升高截止电压可使其比例减少。必须设定合适的截止电压以控制 Li$_2$MnO$_3$ 的电化学反应，从而达到保持材料结构稳定的目的。另外，在首次充电结束后的放电过程中，生成的是 $(x-\delta)$Li$_2$MnO$_3$ · δLiMnO$_2$ · $(1-x)$LiMO$_2$。

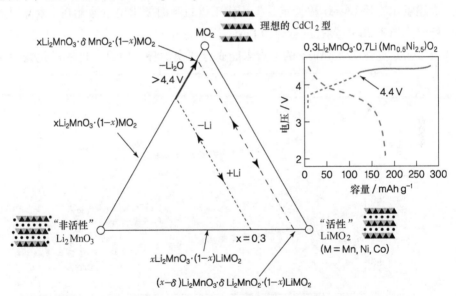

图 3.26　基于 xLi$_2$MnO$_3$ · $(1-x)$ LiMO$_2$的三组分相图的成分变化和电化学反应路径[22]（经英国皇家化学学会许可复制，版权 2007 年）

最近一些研究衍生出了一些新的正极材料，如将 LiCoO$_2$ 添加到 Li$_2$MnO$_3$-Li［Ni$_{1/2}$Mn$_{1/2}$］O$_2$固溶体中形成 Li$_2$MnO$_3$-Li［Ni$_{1/2}$Mn$_{1/2}$］O$_2$-LiCoO$_2$，可以提高电导率[23]。

Li₂MnO₃ 添加到氧化态为 M^{3+} 的 LiCoO₂-LiNiO₂-LiMnO₂ 氧化物中，形成的固溶体（Li₂MnO₃-LiCoO₂-LiNiO₂-LiMnO₂）中含有不同的化合价，如 Ni^{2+} 和 Mn^{4+}。如图 3.27 所示，将 Li₂MnO₃ 添加到 Li[Ni₁/₂Mn₁/₂]O₂-LiNiO₂-LiCoO₂ 中，可以合成多种形式的活性正极材料。

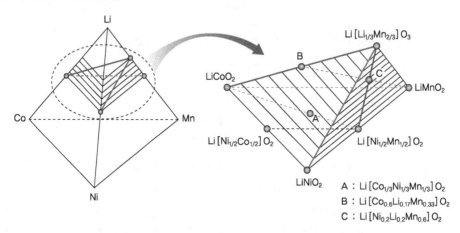

图 3.27　四元 Li₂MnO₃-Li[Ni₁/₂Mn₁/₂]O₂-LiNiO₂-LiCoO₂ 相图[24]

上述氧化物比 LiCoO₂ 更稳定，但用作正极材料时要求电解液能在 4.6 V 以上也保持稳定。图 3.28 中含有过量锂的 LiNi₀.₂₀Li₀.₂₀Mn₀.₆O₂，由于其真实密度比 LiCoO₂ 要低得多，其高达 220mAh/g 的容量未能充分展现优势。但是，这些氧化物对于要

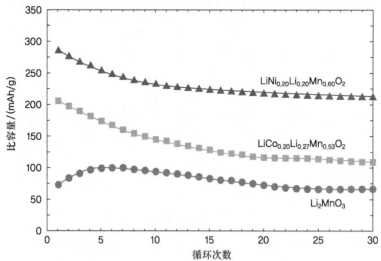

图 3.28　LiNi₀.₂₀Li₀.₂₀Mn₀.₆O₂ 和 LiCo₀.₂₀Li₀.₂₇Mn₀.₅₃O₂ 的放电容量
（@20 mA/g, 2.0~4.8 V）[25]（经 Elsevier 许可复制，版权 2005 年）

求高安全和高能量的电池是很好的选择。用具有和锰同样 + 4 的化合物 Li_2TiO_3 来取代是最近研究的焦点，这是从诸如制造成本、合成难易度和毒性等各种因素综合考虑的结果[26, 27]。

3.1.3.2　尖晶石化合物

1. $LiMn_2O_4$

在立方尖晶石结构 LiM_2O_4（M = Ti，V，Mn）中，氧按 ABCABC 立方密堆积（见图 3.29），位于 32e 位置。$LiMn_2O_4$ 的晶格参数 $a = 8.245$Å，是代表性的尖晶石型活性材料，具有较高容量。同时锰容易获得，价格便宜，且环保。

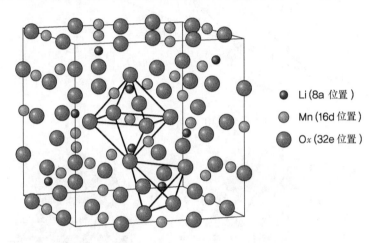

　　　　● Li（8a 位置）

　　　　○ Mn（16d 位置）

　　　　○ Ox（32e 位置）

图 3.29　尖晶石 $(Li)_{8a}[Mn_2]_{16d}[O_4]_{32e}$ 中的格点

锰的化合价受反应物的组成、热处理温度和其他合成条件的影响，可以从 2 + 变化至 4 + 。因为 Mn 可以占据尖晶石结构中的四面体或八面体位置，合成的材料可能有不同的组成，相应的电化学性能也有所不同。因此，合成 $LiMn_2O_4$ 比合成其他正极材料更复杂，其反应涉及多种相变。图 3.30 显示了各种不同组成和化合价的锰氧化物。

过渡金属和锂离子在尖晶石 LiM_2O_4 中占据氧堆积产生的空位，其排列情况由静电引力、斥力和离子半径决定。化合价为 3 + 或 4 + 的 3d 过渡金属，当其离子半径和氧离子半径的比值为 $0.476 \leqslant r(M^{3+})/r(O^{2-}) \leqslant 0.702$ 或 $0.492 \leqslant r(M^{4+})/r(O^{2-}) \leqslant 0.591$ 时，则可位于八面体位置。实际上，在层状材料和尖晶石材料中，所有过渡金属元素都占据八面体位置。一个 MO_6 被六个相邻的 MO_6 围绕排列，形成二维层状结构。在尖晶石中，同样的排列是三维的（见图 3.31）。这导致形成了具有不同化合价的过渡金属离子。因为电荷分布的差异，以及 $M^{3+}O_6$ 和 $M^{4+}O_6$ 键长的不同，所以三维的八面体排列比二维的均匀度更高。

在 $(M_2O_4)^{1-}$ 的三维结构中，为保持电中性，锂离子离 M^{3+} 和 M^{4+} 最远，处于

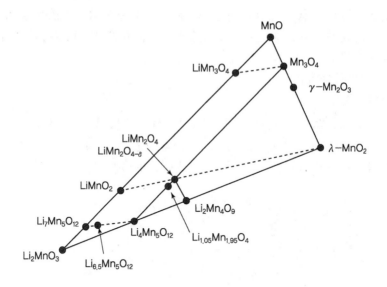

图 3.30 不同组成和化合价的锰氧化物

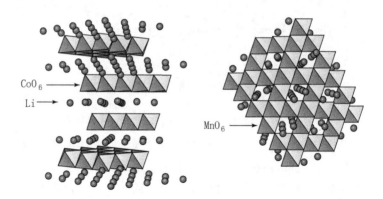

图 3.31 层状/尖晶石结构中 MO_6 八面体的排列

静电斥力最小的 8a 位置。锂离子与 M^{3+} 和 M^{4+} 分别占据 8a 与 16d 位置，因此可用 $(Li)_{8a}[M_2]_{16d}[O_4]_{32e}$ 来表示。尖晶石化合物通过三维连接的共面八面体为充放电过程中锂离子的迁移提供途径。

通常，Mn 尖晶石的电化学特征表现为两个电压平台[28]。在 $Li_{1-x}Mn_2O_4$ 中，$0 \leqslant 1-x \leqslant 1$ 时，锂离子在 4 V 左右进行嵌入/脱出，保持立方结构。在 $Li_{1+x}Mn_2O_4$ 中，$1 \leqslant 1+x \leqslant 2$ 时，处于 16c 位置的锂离子在 3 V 左右进行嵌入/脱出，伴随着立方相 $LiMn_2O_4$ 和四方相 $Li_2Mn_2O_4$ 之间的相变（见图 3.32 和图 3.33）。也就是说，同样的 $Mn^{3+/4+}$ 的氧化还原反应却存在着 1V 的电势差，这主要是由立方相 $LiMn_2O_4$ 中处于 8a 位置的锂和四方相 $Li_2Mn_2O_4$ 中处于 16c 位置的锂的能隙引起的。

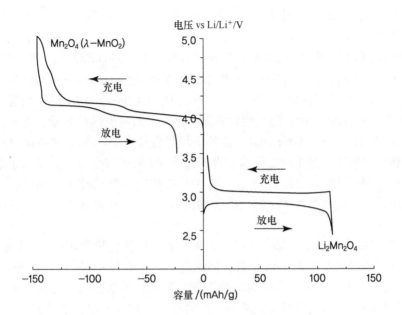

图 3.32 LiMn$_2$O$_4$ 的充放电曲线

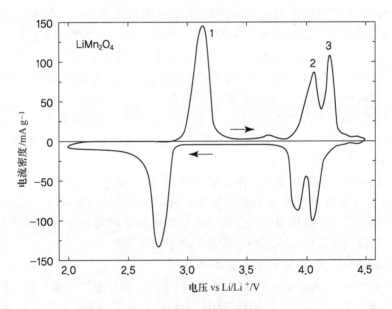

图 3.33 LiMn$_2$O$_4$ 的充放电循环伏安曲线

Li$_{1-x}$Mn$_2$O$_4$ 中，$0 \leqslant x \leqslant 0.73$ 时，锂离子的嵌入/脱出是可逆的。直到 50% 的 8a 位置上的锂离子脱出之前，Li$_{1-x}$Mn$_2$O$_4$ 的电极电势主要受 Mn 的平均化合价影响。但到了 $x > 0.5$，则还要受到锂离子脱出能量变化的影响，这种变化是由于剩余锂离子的重排而产生的。这种 $Li_{0.5}Mn_2O_4$ 处的变化使得该材料在 $4.0 \sim 4.2$ V 出现两个电压平台。

$LiMn_2O_4$ 和 $Li_{0.5}Mn_2O_4$ 的晶格常数分别为 8.245Å 和 8.029Å。当 Mn 离子的平均化合价大于 3.5 时,由于抑制了 Mn 的溶解和 Mn^{3+} 的 Jahn-Teller 效应,使得循环性能有所提高。当过量的锂离子嵌入 $Li_{1+x}Mn_{2-x}O_4$ ($0.03 \leqslant x \leqslant 0.05$),锂进入 16d 位置,增加了 Mn 的化合价,因此使材料显示更稳定的可逆循环容量。此时,晶格常数可由 $a = 8.4560 - 0.2176x$ 计算,锰的平均化合价大于 3.58。这意味着充放电过程中晶格参数的变化很重要,因为它直接影响 Mn 的平均化合价。但由于参与氧化还原反应的 Mn^{3+} 减少,$Li_{1.05}Mn_{1.95}O_4$ 在 4 V 的理论容量只有 128mAh/g。相似的,$Li_{1.06}Mn_{1.95}Al_{0.05}O_4$ 中增加 Mn 的化合价的同时,通过 Al 取代 Mn 并进一步增加稳定性。

起初,Mn 在 $[Li^+]_{8a}[Mn^{3+}Mn^{4+}]_{16d}O_4$ 中的平均化合价为 3.5。由于 8a 四面体位置接近占 50% 八面体的 16c 位置,因此锂离子可沿 8a→16c→8a→16c→8a 路径可逆迁移,而 $[M_2]O_4$ 尖晶石结构保持不变。三维的尖晶石结构为锂离子提供了一条短的扩散路径,即高的离子电导率,同时这种结构在充电过程中热稳定性能好。当 $Li_{1+x}Mn_2O_4$ 放电时,过量嵌入的锂离子占据空的 16c 八面体位置,与 8a 四面体位置的锂离子有很强的静电斥力,这是因为 8a 四面体和 16c 八面体共面相近。此时,8a 四面体位置上的锂离子会移到 16c 八面体位置,从而形成岩盐结构 $(Li_2)_{16c}[M_2]_{16d}[O_4]_{32e}$。随着 $Li_{1+x}Mn_2O_4$ 中过量嵌入的锂 x 增加,16d 八面体位置上的多数 Mn 变成 Mn^{3+} (d^4)。Jahn-Teller 效应引起的立方-四方结构变化使得 c/a 增加 16%,晶胞体积增加 6.5%,容量迅速下降。

在过量锂离子嵌入的初始阶段,正极材料表面处于过放电状态,其热力学平衡态被破坏,导致立方-四方的不可逆相变。仅使用 $LiMn_2O_4$ 的 4 V 平台可获得 120mAh/g 的实际容量。

放电过程中,电极表面 Mn 离子的歧化反应 ($2Mn^{3+} = Mn^{2+} + Mn^{4+}$) 产生了 Mn^{2+},Mn^{2+} 在酸性电解液中的溶解使得 $LiMn_2O_4$ 活性材料量减少。同时,溶解的锰破坏了锂离子在负极的电沉积或者成为电解液分解的催化剂,从而降低了容量。高温下,这种催化反应加强,使得容量下降更加显著。

2. $LiM_xMn_{2-x}O_4$(M = 过渡金属)

为了减少 Mn^{3+} 离子引起的 Jahn-Teller 扭曲而保持稳定的结构,化合价低于 3 + 的过渡金属离子(M = Co^{2+}、Ni^{2+}、Mg^{2+}、Cu^{2+}、Zn^{2+}、Al^{3+}、Cr^{3+})或锂离子常被用来取代 Mn^{3+}。当 2 + 或 3 + 化合价的过渡金属取代 Mn 时,Mn 的平均化合价上升,因此增加了稳定性,提高了循环寿命。图 3.34 显示了 $LiMn_{2-y}M_yO_4$ 容量随充放电循环变化的情况。比较两幅图,可看出 Mn 取代改善了循环寿命。通过在 $LiMn_2O_4$ 表面包覆过渡金属氧化物,如 Al_2O_3、$LiCoO_2$、MgO 和 ZrO_2,以减少与电解液的界面反应，可以进一步提高循环寿命。因为 Mn 取代使其化合价升高会带来容量的下降，而通过修饰与电解液接触的材料表面可使容量下降最小化，所以更为有效。

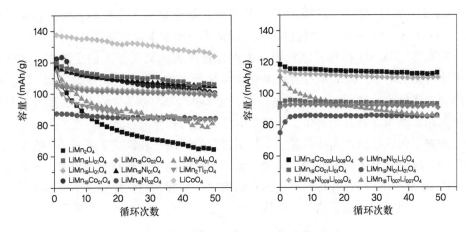

图 3.34　取代的 $LiMn_{2-y}M_yO_4$ 可逆容量的稳定性

（经美国化学学会许可改编，版权 2003 年）

通过上述取代或表面修饰稳定化的尖晶石可用于混合动力汽车的高功率锂离子二次电池。随着电池在交通领域应用的扩展，其容量在不断增加，安全性成为首先要考虑的问题。Mn 尖晶石材料比现有的层状结构材料更稳定，尽管还存在高温衰减和 Mn 溶解引起的自放电等问题，但仍然被认为是交通领域所用电池的最佳正极材料。

当 $Li_{1+x}Mn_{2-x}O_4$ 中，$x = 0.33$ 时，得到的是 $Li_4Mn_5O_{12}$。也可看成是 $LiMn_2O_4$ 中在 16d 位置上 1/6 的锰离子被锂离子所代替而形成了 $Li[Li_{1/3}Mn_{5/3}]O_4$。由于 $Li_4Mn_5O_{12}$ 中 Mn 的化合价是 4 +，锂离子只能进行电化学嵌入。锂的嵌入引起具有 Jahn-Teller 效应的 Mn^{3+} 的增加，但立方-四方的不可逆相变并不影响 $Li_{6.5}Mn_5O_{12}$，因为 Mn 的平均化合价是 3.5 +。因此，$Li_4Mn_5O_{12}$ 可被用作 3 V 正极材料，理论容量为 163 mAh/g，实际容量为 130 ~ 140mAh/g。与 $LiMn_2O_4$ 相当的较小容量使之无法替代目前的正极材料。

3.1.3.3　橄榄石型化合物

1. $LiFePO_4$

铁（Fe）是一种含量丰富的金属，与钴（Co）相比更便宜，更环保。通过对含铁正极材料的研究，人们发现橄榄石型的 $LiFePO_4$ 最有发展前景。$LiFePO_4$ 是从 $LiFeO_2$ 衍生出来的，但后者由于糟糕的电化学性能无法应用，因为它的工作电压只有 3.2 V，这是因为 Fe^{3+}/Fe^{2+} 的 Fermi 能级和锂相近。但通过将 $LiFeO_2$ 中的氧用聚

阴离子 XO_4^{y-}（X = S，P，As；$y = 2$，3）取代，电压可以提高到 3.4 V，因为对于 Fe-O-X 键，XO_4^{y-} 中强的 X-O 键减弱了 Fe-O 键，增加了 Fe^{3+}/Fe^{2+} 的离子化趋势，因而提高了电压[30-32]。

$LiFePO_4$ 具有结构稳定和化学稳定的特点，缺点是电子电导率低和锂离子扩散慢。$LiFePO_4$ 的电导率可通过包覆导电剂如碳或纳米银来获得提高。

在通常的 M_2XO_4 橄榄石结构中，由六方密堆积的氧所形成的空隙中，50% 的八面体位置上是 M，而 1/8 的四面体位置为 X 所占据，这与立方尖晶石 Li [Mn_2]O_4 中的六面体结构一样。若 X 离子半径小，如 Be^{2+}、B^{3+}、Si^{4+} 或 P^{5+}，橄榄石结构优于尖晶石结构先形成。表 3.2 比较了尖晶石结构和橄榄石结构。在反尖晶石结构中，锂离子的迁移被八面体位置上不规则排列的锂离子和镍离子所破坏。在尖晶石结构中，因为锂离子占据四面体位置，锰离子和钴离子占据八面体位置，所以锂离子可沿 16c-8a-16c 路径迁移。在橄榄石结构中，尽管两种八面体有不同的晶体学参数和大小，但它们形成了均匀的结构，允许锂离子在一维方向进行扩散。

表 3.2 尖晶石、反尖晶石和橄榄石结构的比较

结 构	尖 晶 石	反 尖 晶 石	橄 榄 石
晶体结构	立方	立方	正交
空间群	Fd3m	Fd3m	Pmnb
锂离子位置	四面体	八面体	八面体
氧	ccp	ccp	hcp
材料	$LiCoMnO_4$	$LiNiVO_4$	$LiFePO_4$

在橄榄石的 Pmnb 结构中，Fe 占据 M_2 位四面体位置，而锂离子占据 M_1 八面体位置。

图 3.35 是橄榄石型 $LiFePO_4$ 的六方密堆积结构示意图。锂离子在 c 轴方向上形成共边八面体的线性链条，而 FeO_6 八面体呈锯齿形排列。每个锂离子八面体和两个铁离子八面体，以及两个 XO_4 四面体共边。

六方密堆积结构中氧的扭曲引起共边阳离子之间的静电排斥。在共边八面体链中，锂离子的嵌入/脱出和 $LiMO_2$（M = Co，Ni）层状结构中的锂离子嵌入/脱出相似。在 $LiMO_2$ 中 MO_2 层间的锂离子的自由空间受 Li-O 键的限制，而在 $LiMPO_4$ 中则受连接 Fe 的 XO_4 四面体限制。

$LiFePO_4$ 理论密度为 $3.6g/cm^3$，比 $LiCoO_2$（$5.1g/cm^3$）、$LiNiO_2$（$4.8g/cm^3$）和 $LiMn_2O_4$（$4.2g/cm^3$）小，但比 $LiMnPO_4$（$3.4g/cm^3$）和 NaSICON（钠超离子导体）大。$LiFePO_4$ 理论容量是 170mAh/g（2.0 ~ 4.2 V），平均工作电压为 3.4 V，不足以使电解液分解，同时能提供一定的能量密度。因此，在铁的化合物中它是一

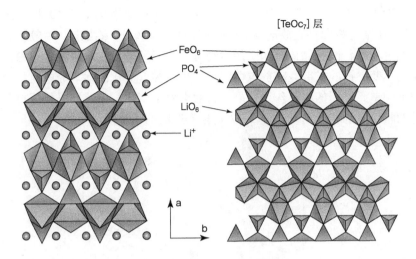

图 3.35　橄榄石型 $LiFePO_4$ 的结构

种优秀的正极材料。从图 3.36 中 $LiFePO_4$ 的充放电曲线可以看出，$Li_{1-x}FePO_4$ 在一个宽的 x 范围内有一个平的电压平台。同样的现象也可在 $Li_4Ti_5O_{12}$ 和 $Li_4Mn_5O_{12}$ 中看到，这是因为在这些材料的充放电过程中，锂离子的迁移由扩散控制或相边界控制。根据相规则，$LiFePO_4$ 和 $FePO_4$ 的嵌入/脱出必然导致两相氧化还原反应，因为在两相反应的 Gibbs 自由能曲线上，锂的化学势保持不变，因此，对应的电压也不变。

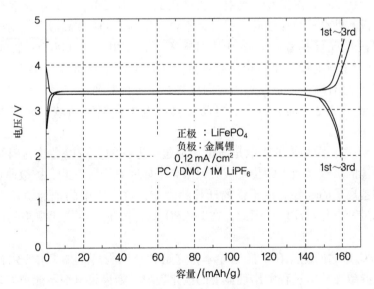

图 3.36　$LiFePO_4$ 的充放电电势

LiFePO$_4$中锂的嵌入/脱出反应可描述如下：全放电态的 LiFePO$_4$和全充电态的 FePO$_4$的晶体结构相同，充放电反应的速率由相界移动速率决定。一般认为，在充电和放电过程中，锂在晶体结构中的运动可分为两种类型。第一种是扩散反应，即晶体结构不变，锂的扩散在充放电曲线上表现为梯度变化曲线。充电时，由于晶体结构中不同单元之间的相互作用，晶格常数会发生变化，但晶体结构保持不变。第二种是两相反应的相界运动。图 3.37 是相界运动的示意图。

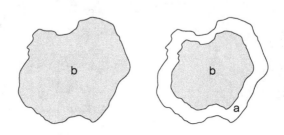

图 3.37　相界运动的示意图

充电时，颗粒表面的锂脱出，无锂的 A 相（FePO$_4$）和化学计量的 B 相（LiFePO$_4$）共存。随着充电进行，A 相不断增加，B 相不断减少，直到只剩下 A 相。随着锂的脱出，相界连续移动。Li$_{1+x}$Mn$_2$O$_4$在 3 V 时的容量明显下降，而 LiFePO$_4$却表现出很好的循环寿命。这可以用 LiFePO$_4$的结构稳定性和放电产物 LiFePO$_4$与充电产物 FePO$_4$具有相似的晶体结构来解释。

脱锂后的 FePO$_4$在氮气气氛中，加热到 350℃不失重，X 射线衍射分析表明热处理几乎没有使结构发生变化。另外，不含杂质的 FePO$_4$在高温下，对于大多数锂盐和电解液都能保持稳定。与其他材料不同，充电会使 LiFePO$_4$的体积减少约 6.8%，这对于电池设计是一个优点，因为可以补偿碳负极在充电中的体积膨胀。LiFePO$_4$由于具有结构稳定和热稳定的优势，在各种需要高容量、大体积和长寿命电池的场合，如混合动力汽车、电动工具和电力存储等领域，都有很好的应用前景。

LiFePO$_4$中，因为锂的扩散是通过一维通道进行的，所以会受材料缺陷的明显影响。当锂的扩散通道上的位置被其他阳离子如铁离子所占据，扩散通道就会被阻塞，限制锂离子的迁移。由于铁的迁移能力差，这一阻塞的锂通道就会保持非活性，不能进行电化学反应。因此，在 LiFePO$_4$的合成中，生成无缺陷的晶体结构很重要。

LiFePO$_4$最大的缺点在于低电导率，这是含有聚阴离子如 PO$_4^{3-}$ 化合物的共同特征，会导致充放电过程中出现显著的极化现象。如果导电剂不能被均匀分散，其容量会明显下降。

研究人员采用各种方法来提高 LiFePO$_4$的倍率性能。例如，通过调整颗粒尺寸来提高离子电导率和通过在颗粒表面包覆碳来提高电子电导率[33]。另一种方法是采用 Nb 作为掺杂元素，来产生诸如 Fe_2P 之类的高电导相，但这种方法难以重复并对电化学性能有不可知的影响[34, 35]。

为避免在高温固相反应中产生 Fe^{3+} 离子，合成 $LiFePO_4$ 时需采用氮气保护。同时要保证原材料的均匀性，以避免产生诸如 Fe_2O_3 和 Li_3Fe_2 $(PO_4)_3$ 之类的杂质。当样品在高温合成时，颗粒尺寸增大，比表面积减小，锂离子扩散通道变少，电池性能变差。最近一些研究采用低温合成技术来抑制颗粒生长[36]。

2. $LiMPO_4$（M = Mn, Co, Ni）

$LiFePO_4$ 和 $LiMnPO_4$ 的固溶体 $LiFe_{1-x}Mn_xPO_4$ 也能够进行充放电。$LiFe_{1-x}Mn_xPO_4$ 的晶格常数满足 Vegard 定律，Fe^{3+}-O-Mn^{2+} 之间的相互作用可产生 Mn^{3+}/Mn^{2+} 在 4.1V 的高电压，如图 3.38 所示。在 $LiFe_{1-x}Mn_xPO_4$ 中，当铁出现在 Mn 位置的附近时，会激活 Mn^{3+}/Mn^{2+}。对于全充电态物质（$Mn_y^{3+}Fe_{1-y}^{3+}$）PO_4，当 $y > 0.75$ 时，Mn^{3+} 的 Jahn-Teller 效应会引起严重的晶格形变，从而影响电化学活性。

比较 VO_4 四面体和 PO_4 四面体，原来以为由于 PO_4 的共享特征使其更容易形成橄榄石结构，而非尖晶石结构，这使得八面体位置的 Mn^{3+}/Mn^{2+} 的氧化还原能得以稳定，其电势也从 V[LiMn]O_4 中的 3.7 V 增加到 $LiFe_{0.5}Mn_{0.5}PO_4$ 中的 4.1 V。4.1 V 的区域 I 是平坦的两相区，而区域 II 是 S 形的单相区。区域 I 的过电势比区域 II 明显，这是因为锂离子通过混合相存在阻碍，同时也是因为 Mn^{3+} 的 Jahn-Teller 效应使得 3d 电子的有效质量更大。区域 II 的电压为 3.5 V，比 $Li_{1-x}FePO_4$ 的 3.4 V 稍高，这是 Fe^{3+}-O-Mn^{2+} 的超交换作用提高了 Fe^{3+}/Fe^{2+} 的电势，而降低了 Mn^{3+}/Mn^{2+} 的电势。区域 I 中两相的晶格常数不变，区域 II 对应相的晶格常数则连续变化。

$LiCoPO_4$ 可在 5.1/4.8 V 进行充放电，通过优化电导率和颗粒尺寸可将其用作高电压正极材料，其他高电压正极材料有 $LiNiVO_4$ 和 $LiCr_xMn_{2-x}O_4$。以 0.2 mA/cm^2 的电流密度充电至 5.1 V，$LiCoPO_4$ 的容量可达到 100 mAh/g，对应的体积变化为 4.6%。能量密度与 $LiCoO_2$ 相当，功率性能优于 $LiFePO_4$。充电产物 $Li_{0.4}CoPO_4$ 在 290 ℃发生第一个相变，这与 $FePO_4$ 的相变温度相似（315 ℃）。根据磁矩测量，电化学特性的变化使材料中高自旋态的 Co^{2+}（t_{2g}）^{4}（e_g）^{2} 和低自旋态的 Co^{3+}（t_{2g}）^{6} 的比例发生变化。在 $LiMnPO_4$ 中，原来以为由于 $MnPO_4$ 的热不稳定性使得锂不可能脱出晶格，但最近发现该材料可释放约 140 mAh/g 的容量[32, 37]。另外有研究报道，通过直接沉淀和加碳球磨可获得具有约 70 mAh/g 容量的 $LiMnPO_4$，而 $MnPO_4$ 也存在热稳定相[38]。通过第一性原理计算，$LiMnPO_4$ 的平衡电压为 4.1 V，由于其禁带宽和极子运动慢，其电导率必然很低[39]。实验也证明了该材料的功率密度低。

对 $LiNiPO_4$ 的研究还比较少，但根据第一性原理计算预测的 5.1 V 的平衡电位最近已被证实[40]。

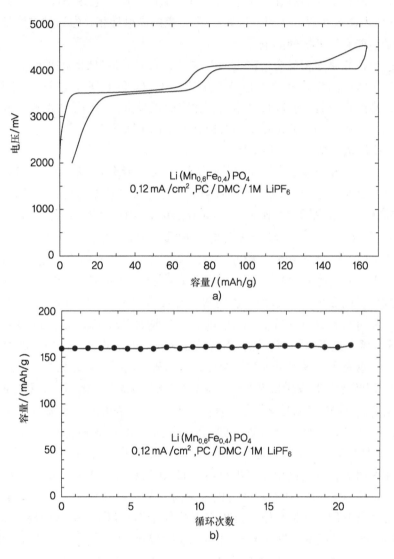

图 3.38　优化的 Li（$Mn_{0.6}Fe_{0.4}$）PO_4 的充放电曲线和容量变化[32]

3.1.3.4　钒的化合物

　　钒的氧化物及其衍生物具有各种不同的相和晶体结构，包括 V_2O_5、V_2O_3、VO_2（B）、V_6O_{13}、V_4O_9、V_3O_7、$Ag_2V_4O_{11}$、$AgVO_3$、$Li_3V_3O_5$、$\delta\text{-}Mn_yV_2O_5$、$\delta\text{-}NH_4V_4O_{10}$、$Mn_{0.8}V_7O_{16}$、$LiV_3O_8$、$Cu_xV_2O_5$ 和 $Cr_xV_6O_{13}$[41-46]。

　　通过聚合物介质合成的 V_2O_5 会有不同的形貌：球形、纳米棒和纳米线，初始容量为 250～400 mAh/g。这些氧化物的放电曲线呈现较宽的电压区间（1.5～

4.0V)，如图 3.39 所示[47,48]。

VO₂（B）是不稳定相，在 300℃以上的温度容易转变成为金红石相 VO₂[51]。采用低温氧化还原反应合成获得的 VO₂（B）纳米氧化物展现缓慢下降的放电曲线，容量可达 300mAh/g（见图 3.40）[51]。通过冷冻干燥和低温加热法合成的 VO₂（B）气溶胶具有 300～520mAh/g 的高容量。热处理温度对在放电曲线上是否出现平坦区域至关重要[52]。

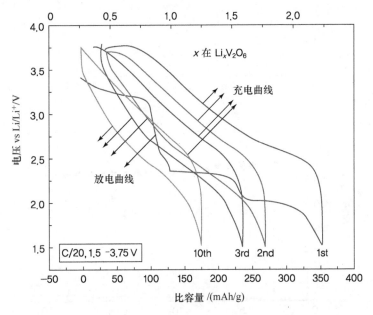

图 3.39　在 C/20 的电流密度下 V_2O_5 纳米线的充放电曲线[47-50]

此外，在含银纳米线和纳米棒中合成的钒氧化物（$Ag_2V_4O_{11}$，$AgVO_3$）具有高于 300 mAh/g 的容量[54]。图 3.41 显示了各种纳米线和纳米棒化合物的放电曲线。

通过 sol-gel 法合成的 100 nm 大小的 LiV_3O_8 活性材料显示了大于 300 mAh/g 的容量和变化缓慢的放电曲线[55]。掺铬化合物 $Cr_{0.36}V_6O_{13}$ 具有 380 mAh/g 的容量和在 3 V 附近相对平坦的放电曲线，但其合成过程较为复杂，需采用 sol-gel 法合成，经酸洗之后再通过离子交换掺入 Cr。

钒可作为高容量的电极材料，具有微米尺寸和高结晶性的钒氧化物对应每一个化合价变化的氧化还原反应都显示独特的平台电压。近来，研究者尝试合成纳米尺寸的钒氧化物，这类材料具有处于无定型相和高结晶相之间的亚稳定相，对应产生缓慢变化的放电曲线[47-54]。

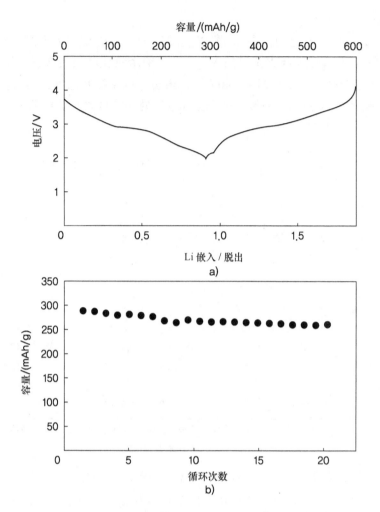

图 3.40　VO_2（B）纳米晶体 a）在 0.5 mA/cm² 的电流密度下的

充放电曲线和 b）循环特性[53]

3.1.4　通过表面修饰改善性能

当充电电压高于 4.3V 时，$LiMO_2$（M = Co, Ni, Mn）层状氧化物的可逆容量会明显下降。这是由过渡金属的溶出，以及锂离子和过渡金属离子的离子交换所引起的。Li_xMO_2 中锂的脱出使其遭到表面破坏和结构坍塌，引发安全问题。立方尖晶石 $LiMn_2O_4$ 由于锰的溶解和 Jahn-Teller 效应，在充放电循环中容量也会降低。$LiFePO_4$ 具有结构稳定性和化学稳定性，但其电子电导和离子电导低。

各种表面修饰方法被应用于解决这些问题，不同的目的可采用不同的方法和材料。例如，为了提高 $LiCoO_2$ 的可逆容量，金属氧化物、金属氟化物或混合金属氧

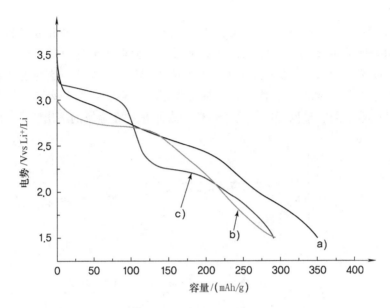

图 3.41　新制备的 $AgVO_3$ 电极在不同相中的放电曲线（电流密度为 0.1mA）：

a) $Ag_2V_4O_{11}$ 纳米线，b) α-$AgVO_3$ 纳米棒和

c) β-$AgVO_3$ 纳米线[55]（经美国化学学会许可改编，版权 2006 年）

化物被用来作为包覆物质以加强材料的高压稳定性[56-60]。这一方法通过抑制过渡金属的溶出或提高材料表面稳定性，使材料能在高电压下进行充放电，从而获得更大的容量。在 $LiMn_2O_4$ 中，通过嵌入两种不同的元素或表面修饰来控制金属离子的溶解，从而改善结构稳定性。表面修饰也能够改善高倍率放电时的循环效率和热稳定性、提高容量、增大功率和延长寿命。与其他氧化物相比，$LiFePO_4$ 溶出的金属离子很少，高电压稳定性好，表面修饰是针对其低的电子电导和离子电导而提出的一种有效的改善方法[61]。因此，碳[62,63]或纳米金属粒子[64]等导电物质被用作 $LiFePO_4$ 的表面修饰材料。

但是，必须解决表面修饰所带来的问题。例如，添加一种新材料可能会降低比容量；而使用低离子电导的物质会阻碍充放电过程中锂离子的运动；材料表面锂离子嵌入/脱出反应面积的减少会降低材料的高倍率性能。同时从制造成本来看，前驱体表面包覆工艺增加了花费。

3.1.4.1　层状结构化合物

$LiCoO_2$ 表面包覆化学稳定的材料，可以显著提高充放电循环性能。在充放电过程中，锂从层状 $LiCoO_2$ 中脱出，伴随着晶体结构的改变，Li_xCoO_2 内部能量升高。过充状态下，不稳定的 Li_xCoO_2 中，钴离子和电解液发生反应使得钴溶出。然而，经过表面修饰的 $LiCoO_2$ 即使是在 4.3V 以上的高电压和超过 60℃ 的高温下，也能抑

制钴的溶出[65]。

图 3.42 显示了各种氧化物包覆的 $LiCoO_2$ 在 2.75~4.4 V 的充放电特性。可看出，采用 ZrO_2 表面修饰时，可逆容量变化很小。根据包覆材料的不同，循环性能改善的程度按下列次序依次提高：$B_2O_3 < TiO_2 < Al_2O_3 < ZrO_2$，这与这些材料的坚固性紧密相关[66]。通常，包覆层只能是覆盖正极材料的一部分表面，而非整个表面，通过调整表面能量低于或相当于包覆层来阻止过渡金属的溶出。

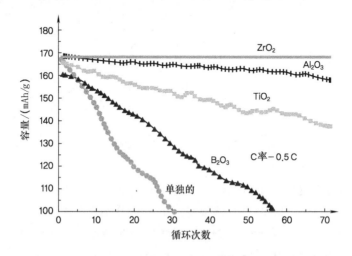

图 3.42　用 ZrO_2、Al_2O_3、TiO_2、B_2O_3 表面改性的 $LiCoO_2$
电极材料的充放电容量保持特性[57]（经 Wiley-VCH 许可复制[57]）

对脱锂态的 Li_xNiO_2（$x<0.5$），过充电引起的表面结构不稳定会造成电池温升，导致安全问题。与 $LiCoO_2$ 相似，可采用 $Li_2O \cdot 2B_2O_3$、MgO、$AlPO_4$、SiO_2、TiO_2、ZrO_2 等材料进行表面包覆来提高电化学性能。通过表面修饰可提高材料的结构稳定性，使活化能增大，从而抑制相变。从图 3.43 所示的包覆 ZrO_2 的 $LiNiO_2$ 的电化学性能曲线可看出，材料的初始充放电曲线稳定，循环性能得到改善。

以镍为主的 $LiNi_{0.8}Co_{0.2}O_2$ 通过相似的表面修饰，也可获得类似的结果。通过化学和热安全的材料进行表面包覆，减小反应面积，增大界面稳定性，从而使材料热稳定性提高，这一结果容易通过热分析方法如 DSC（差示扫描量热）确认。图 3.44 显示了 CeO_2 包覆的 $LiNi_{0.8}Co_{0.2}O_2$ 充电至高电压时的热分析结果，放热峰起始位置升高的同时，其强度显著下降。

对于三元正极材料，通过表面修饰来同时获得高容量和稳定高电压下深度脱锂态的相关研究正在进行中。采用 AlF_3 包覆，可以获得很好的循环特性和高电压下的电池稳定性。图 3.45 显示了对应的 2~3 nm 均匀致密的包覆层[59]。

3.1.4.2　尖晶石化合物

尖晶石 $LiMn_2O_4$ 具有环保、价格便宜、结构稳定和倍率性能好等优点，表面修

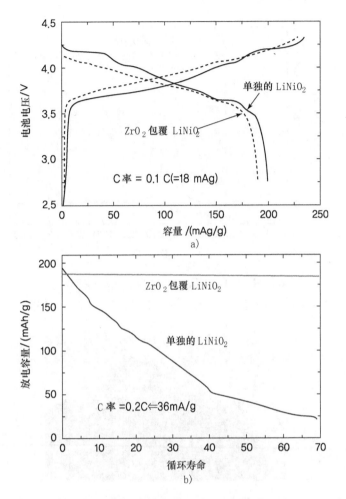

图 3.43 用 ZrO_2 表面改性的 $LiNiO_2$ 的电化学特征[58]

饰被用来改善其高温下电化学性能差的缺点。虽然室温下，$LiMn_2O_4$ 的充放电和循环性能都很优秀，但高温下由于 Mn 离子从电极中溶出，Mn^{3+} 的 Jahn-Teller 效应，以及颗粒表面与电解液发生氧化反应，会使得 $LiMn_2O_4$ 性能显著下降。由于这些问题与表面电化学反应和 Mn 的化合价相关，所以可通过表面修饰来抑制材料与电解液的反应。

为了减少 $LiMn_2O_4$ 尖晶石表面的 Mn^{3+} 浓度，可同时使用具有不同化合价的 Al、Mg 和 Li 元素。表面修饰在阻止高温下电解液和 $LiMn_2O_4$ 颗粒之间的电化学反应所引起的性能恶化方面特别有效。例如，$LiMn_2O_4$ 中 Mn 化合价随充电的进行而增大，即使活性材料保持不变，不稳定的 Mn^{4+} 和电解液的分解也会使电池性能迅速恶化。图 3.46 显示了各种氧化物包覆的 $LiMn_2O_4$ 的循环性能。$LiCo_{1/2}Ni_{1/2}O_2$ 包覆的

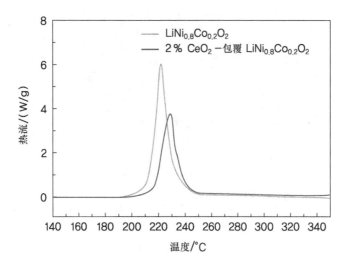

图 3.44　CeO$_2$ 包覆的 LiNi$_{0.8}$Co$_{0.2}$O$_2$ 材料充电到

4.5 V 的 DSC 图[59]（经 Elsevier 许可复制，版权 2005 年）

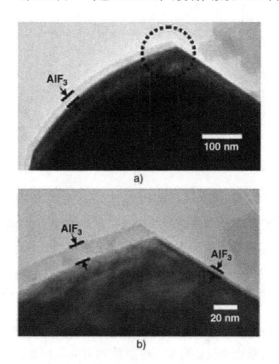

图 3.45　表面包覆 AlF$_3$ 的 LiNi$_{1/3}$Co$_{1/3}$Mn$_{1/3}$O$_2$ 材料充放电

循环后的 TEM 图（图 a）及其局部放大图（图 b）[60]

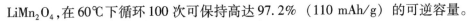

LiMn$_2$O$_4$，在 60℃ 下循环 100 次可保持高达 97.2%（110 mAh/g）的可逆容量。

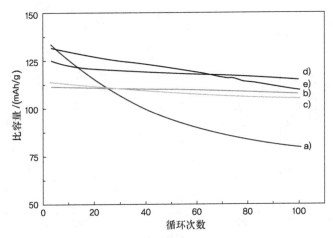

图 3.46 经表面改性的 LiMn$_2$O$_4$ 的高温循环性能：a）未包覆的 LiMn$_2$O$_4$，

b）包覆 LiCo$_{1/2}$Ni$_{1/2}$O$_2$，c）包覆 LiCoO$_2$，d）包覆 Li$_{0.75}$CoO$_2$ 和 e）包覆 Al$_2$O$_3$[67]

关于抑制表面反应的同时提高倍率性能的其他措施也被开发出来，例如采用高电导的材料如 ITO（铟锡氧化物）。但掺杂引起的 Mn 的平均化合价增加或采用表面包覆都会使 LiMn$_2$O$_4$ 的质量比容量有所降低。

3.1.4.3 橄榄石型化合物

LiFePO$_4$ 的表面修饰主要是为了提高材料的电导率。将碳前驱体和活性材料颗粒混合，然后进行热处理，可在颗粒表面生成几十到几百个纳米厚度的薄碳层。碳层可提高 LiFePO$_4$ 的电导率，因而改善其倍率特性。但颗粒表面电导率的提高并不能提高颗粒内部的电导率和锂离子电导率，因此为了使锂离子扩散路径缩短，需要把颗粒尺寸最小化。小的颗粒尺寸可以减小锂在颗粒中的扩散距离和增大反应比表面积。如图 3.47 所示，采用小颗粒碳包覆可获得理论容量 95% 以上的容量[67]。用银替代碳可获得类似的效果，但成本较高[68]。采用纳米颗粒并进行碳包覆已成为橄榄石型化合物商品化的实际应用技术。

3.1.5 正极材料的热稳定性

3.1.5.1 电池安全的基本理论

电池的安全性主要涉及起火和爆炸问题，是由电池内不正常的能量转化和温升所引发的各种化学反应导致的。图 3.48 是电池安全性的模拟图，正常操作时，电池的充电和放电过程是可控的，但在滥用条件下，快速的能量转化会产生副产物。

为确保电池的安全，必须抑制电池内部的温升，因为大部分危险情况如热生成、热耗散、起火和爆炸等都是由热引发的。当出现温度升高的情况时，锂离子电

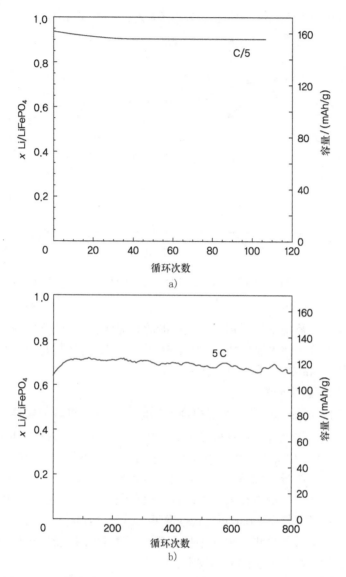

图 3.47　包覆碳凝胶的 LiFePO$_4$的循环特性：a）C/5 和 b）5C[69]

池会发生自发热反应，进一步升高温度。不正确的使用或是制造缺陷所引起的散热和产热的不平衡，会导致锂离子电池有起火的危险。

图 3.49 显示了散热/产热和电池安全性之间的关系。如果散热速度高于产热速度，可以避免热失控，电池是稳定的。如果产热速度超过了散热速度，则造成能量累积，电池的温度随时间上升而变得不安全。

W_e代表外部进入电池的能量（J/s）；W_i是电池内部自发产生的热量（J/s）；

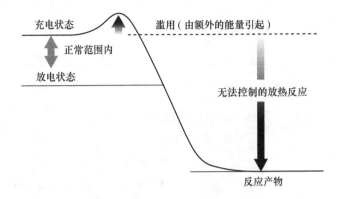

图 3.48　电池安全性能模拟图

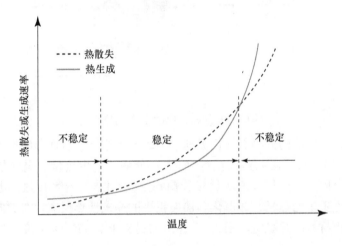

图 3.49　散热/产热和电池安全性之间的关系

W_d 是散失的热量（J/s）；C_b 是电池的热容 [（J/s）/T]；t 是时间（s）；T_0 是外温；k 是散热常数（1/s）。电池温度（T）可通过下式获得：

$$\mathrm{d}T/\mathrm{d}t = (W_e + W_i)/C_b - W_d/C_b = (W_e + W_i)/C_b - k(T - T_0)$$

　　由于 $(W_e + W_i)/C_b$ 值的最小化对提高安全性很重要，我们首先来看上面方程中的自发反应（W_i）。电池的温度很大程度上由电池内部产生的热量以及散失到外部环境的热量决定。高于特定温度时，放热分解反应伴随着自发热生成，而温度升高会引发更多的分解反应，造成热失控。

　　通常，W_i 正比于电池容量，而 W_d 和 W_e 正比于电池的表面积。热失控问题更多发生在大电池中，其产生的热量（$W_e + W_i$）往往容易比散失的热量（W_d）大。电池中主要的放热反应有：电解液在负极的还原反应、电解液的分解反应、电解液在正极的氧化反应、正极的热分解反应、高压下金属氧化物的脱氧分解反应。隔膜熔化引起的短路也会产生热，PE 隔膜的熔点是 135℃，PP 隔膜为 165℃。图 3.50 显示了电池中热反应发生的大致过程。

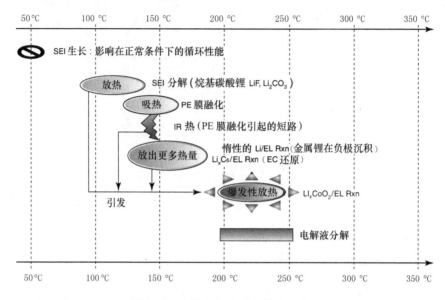

图 3.50　电池中温度引起的热反应

60℃下，电解液的分解引起负极和正极表面膜增厚，从而影响电池性能。当温度超过100℃时，SEI（固态电解质界面膜）分解并产生热量。隔膜的熔化会引起电池的短路，此时，电子快速从负极传输到正极，电阻产生 iR 热。电解液和负极的反应会产生更多的热量，并催化和加速正极的爆发性热反应。在此阶段，最重要的是保证正极材料的热稳定。图 3.51 显示的是充电态 $LiCoO_2$ 正极、充电态石墨负

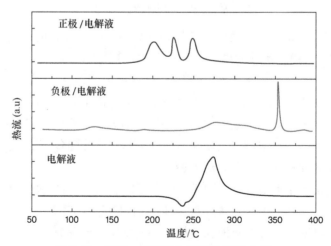

图 3.51　正极、负极和电解液的 DSC 分析

极和电解液的 DSC 分析结果。正极（Li_xCoO_2）在较低温度（180～260 ℃）发生放热反应，而负极由于 SEI 膜的分解在 100～150 ℃就有放热反应，在 360 ℃有一个大的放热峰，这是由于 LiC_6 的分解引起的。电解液在 250～300 ℃显示了放热反应。由于存在这么多复杂反应，要准确分析一个实际电池的热量生成是比较困难的。

3.1.5.2　电池安全与正极材料

电池的安全因素可分为三类，如图 3.52 所示。

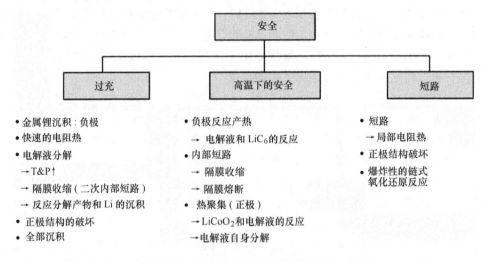

图 3.52　与电池安全性能相关的反应

过充是指将电池充电超过其工作电压，通常是由于充电器的失效引起的。热的生成与电池中的不正常电化学反应同时发生，而短路则是由电池制造缺陷或滥用引起的。这些反应也许有不同的起因，但都与热生成紧密相关，都会导致负极上剧烈的热反应。一些相关的过程是电解液和正极之间的表面反应、正极的热解反应（生成氧气）以及电解液的氧化反应和热解反应。各自的反应和能量如下：

1）正极/电解液表面反应；

2）正极热分解反应（生成氧气）；

3）电解液氧化反应；

4）电解液的热分解反应，$\triangle H = -0.139$ kJ/g（电解液）。

电解液在正常情况下是不分解的，因为电解液的分解电势比正极材料要高。但当正极电势上升超过电解液的分解电势，即过充状态下，电解液发生氧化反应同时释放热量。过渡金属氧化物作为正极材料在高温下会发生热分解反应，发生结构变化的过程中释放大量的热和氧气。活性材料不同，初始分解温度也不同，按 $LiNiO_2 < LiCoO_2 < LiMn_2O_4$ 的顺序上升。

3.1.5.3 正极的热稳定性

正如前面所说，正极材料的热稳定性在电池安全中扮演着重要的角色，特别是充电态正极的热稳定性可用作衡量电池安全性的标尺。而正极材料的热稳定性与结构稳定性相关。新合成的和放电态的活性材料处于稳定态，但在充电过程中当锂离子脱出时，正极就变得热力学上不稳定，处于亚稳态。当施加能量大于活化能时，它就会转变成一种稳定态并通过放热反应释放出大量的热。为确保电池安全，减少热量的产生或增加活化能可以避免正极材料转变成为不稳定态。有各种方法可以获得电池的安全性，最重要的是减少正极材料因结构变化引起的热能释放。换句话说，必须确保正极材料在充电态时的结构稳定性。近来，为增加电池容量，对正极材料提出了承受更高充电电压的要求。由于在高电压下，大量的能量集中于正极，活性材料结构的改变可能释放出更大的热量。

测量正极材料热安全性的方法如下：2～3次充放电循环后，将正极从充电态的电池中分离出来，这一过程中要特别小心避免短路，同时需在手套箱中进行，以尽可能减少在空气中的暴露。分离出来的正极用电解液充分清洗，然后进行热分析，以观察放热反应引起的任何温度变化。值得注意的是，正极的反应性受洗涤溶液和洗涤方法的影响。在正极的分析中，分别考虑不同电解液类型、数量和粘结剂的影响，能更好地了解其热稳定性。下面分别叙述各种正极材料的热稳定性。

1. LiCoO$_2$复合氧化物

图3.53显示了LiCoO$_2$在不同充电电压下的热稳定性：a为放电态；b～f表示了随着充电进行热稳定性的变化情况。放电态时，没有放热峰出现，因此是热稳定的。电压升高，放热峰增大且起始位置变低。随着充电的进行，材料的结构稳定性降低。当55%的锂脱出后，放热峰的起始点和峰强度基本相似。即当锂的含量低于某个值时，LiCoO$_2$的结构稳定性保持不变。分析热稳定性需注意放热峰的强度和形状与电解液的类型和组成有关。

图3.54显示了充电态LiCoO$_2$活性材料使用有机溶剂洗涤前后的热分析结果。电极用DEC洗涤36 h，然后在65 ℃真空烘箱里烘干12～14 h后进行测量。如图所示，洗涤前后放热峰的形状和大小均不相同，这表明残留电解液中的锂盐对正极产生热量有贡献。对洗涤过的样品，存在两个放热峰，放热起始点在178 ℃。对应Li$_x$CoO$_2$在178～250 ℃，以及250～400 ℃发生分解。Li$_x$CoO$_2$的分解按下面的化学方程式进行：

$$Li_xCoO_2 \rightarrow xLiCoO_2 + (1-x)/3Co_3O_4 + (1-x)/3O_2(g) \uparrow$$

前面已提及，Li$_x$CoO$_2$的结构变化是放热和析氧的。未洗涤样品的放热起始温度点低于160 ℃，并在167～250 ℃之间出现一个大的放热峰。这不完全是由于Li$_x$CoO$_2$的分解引起的，与电解液的协同反应也有关。电解液和氧之间没有发现放热反应，说明这些反应不释放热量。由于热稳定性受结构稳定性和材料表面与电解

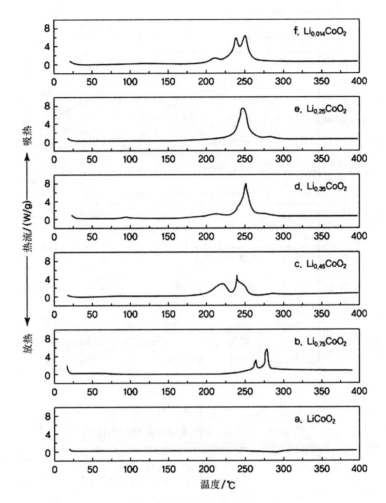

图 3.53　包含电解液的 Li_xCoO_2 的 DSC 分析[70]

（经 Elsevier 许可，从参考文献[70]转载，版权 1998 年）

液之间的反应有关，因此也受材料的比表面积的影响。

2. Ni-Co-Mn 三元氧化物

Ni、Mn 和 Co 三元体系有不同的组成，这里我们只讨论 $Li_x[Ni_{1/3}Mn_{1/3}Co_{1/3}]O_2$。这种复合氧化物的结构和 Li_xCoO_2 一样，但由于三种不同化合价的元素形成了超晶格结构，使得材料更稳定。图 3.55 比较了 $Li_x[Ni_{1/3}Mn_{1/3}Co_{1/3}]O_2$ 和 Li_xCoO_2 的热分析结果。

如图所示，与 Li_xCoO_2 相比，$Li_x[Ni_{1/3}Mn_{1/3}Co_{1/3}]O_2$ 具有更高的放热峰起始温度和更小的放热峰，这可以用这种材料的超晶格所带来的结构稳定性增强来解释。当 Ni-Co-Mn 三元体系中 Ni 含量增加时，放热起始温度相似或升高，而放热峰变大

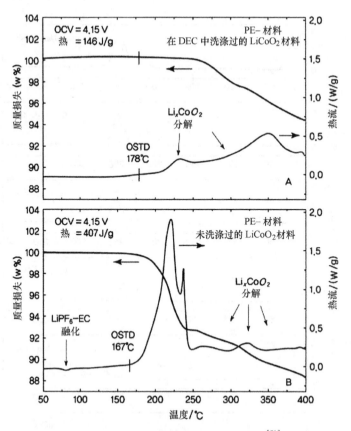

图 3.54 Li_xCoO_2 在洗涤前后的 DSC 曲线[71]

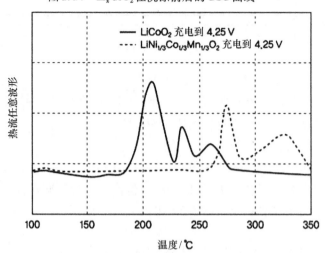

图 3.55 $Li_x[Ni_{1/3}Mn_{1/3}Co_{1/3}]O_2$ 和

Li_xCoO_2 活性材料的 DSC 分析[72]

和增多。图 3.56 显示了 Li_xNiO_2 活性材料的放热峰相当窄。

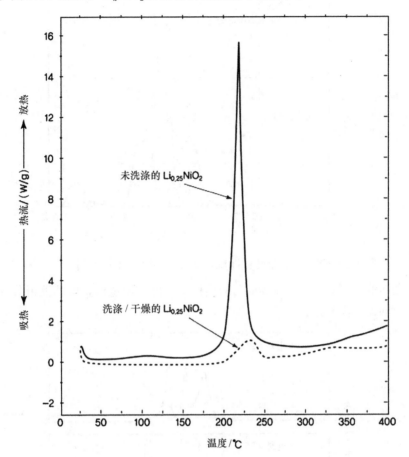

图 3.56　洗涤/未洗涤的 Li_xNiO_2 的 DSC 分析[70]

（经 Elsevier 许可，从参考文献［70］转载，版权 1998 年）

　　Li_xNiO_2 由于比三元材料具有更高的比容量，在同样的充电电压下，会脱出更多的锂，因此会更加不稳定，其放热反应比 Li_xCoO_2 更明显。但可通过使用有机溶剂洗涤材料表面减弱反应强度，这是因为电解液中的锂盐或其他组分会参与正极的放热反应。图 3.57 显示了在同样的充电和电解液条件下，Li_xCoO_2 和 Li_xNiO_2 不同的热分析结果。在图中，$Li_xNi_{0.86}Co_{0.1}Al_{0.05}O_2$ 活性材料显示了更大的放热峰。

3. 尖晶石 $LiMn_2O_4$

　　无论是充电态还是放电态的尖晶石 $LiMn_2O_4$ 都是热力学稳定的，结构变化不会释放热量。图 3.58 比较了 $LiCoO_2$ 和 $LiMn_2O_4$ 的热分析结果。

　　尖晶石 $LiMn_2O_4$ 相对于 $LiCoO_2$，放热峰起始温度要高得多，但它的放热峰也很大。考虑到尖晶石 $LiMn_2O_4$ 没有结构变化，大部分的热应该来自于活性材料颗粒与

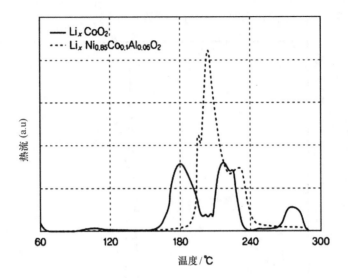

图 3.57 活性材料 Li_xCoO_2 和 Li_xNiO_2 的 DSC 分析

电解液之间的反应。尖晶石 $LiMn_2O_4$ 的热稳定性可以通过调整电解液组分或是降低活性材料的比表面积来提高。

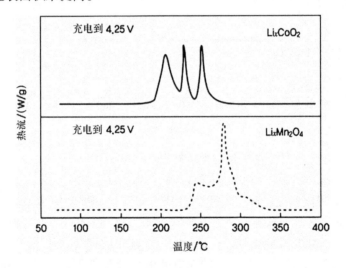

图 3.58 充电到 4.25 V 的 Li_xCoO_2 和 $Li_xMn_2O_4$ 材料的 DSC 分析

4. LiFePO$_4$活性材料

由于 $LiFePO_4$ 的结构不受充电或热的影响，它可以提供优异的电池稳定性。图 3.59 比较了 $LiCoO_2$ 和 $LiFePO_4$ 的热分析结果。$LiFePO_4$ 活性材料直到 230 ℃ 都能保持稳定，在 250 ℃ 左右出现由电解液挥发或粘结剂分解引起的一些吸热反应。没有可观察得到的电解液和正极材料之间的放热反应，表明 $LiFePO_4$ 的表面结构非常稳定，在未来要求高稳定性的领域有很好的应用前景。

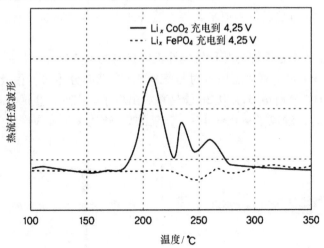

图 3.59　活性材料 Li_xCoO_2 和 Li_xFePO_4 的 DSC 分析

3.1.6　正极材料物理性质的预测与正极材料设计

研究正极材料的过程中，必须考虑充放电电压。正极材料设计与电池的工作电压和截止电压相关，而通过考察正极材料的设计，有可能开发出新的正极材料。从图 3.60 中显示的能级可看出，电池的电势差可以通过锂和过渡金属离子之间的

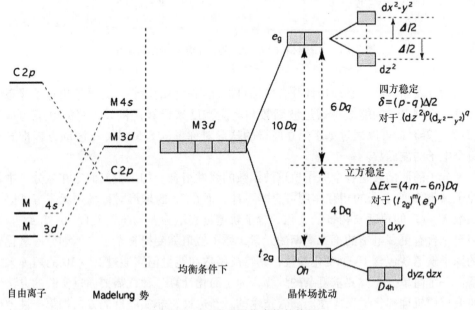

图 3.60　过渡金属化合物的能级

Fermi 能级差推算出来。另外，一种正极材料的电导率可以通过过渡金属的氧化还原电对与氧的 2p 轨道能带差值来获得。这种能带还为合成新材料的可能性提供了更多的信息。

图 3.61 显示了金属锂与几种代表性正极材料的电势差和氧化还原电对的能级。由于镍离子的 3 + /4 + 氧化还原电对与氧的 2p 能带部分重叠，因此充电过程中随着镍的氧化，O^{2-} 分解成 O_2 并从 2p 能带释放出电子。因此，生成 NiO_2 是不可能的。当 $LiNiO_2$ 充电时，镍离子氧化成 4 + ，与氧的 2p 轨道发生反应产生气体。

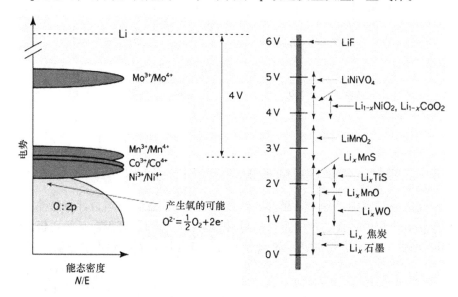

图 3.61　正极材料的氧化还原电对和对应的电势差[73]

（经 Elsevier 许可，从参考文献 [73] 转载，版权 1994 年）

为开发新材料，必须预计其合成的可能性和材料的电势，必须给出电子能态的计算。环绕电子的能级可通过波函数和电流密度来计算，例如，锂的电子构型为 $(1s)^2 (2s)^1$，可以通过基于孤立原子的球形对称场的 Schrödinger 波动方程推导出每个电子的波函数。

分子的波函数是各个原子轨道波函数的线性组合。如果我们假定在氢分子中氢原子 A 和 B 的电子的相互作用可忽略不计，而在 1s 的球形对称场中无需考虑原子函数 $X(r)$ 的角度 θ 和 φ 的变化，分子轨道可表示为 $p(r) = C_A X_A(r) + C_B X_B(r)$。但对于含有更多电子的第二周期的元素，原子轨道就变得复杂了。例如，一氧化碳的原子轨道就包含 10 个变化参数，其特征函数和能量值需通过 10×10 的矩阵来求解。一个简单分子就要求复杂的计算，为了简化计算过程，需要通过实验的方法来研究成键机理和化学反应性。随着技术的最新进展，非实验性的方法如第一性原理计算法或从头计算法已被建议采用原子数和组成来计算材料特性。图 3.62 显示了对正极材料的预计结果。

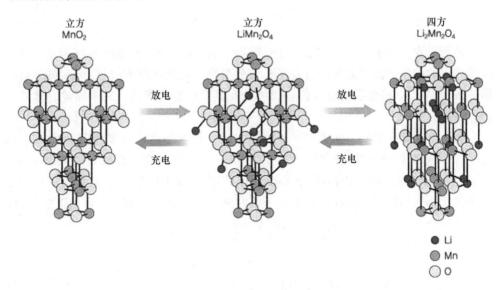

图 3.62　由第一性原理计算预测正极材料

3.1.6.1　第一性原理计算的介绍

第一性原理计算采用基于最基本信息的量子力学来推导材料的物理性质，不同于实验方法，它可以无需实验数据，只从原子数和材料组成计算出物理性质。通过量子力学定理，能量和结构等诸多性质均可计算获得。

第一性原理计算的目的是通过求解与时间相关的 Schrödinger 方程来获得给定体系的包含所有信息的波函数。但在二次电池正极材料的研究中，解与时间无关的 Schrödinger 方程就已足够。这一与时间无关的 Schrödinger 方程可表达为

$$H\psi = E\psi \tag{3.4}$$

式中，H 是 Hamiltonian 算符；ψ 是波函数；E 是系统总能量。在一个有多个电子和原子核的系统里，对所有粒子求解方程几乎是不可能的。因此，必须做大量的假设，根据 Born-Oppenheimer 近似，围绕原子核的电子状态由核坐标直接决定，因为电子的运动速度比原子核快得多，原子核的位置（$\rightarrow R_n$）在 Hamiltonian 算符中可看成是一个参数而非变量。我们可以更详细的重写 Hamiltonian 算符如下：

$$H = T + V_{ee} + \sum_j v(\vec{r}_j) + \sum_n \sum_{m<n} \frac{Z_m Z_n}{|\vec{R}_m - \vec{R}_n|} \tag{3.5}$$

式中，T 是动能；V_{ee} 是电子之间的静电作用；第三项是电子和原子核之间的 Coulomb 相互作用；第四项是 Ewald 能量或 Madelung 能量，是由具有电荷数 Z 的原子核之间的 Coulomb 相互作用引起的，该项在计算波函数时可以当成常数并忽略。

在上述假定下，应用 Rayleigh-Ritz 变化定理[71]求解 Schrödinger 方程，根据该定理，Hamiltonian 算符的基态能量值可通过式（3.6）计算获得：

$$\frac{\varphi \mid H \mid \varphi}{\varphi \mid \varphi} = E[\varphi] \geqslant E_0 \tag{3.6}$$

换句话说，当平方可积函数 φ 变化使能量最小时，$E[\varphi]$ 变成基态能量。Slate 行列式中的单电子波函数被用来表示 φ 值的变化，这就是所谓的 Hartree-Fock 自洽场方法[72, 74-76]。这使我们能获得基态能量及其对应的波函数，其中即包含体系的物理性质。

另一个解 Schrödinger 方程（3.4）的方法是以电子密度为变量的密度函数理论[77, 78]。它在处理三维问题时，比 $4N$ 维（N：系统中的电子总数）的 Hartree-Fock 自洽场方法要简单。Hohenberg-Kohn 理论提供了降低维数的理论基础。根据这一理论，基态的能量和物理性质由电子密度决定[77]。因此，基态能量由下式给出：

$$E[\rho] = F[\rho] + \int \rho(\vec{r}) v(\vec{r}) \mathrm{d}\vec{r} \tag{3.7}$$

$$F[\rho] = T[\rho] + V_{ee}[\rho] \tag{3.8}$$

式中，$F[\rho]$ 是系统的一个独立函数；$v(\to r)$ 是原子核之间的 Coulomb 电势能。能量从波函数（$E[\varphi]$）的函数变成了电子密度（$E[\rho]$）的函数。根据密度函数理论，如果独立函数 $F[\rho]$ 已知，则体系的基态能量由各个电势能决定。由于难以准确计算 $F[\rho]$，必须进行近似处理。Kohn 和 Sham 使用下面的方法获得近似值[79]：

$$F[\rho] = T_s[\rho] + J[\rho] + E_{xc}[\rho] \tag{3.9}$$

$F[\rho]$ 是三个函数的加和。其中，$T_s[\rho]$ 是无相互作用的电子的动能；$J[\rho]$ 是传统的 Coulomb 能，即 Hartree 势能；$E_{xc}[\rho]$ 是量子效应引起的交换-关联能。这种交换-关联能是式（3.8）中电子动能和无相互作用电子动能之间的差值，它通过电子之间的相互作用而导致不同的 $J[\rho]$ 值。动能 $T_s[\rho]$ 可由独立的电子轨道函数的 Slate 行列式推导出来，而 Hartree 势能 $J[\rho]$ 可通过传统的计算 Coulomb 能的方法获得。

通过函数理论使体系能量 $E[\varphi]$ 最小，我们可获得下面的单电子方程，即 Kohn-Sham 方程。因为 v_{eff} 随 $Q(r)$ 变化，所以方程可通过自迭代求解。

$$H\varphi(r) = \left[-\frac{1}{2} \nabla^2 + V_{eff}(\vec{r}) \right] \varphi_j(\vec{r}) = \varepsilon_j \varphi_j(\vec{r}) \tag{3.10}$$

$$v_{eff}(\vec{r}) + \frac{\delta J[\rho]}{\delta \rho} + \frac{\delta E_{xc}[\rho]}{\delta \rho} \tag{3.11}$$

解方程过程中，交换-关联能需要作近似处理。一种广泛使用的方法是 LDA（局域密度近似），这是由 Kohn 和 Sham 首先提出的[79]。在该假定下，交换-关联能可表达为

$$E_{xc}[\rho] = \int \rho(\vec{r}) \varepsilon_{xc}(\rho) d\vec{r} \tag{3.12}$$

此处，ε_{xc} 是均匀分布的电子云中单电子的交换-关联能。为解决过渡金属氧化物中非均匀电子云的 LDA 问题，表明电子密度和梯度的 GGA（广义梯度近似）方法被引入[80, 81]。但由于 GGA 往往不比 LDA 准确，因此需要根据体系特征来选择近似方法。

通过应用从 Hartree-Fock 方法或密度函数理论获得的波函数，我们能够获得基态能量，从而允许我们计算各种物理性质。在下面的章节，我们将看到基于基态能量计算获得的物理性质。

3.1.6.2　采用第一性原理计算来预测和考察电极的物理性质

通过解 Kohn-Sham 方程，我们可以准确地预测出材料电化学性质的重要特性。在二次电池的各种物理性质中，我们主要讨论层间嵌入电压、电极活性材料的结构稳定性和锂的扩散。

1. 电池电压

当正极材料从 $x = x_1$ 变至 x_2 时，对金属锂负极的电压可由式（3.13）给出。这里，ΔG 是反应（3.15）的 Gibbs 自由能变化值。

$$V = \frac{-\Delta G}{(x_2 - x_1)ze} \tag{3.13}$$

$$\Delta G = \Delta E + P\Delta V + T\Delta S \tag{3.14}$$

$$Li_{x_1}MX(正极) + (x_2 - x_1)Li(负极) \rightarrow Li_{x_2}MX \tag{3.15}$$

上述反应的 ΔG 有三个部分，ΔE 代表的内部能量变化，容易由第一性原理计算得到的电极材料的基态能隙值获得。在式（3.14）中，在获得 $Li_{x_1}MX$、Li（金属）和 $Li_{x_2}MX$ 的基态能量值后，从 $Li_{x_1}MX$ 和 Li（金属）基态能量和中减去 $Li_{x_2}MX$ 的基态能量值，即可计算得到内部能量变化。$P\Delta V$ 在固相反应中可忽略不计，因为在这类固相反应中，ΔE 的值为每个分子 $3 \sim 4$ eV，而 $P\Delta V$ 是 10^{-5} eV。$T\Delta S$ 由热能引起，大约为 0.025 eV，也可忽略。Gibbs 自由能的变化值近似等于内能变化值，因此可从第一性原理计算获得[84, 86, 87]。

2. 电极材料的结构稳定性

电极活性材料中锂含量变化引起的相变可通过第一性原理计算获得。通过比较相变生成物质的热力学能量，我们可以预测可能的反应以及反应所生成的产物。热力学能量近似等于第一性原理计算获得的基态能量值。但如果副产物的结构未知，预测相变还需要在锂含量变化引起的各种可能基态构型中进行比较，因此要采用新的方法来简化过程。例如，一种锂含量的可能结构的实验信息对研究相变非常有用。在 Li_xMO_2 中，$x = 0.5$，可能的结构是尖晶石、层状结构和岩盐结构。通过计算其中过渡金属 M 的基态能量，容易预测锂过渡金属氧化物的对应相变。我们还可以研究热力学反应能量和相变机理[88]。

对 $x = 0$，0.5 或 1 之外的情况，推荐使用集团展开方法，因为锂原子在结构中的排列变得不规则[89-91]。充放电过程中锂的位置和非锂位置的排列引起新相的形成，从而影响电池的电压和稳定性。通过集团展开方法，首先可以获得不同结构的基态能量，然后通过几何关系可以预测新相。这种方法可以更有效地研究锂含量和基态能量之间的关系[92]。

3. 锂扩散

电极活性材料中锂的扩散可以通过第一性原理来预测。扩散是指在非平衡态下，由于化学势的梯度分布所引起的原子运动。如果这种运动离平衡态不远，还有利于保持平衡态[93]。当体系处于平衡态，考虑波动的幅度可以获得运动的变化如锂扩散系数[73, 94-102]。在电极活性材料中大多数锂处于晶格位置，在非平衡态只有非常短的时间。锂的运动被认为是从一个晶格位置跃迁至另一个晶格位置的连续运动，可用暂态理论来计算平衡态锂离子在晶格位置之间跃迁的频率[103]，这一理论给出了统计意义上的各种锂的轨道。通过平均化锂的运动可计算锂的跃迁频率，如下式所表示：

$$\Gamma = v^* \exp\left(\frac{-\Delta E_b}{k_b T}\right) \tag{3.16}$$

式中，v^* 是振动指前因子；ΔE_b 是锂扩散的活化能。通过第一性原理计算获得的能量值，有几种方法来计算锂的扩散路径和活化能。第一种是弹性带方法，它通过初始态和终态的外推来预测锂运动的中间态[104]。被起弹性带作用的能量所连接着的暂态是不稳定的，因此，可以准确计算扩散路径和能量变化。图 3.63 显示了锂在层状结构中的扩散和相应的活化能[105]。

4. 应用程序

VASP（Vienna 从头拟合数据包）是一个基于函数理论的商业软件程序，广泛应用于第一性原理计算。关于 VASP 更多的细节可浏览 http：//cms. mpi. univie. ac. at/vasp。此处给出一个 VASP 计算的例子。实际的计算从四个输入文件开始（INCAR，POSCAR，POTCAR 和 KPOINTS）。

INCAR 文件：INCAR 是 VASP 的核心输入文件。图 3.64 显示了一个 INCAR 文件的基本格式。每一行由一个标示符、"＝"和对应的值组成。在"Ionix Relaxation"下，NSW = 9 表示离子步骤数为 9。标示符和对应值的描述可见 http：//cms. mpi. univie. ac. at/vasp/vasp/node81. html。在多数场合使用默认值即可。

POSCAR 文件：POSCAR 文件包含晶格几何参数和离子位置信息。由于通过第一性原理计算可以获得准确的原子位置信息，所以使用已知的原子排列更有效。图 3.65 显示了一个通常的 POSCAR 文件。第一行显示计算的是立方 BN 结构，第二行提供了晶格常数的比例因子，接下来三行给出了 Bravais 晶格矢量。

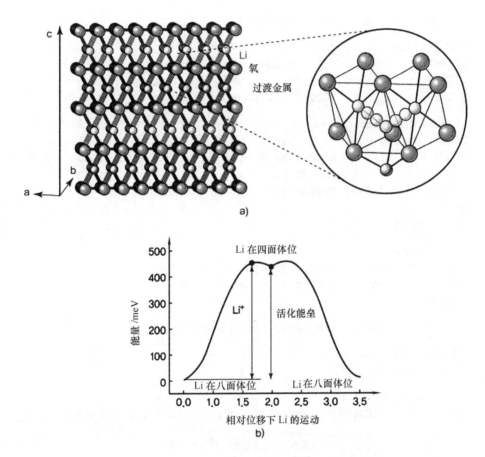

图 3.63　a）锂在层状结构中的扩散路径[105]（经 AAAS 许可，
转载自参考文献[105]）；b）相对位移引起的能量变化（活化能）

如图 3.65 所示，这是三个面心矢量，均为 3.57Å。第六行中"1 1"是每种原子的个数。如果是"1 2 1"，则表示一种原子为两个，另外两种原子各一个。7 ~ 9行显示了这些原子的排列。"Direct"表示原子位置由直角坐标系给出。最后两行给出了每个原子的三维坐标。

KPOINTS 文件：VASP 中能量计算在倒易点阵中进行。KPOINTS 决定从倒易点阵中收集的能量密度信息。大的晶格矢量使用小的 KPOINTS 值，反之亦然。大的 KPOINTS 由于信息量大涉及的计算复杂，但给出的结构更准确。KPOINTS 应当根据计算的目的和材料的特性来进行设置。

POTCAR 文件：POTCAR 文件决定 POSCAR 文件中原子的类型，也包含 Hamiltonian 算符中使用的各个原子种类的赝电势。VASP 给出了周期表中所有原子的赝电势，使用者可以把需要计算的信息输入一个文件中，这很容易通过 cat 的 Unix 命

```
SYSTEM = Rhodium surface calculation

Start parameter for this Run:
ISTART   =    0       Jab : 0-new 1-cont 2-samecut
ICHARG   =    2       charge : 1-file 2-atom 10-const
INIWAV   =    1       electr : 0-liwe 1-rand

Electronic Relaxation 1
ENCUT    = 200.00 eV
IALGO    =    18      algorithm NEIM = 60; NELMIN = 0; NELMDL = 3 # of
                      ELM steps m
EDIFF    =    1E-04 stopping-criterion for ELM
BMIX = 2.0
TIME = 0.05

Ionic Relaxation
EDIFFG   = .1E-02     stopping-curterion for IOM
NSW      =    9       number of steps for IOM
IBRION   = 2

POTTM    =    10.0    tine-step for ion-motion

POMASS   = 102.91
ZVAL     = 11.0

DDS related values:
SIGMA = 0.4; ISMEAR = 1 broad. in eV, -4-tet-1-fermi 0-gaus
```

图 3.64　铑表面的 INCAR 计算

```
Cubic BN
   3.57
0.0 0.5 0.5
0.5 0.0 0.5
0.5 0.5 0.0
   1 1
Direct
0.00 0.00 0.00
0.25 0.25 0.25
```

图 3.65　形成 BN 初始结构的 POSCAR 文件

令来完成。

　　将四个初始文件保存在同一个文件夹下后，就可键入 > vasp 命令开始计算。各种输出文件会生成在同一文件夹下，其中比较重要的有 OSZICAR、CHG、CHG-CAR 和 DOSCAR。OSZICAR 文件提供了用于计算电极电压或锂扩散活化能的重要信息。图 3.66 是一个 OSZICAR 文件的例子。

```
VASP. 4.4.3 10Jun99
POSCAR found: 1 types and 2 ions
LDA part: xc-table for CA standard interpolation
file 10 ok, starting setup
WARNING: warp around errors must be expected
entering main loop
     N      E            dE         d eps     ncg     rms       rms(c)
CG: 1  0.1209934E+02   0.120E+02  -0.175E+03  165   0.475E+02
CG: 2 -0.1644093E+02  -0.285E+02  -0.661E+01  181   0.741E+01
CG: 3 -0.2047323E+02  -0.403E+01  -0.192E+00  173   0.992E+00  0.416E+00
CG: 4 -0.2002923E+02   0.444E+00  -0.915E+01  175   0.854E+00  0.601E-01
CG: 5 -0.2002815E+02   0.107E-02  -0.266E-03  178   0.475E-01  0.955E-02
CG: 6 -0.2002815E+02   0.116E-05  -0.307E-05  119   0.728E-02
     1 F= -.20028156E+02 EO=-.20028156E+02  d E=0.000000E+00
wrting wavefunctions
```

图 3.66　金刚石结构能量计算获得的 OSZICAR

　　寻找优化电子排列的过程用包含 CG 的行表示，它们显示了电子位置对能量变化的影响。最后一行给出了优化的离子排列情况下的能量，E0 就是决定材料物理性质的能量值，可以用来预估电极活性材料的性质。DOSCAR、CHG 和 CHGCAR等文件包含电子/自旋结构等信息，能预测电极活性材料的电导率。这种通过第一性原理计算来预测活性材料物理性质的方法可应用于负极和正极材料。

参考文献

1 Mizushima, K., Jones, P.C., Wiseman, P.J., and Goodenough, J.B. (1993) *Mater. Res. Bull.*, **15**, 1159.

2 Winter, M., Besenhard, J.O., Spahr, M.E., and Novak, P. (1998) *Adv. Mater.*, **10**, 725.

3 Tarascon, J.M. and Armand, M. (2001) *Nature*, **414** (15), 359.

4 Ohzuku, T., Ueda, A., and Nagayama, M. (1993) *J. Electrochem. Soc.*, **140**, 1862.

5 Gummow, R.J., Liles, D.C., and Thackeray, M.M. (1993) *Mater. Res. Bull.*, **28**, 235.

6 Gummow, R.J., Thackeray, M.M., David, W.I.F., and Hull, S. (1992) *Mater. Res. Bull.*, **27**, 327.

7 Reimers, J.N. and Dahn, J.R. (1992) *J. Electrochem. Soc.*, **139**, 2091.

8 Armstrong, A.R. and Bruce, P.G. (1996) *Nature*, **381**, 499.

9 Armstrong, A.R., Paterson, A.J., Robertson, A.D., and Bruce, P.G. (2002) *Chem. Mater.*, **14**, 710.

10 Cho, J.P., Kim, Y.J., Kim, T.J., and Park, B. (2002) *J. Elelctrochem. Soc.*, **149** (2), A127.

11 Komaba, S., Myung, S.T., Kumagai, N., Kanouchi, T., Oikawa, K., and Kamiyama, T. (2002) *Solid State Ionics*, **152–153**, 311.

12 Lee, Y.S., Sato, S., Tabuchi, M., Yoon, C.S., Sun, Y.K., Kobayakawa, K., and Sato, Y. (2003) *Electrochem. Commun.*, **5**, 549.

13 Matsumura, T., Kanno, R., Inaba, Y., Kawamoto, Y., and Takano, M. (2002) *J. Electrochem. Soc.*, **149** (12), A1509.

14 Koyama, Y., Yabuuchi, N., Tanaka, I., Adachi, H., and Ohzuku, T. (2004) *J. Electrochem. Soc.*, **151** (10), A1545.

15 Choi, J. and Manthiram, A. (2005) *J. Electrochem. Soc.*, **152** (9), A1714.

16 Yoon, W.S., Paik, Y., Yang, X.Q., Balasubramanial, M., McBreen, J., and Grey, C.P. (2002) *Electrochem. Solid State Lett.*, **5**, A263.

17 (1) Lu, Z., MacNeil, D.D., and Dahn, J.R. (2001) *Electrochem. Solid State Lett.*, **4**, A191;(2) MacNeil, D.D. and Dahn, J.R. (2002) *J. Electrochem. Soc.*, **149**, A912;(3) Ohzuku, T., and Makimura, Y. (2001) *Chem. Lett.*, **7**, 642.

18 Lu, Z., MacNeil, D.D., and Dahn, J.R. (2001) *Electrochem. Solid State Lett.*, **4**, A200.

19 Lu, Z. and Dahn, J.R. (2002) *J. Electrochem. Soc.*, **149**, A815.

20 (1) Robertson, A.D. and Bruce, P.G. (2003) *Chem. Mater.*, **15**, 1984;(2) Hong, Young-Sik, Park, Yong Joon, Ryu, Kwang Sun, Chang, Soon Ho, and Kim, Min Kyu (2004) *J. Mater. Chem.*, **14** (9), 1424–1429.

21 Park, C.W. *et al.* (2007) *Mater. Res. Bull.*, **42**, 1374.

22 Thackeray, M. *et al.* (2007) *J. Mater. Chem.*, **17**, 3112.

23 (1) Jiang, J., Eberman, K.W., Krause, L.J., and Dahn, J.R. (2005) *J. Electrochem. Soc.*, **152**, A1879;(2) Tran, N., Groguennec, L., Labrugere, C., Jordy, C., Biensan, Ph., and Delmas, C. (2006) *J. Electrochem. Soc.*, **153**, A261.

24 Hong, Young-Sik, (2006) Chemworld, **46** (8), 45.

25 Hong, Young-Sik, Park, Yong Joon, Ryu, Kwang Sun, and Chang, Soon Ho (2005) *Solid State Ionics*, **176** (11–12), 1035.

26 Kim, J.S., Johnson, C.S., Vaughey, J.T., Thackeray, M.M., and Hackney, S.A. (2004) *Chem. Mater.*, **16** (10), 1996.

27 Johnson, Christopher S., Kim, J.S., Kropf, A. Jeremy, Kahaian, A.J., Vaughey, J.T., and Thackeray, M.M. (2002) *Electrochem. Commun.*, **4** (6), 492.

28 Tarascon, J.M., Wang, E., Shokoohi, F.K., McKinnon, W.R., and Colson, S. (1991) *J. Electrochem. Soc.*, **138**, 2859.

29 Myung, S.T., Komaba, S., and Kumagai, N. (2001) *J. Electrochem. Soc.*, **148** (5), A482.

30 Goodenough, J.B., Padhi, A.K., Nanjundaswamy, K.S., and Masquelier, C. (1999) U.S. Patent No. 5910382.

31 Yamada, A., Chung, S.C., and Hinouma, K. (2001) *J. Electrochem. Soc.*, **148** (3), A224.

32 Yamada, A., Kudo, Y., and Liu, K.Y. (2001) *J. Electrochem. Soc.*, **148** (7), A747.

33 Huang, Y.H., Park, K.S., and Goodenough, J.B. (2006) *J. Electrochem. Soc.*, **153** (12), A2282.

34 Chung, S.Y., Bloking, J.T., and Chiang, Y.M. (2002) *Nat. Mater.*, **1** (2), 123.

35 Herle, P.S., Ellis, B., Coombs, N., and Nazar, L.F. (2004) *Nat. Mater.*, **3** (3), 147.

36 Franger, S., Le Cras, F., Bourbon, C., and Rouault, H. (2003) *J. Power Sources*, **119**, 252.

37 Yamada, A. *et al.* (2001) *J. Electrochem. Soc.*, **148**, A960.

38 Li, G. *et al.* (2002) *Electrochem. Solid State Lett.*, **5**, A135.

39 Delacourt, C. (2004) *Chem. Mater.*, **16**, 93.

40 Zhou, F. *et al.* (2004) *Solid State Commun.*, **132** (3–4), 181.

41 Zhou, F. *et al.* (2004) *Electrochem. Commun.*, **6** (11), 1144; Wolfenstine, J. (2005) *J. Power Sources*, **142**, 389–390.

42 Manthiram, A. and Kim, J. (1998) *Chem. Mater.*, **10**, 2895.

43 Zhang, S., Li, W., Li, C., and Chen, J. (2006) *J. Phys. Chem. B*, **110**, 24855.

44 Whittingham, M.S. (2004) *Chem. Rev.*, **104**, 4271.

45 Liu, G.Q., Xu, N., Zeng, C.L., and Yang, K. (2002) *Mater. Res. Bull.*, **37**, 727.

46 Xia, H., Jiao, L.F., Yuan, H.T., Zhao, M., Zhang, M., and Wang, Y.M. (2007) *Mater. Lett.*, **61**, 101.

47 Leger, C., Bach, S., and Ramos, J. (2007) *J. Solid State Electrochem.*, **11**, 71.

48 Xiao, K., Wu, G., Shen, J., Xie, D., and Zhou, B. (2006) *Mater. Chem. Phys.*, **100**, 26.

49 Cao, A.M., Hu, J.S., Liang, H.P., and Wan, L.J. (2005) *Angew. Chem. Int. Ed.*, **44**, 4391.

50 Sudant, G., Baudrin, E., Dunn, B., and Tarascon, J.M. (2004) *J. Electrochem. Soc.*, **151**, A666.

51 Li, X., Li, W., Ma, H., and Chen, J. (2007) *J. Electrochem. Soc.*, **154**, A39.

52 Kannan, A.M. and Manthiram, A. (2003) *Solid State Ionics*, **159**, 265.

53 Tsang, C. and Manthiram, A. (1997) *J. Electrochem. Soc.*, **144**, 520.

54 Baudrin, E., Sudant, G., Larcher, D., Dunn, B., and Tarascon, J.M. (2006) *Chem. Mater.*, **18**, 4374.

55 Zhang, S., Li, W., Li, C., and Chen, J. (2006) *J. Phys. Chem. B*, **110**, 24855.

56 Callister, W.D., Jr. (1997) *Materials Science and Engineering: An Introduction*, John- Wiley & Sons, Inc., New York, p. 787.

57 Cho, J. *et al.* (2001) *Angew. Chem. Int. Ed.*, **40**, 3367.

58 Cho, J. *et al.* (2001) *Electrochem. Solid State Lett.*, **4**, A159.

59 Kim, K. *et al.* (2005) *Electrochim. Acta*, **50**, 3764.

60 Sun, Y.K. *et al.* (2007) *J. Electrochem. Soc.*, **154** (3), A168.

61 Gu, Y., Chen, D., Jiao, X., and Liu, F. (2006) *J. Mater. Chem.*, **16**, 4361.

62 Kim, D.H. and Kim, J. (2006) *Electrochem. Solid State Lett.*, **9** (9), A439.

63 Ravet, N., Goodenough, J.B., Besner, S., Simoneau, M., Hovington, P., and Armand, M. (1999) The Electrochemical Society Meeting Abstract, Honolulu, HI, Oct. 17–22, Abstract 127.

64 Huang, H., Yin, S.C., and Nazar, L.F. (2001) *Electrochem. Solid State Lett.*, **4**, A170.

65 Park, K.S., Son, J.T., Chung, H.T., Kim, S.J., Lee, C.H., Kang, K.T., and Kim, H.G. (2004) *Solid State Commun.*, **129**, 311.

66 Amatucci, G.G., Tarascon, J.M., and Klein, L.C. (1996) *Solid State Ionics*, **83**, 168.

67 Kannan, A.M. and Manthiram, A. (2002) *Electrochem. Solid State Lett.*, **5** (7), A167.

68 Park, K.S., Son, J.T., Chung, H.T., Kim, S.J., Lee, C.H., Kang, K.T., and Kim, H.G. (2004) *Solid State Commun.*, **129** (5), 311.

69 Huang, H. *et al.* (2001) *Electrochem. Solid State Lett.*, **4**, A170.

70 Zhang, Z. *et al.* (1998) *J. Power Sources*, **70**, 16.

71 Maleki, H., Deng, G., Anani, A., and Howard, J. (1999) *J. Electrochem. Soc.*, **146** (9), 3224.

72 Bransden, B.H. and Joachin, C.J. (1989) *Introduction to Quantum Mechanics*, Longman Group UK Limited, p. 379.

73 Goodenough, J.B. (1994) *Solid State Ionics*, **69** (3–4), 184.

74 Lowe, J.P. (1993) *Quantum Chemistry*, Academic Press, Inc., p. 627.

75 Bethe, H.A. and Jackiw, R. (1997) *Intermediate Quantum Mechanics*, Addison–Wesley Longman, p. 55.

76 Gross, E.K.U., Runge, E., and Heinonen, O. (1991) *Many-Particle Theory*, IOP Publishing, p. 51.

77 Parr, R.G. and Yang, W. (1989) *Density-Functional Theory of Atoms and Molecules*, Oxford University Press, p. 7.

78 Hohenberg, P. and Kohn, W. (1964) *Phys. Rev.*, **136** (3B), 864.

79 Jones, R.O. and Gunnarsson, O. (1989) *Rev. Mod. Phys.*, **61**, 689.

80 Kohn, W. and Sham, L.J. (1965) *Phys. Rev.*, **140** (4A), 1133.

81 Perdew, J. and Yue, W. (1986) *Phys. Rev. B*, **33**, 8800.

82 Perdew, J., Burke, K., and Ernzerhof, M. (1996) *Phys. Rev. Lett.*, **77**, 3865.

83 Van der Ven, A. and Ceder, G. (2000) *Electrochem. Solid State Lett.*, **3** (7), 301.

84 Van der Ven, A. and Ceder, G. (2001) *Phys. Rev. B*, **64** (18), 184307.

85 Aydinol, M.K. *et al.* (1997) *Phys. Rev. B*, **56** (3), 1354.

86 Kang, K. *et al.* (2004) *Chem. Mater.*, **16**, 2685.

87 Aydinol, M.K. and Ceder, G. (1997) *J. Electrochem. Soc.*, **144** (11), 3832.

88 Aydinol, M.K., Kohan, A.F., and Ceder, G. (1997) *J. Power Sources*, **68** (2), 664.

89 Reed, J., Ceder, G., and Van Der Ven, A. (2001) *Electrochem. Solid State Lett.*, **4** (6), A78.

90 Tepesch, P.D., Garburlsky, G.D., and Ceder, G. (1995) *Phys. Rev. Lett.*, **74**, 2272.

91 de Fontaine, D. (1994) *Solid State Physics: Advances in Research and Applications* (eds H. Ehrenreich and D. Turnbull), vol. **47**, Academic, New York, pp. 33–176.

92 Sanchez, J.M., Ducastelle, F., and
   Gratias, D. (1984) *Physica A*, **128**, 334.
93 Van der Ven, A. *et al.* (1998) *Phys. Rev. B*,
   58 (6), 2975.
94 de Groot, S.R. and Mazur, P. (1984) *Non-
   Equilibrium Thermodynamics*, Dover
   Publications, New York.
95 Onsager, L. (1931) *Phys. Rev.*, **37**, 405.
96 Onsager, L. (1931) *Phys. Rev.*,
   38, 2265.
97 Callen, H.B. and Welton, T.A. (1951)
   Phys. Rev., **83**, 34.
98 Callen, H.B. and Greene, R.F. (1952)
   Phys. Rev., **86**, 702.

99 Green, M.S. (1952) *J. Chem. Phys.*, **20**,
   1281.
100 Green, M.S. (1954) *J. Chem. Phys.*, **22**, 398.
101 Kubo, R. (1957) *J. Phys. Soc. Jpn.*, **12**, 570.
102 Kubo, R., Yokota, M., and Nakajima, S.
   (1957) *J. Phys. Soc. Jpn.*, **12**, 1957.
103 Zwanzig, R. (1964) *J. Chem. Phys.*, **40**,
   2527.
104 Zwanzig, R. (1965) *Annu. Rev. Phys.
   Chem.*, **16**, 67.
105 Kang, K., Meng, Y.S., Breger, J.,
   Grey, C.P., and Ceder, G. (2006) *Science*,
   311, 977.

3.2　负极材料

3.2.1　负极材料的发展史

在负极材料发展的早期阶段，金属 Li 被用作锂二次电池的负极材料。在反复的充放电过程中，Li 金属能达到较高的比容量，然而金属 Li 表面上枝晶结构的形成会使锂电池存在一定的安全问题，如短路[1-3]。因为这个原因限制了锂电池的批量化生产，且生产时必须要特别地小心。同时，也有必要防止与水分接触放出大量的热。

为了解决这些问题，在 20 世纪 70 年代到 80 年代进行了许多研究，该研究用一种材料来替代金属 Li 作为负极材料。这些研究主要集中在可与锂离子反应的石墨类碳材料、金属以及金属化合物。

由于锂离子可以嵌入负极中并维持在一个稳定状态，因此使用碳基负极材料有助于解决金属锂电极的安全问题。在这种情况下，碳基材料与锂离子的电化学反应电势接近于金属锂。当锂离子嵌入或脱出碳基负极时，碳基负极材料的晶体结构并没有明显变化，因此可以使氧化还原反应连续、反复地进行。这些关键因素使得锂二次电池的高能量密度和长循环寿命得以实现，并在 1991 年实现了商品化。

碳的多样化结构决定着锂的储能机制，因此，对碳基负极材料进行修饰是为了提高其储能容量从而获得高性能的锂二次电池。包含电动汽车在内的大型二次电池市场要求锂二次电池具有高输出功率的特性。同时，为了实现负极的高比容量，对于硅和锡等非碳基负极材料的研究正在进行中。此外，为了获得高输出功率的负极，开发具有优异电子导电性和离子导电性的碳基材料也非常有必要的。

3.2.2　负极材料的概述

在锂二次电池放电过程中，负极材料上发生氧化反应，而正极材料则发生还原反应。例如，在由 $Li_xC/Li_{1-x}CoO_2$ 组成的锂二次电池中，负极材料 Li_xC 提供电子与锂离子，即本身被氧化。同样地，正极材料 $Li_{1-x}CoO_2$ 接收电子与锂离子，即 $Li_{1-x}CoO_2$ 被还原。在充放电过程中，锂离子在负极相应地被储存与释放。

对于石墨负极，1 个 Li 理论上对应 6 个 C，如下面的反应式所示。石墨负极对应于锂电极（Li^+/Li）的电压范围为 $0.0 \sim 0.25$ V，它的理论比容量为 372 mAh/g。纯石墨的电位为 3.0 V，但当锂嵌入石墨时，石墨电位快速下降。对于正极和负极来说，随着电极活性物质中锂的增加，锂电极的电位不断下降，最终达到 0 V。

$$Li_xC_6 \rightarrow C_6 + xLi^+ + xe^- \qquad 0.00 \qquad 0.25 \text{ V vs } Li^+/Li$$

由于电解液的还原电位比锂电位高，充电过程中，电解液在负极表面发生分解。电解液分解不仅引起电极表面上固态电解质膜的形成，而且还抑制了负极与电解液之间的电子传输，进一步阻止电解液的分解。锂电池的性能很大程度上受电极表面 SEI 膜特性的影响。正在尝试通过多种方法加入添加剂使其在电解液分解之前产生一种更致密的、具有优异电化学性质的 SEI 膜。

负极材料影响着锂二次电池的性能，包括能量密度、功率密度以及循环寿命。为了使锂二次电池的性能得到最优化，负极材料应满足以下条件：

1）负极材料应具有低电势，与标准电极相一致，并与正极一起提供一个高的电池电压。电势与电化学反应紧密相关，因此负极材料的电势值必须尽可能接近金属锂的电化学电势。

2）与锂离子发生反应时，负极的晶体结构不能有显著改变。结构上的变化会导致晶体张力的积累并使电化学反应的可逆性受限，最终导致循环寿命的缩短。

3）负极材料要具有锂离子参与反应的高度可逆性。理想的可逆反应具有 100% 的充放电效率，也就是说随着循环的进行，反应效率没有变化。

4）负极中活性电极材料要具有高的锂离子扩散系数，因为这对于实现电池的性能具有相当的重要性。

5）负极材料必须具有高的电子导电性，这样才能在电化学反应中更有效地促进电子的运动。

6）负极活性材料应相当的致密度，从而具有高的电极密度。通常认为这对于提升电池能量是一个重要的因素。例如，石墨材料的理论密度为 2.2 g/ml，它的理论容量密度为 818 mAh/ml。

7）负极材料应单位质量内能储存大量的电荷（库仑）。

决定能量密度与功率的其他重要因素有比表面积、振实密度、粒径大小与分布。由于负极有高的质量比容量，与正极相比时，它更难使锂离子嵌入和脱出。因此，设计负极时，要充分考虑到促进锂离子快速移动以提高锂电池的性能。表 3.3 展示了常见负极材料的主要特征。

表 3.3   一些负极材料的特性

负极	理论比容量/（mAh/g）	实际比容量[①]/（mAh/g）	平均电势/V	真密度/（g/cc）
金属 Li	3800	—	0.0	0.535
石墨	372	~360	~0.1	2.2
焦煤	—	~170	~0.15	<2.2
硅	4200	~1000	~0.16	2.36
锡	790	~700	~0.4	7.30

① 实际比容量：商业上可用的容量。

3.2.3　负极材料的类型与电化学特性

3.2.3.1　金属锂

金属锂具有体心立方结构（bcc），有很强的离子化趋势，原子半径为 0.76Å。它原子质量小（6.941），密度小（0.534 g/cc），标准电极电位非常低（−3.04 V SHE），锂的比容量高达 3860 mAh/g。然而，使用锂金属电极的电池没有实现商业化的原因是金属锂的 180.54℃ 的低熔点以及由于锂枝晶生长造成的安全问题。最近的研究正在尝试通过在锂金属表面包覆聚合物或无机物来使其稳定化。尽管进行了许多努力，但金属锂仍伴随着许多困难，比如当其暴露在水（水分）时爆炸的危险以及电极制造过程的复杂性。

如果克服了锂金属电极的这些困难，金属锂有可能成为锂二次电池的负极。最近一些公司已经在尝试将金属锂作为一种辅助材料。通过添加金属锂后，负极最初的不可逆性通过锂的氧化得到了补偿。因此，为了增加电池的能量密度，必须阻止正极中锂资源的过多消耗。

3.2.3.2　碳材料

碳材料有多种类型，例如，sp^2-杂化轨道的石墨，sp^3-杂化轨道的金刚石以及 sp-杂化轨道的碳炔。这些碳的同素异形体具有不同的结构和物理化学性质，其中一些能让锂进行嵌入和脱出，这些碳材料可以作为锂离子电池的负极材料，并可以分为石墨类材料和非石墨类材料。本节将描述石墨和非石墨类的碳材料。

1. 石墨

石墨的结构　在石墨中，石墨层具有导电性并且 sp^2-杂化轨道上的碳原子沿着六边形平面进行分层堆积。此外，离域化的 π 电子在石墨层之间具有范德华作用力。由于 π 电子在石墨层之间能自由移动，因此石墨具有很好的电子导电性。π 电子具有较弱的范德华作用力，然而石墨层具有各向异性以及较强的共价键。锂离子可以在石墨层之间进行嵌入和脱出。

如图 3.67 所示，石墨通常沿着 c 轴按 ABAB 顺序排列，呈六角型结构，同时又以 ABCABC 的顺序进行堆积，形成斜六方体结构。

由于石墨晶体的基面垂直于 c 轴，端面平行于 c 轴，因此具有各向异性。石墨的各向异性影响着锂二次电池负极上的电化学反应。石墨的基面对电化学反应不具有活性，而石墨的端面则表现出相当大的活性。因此，石墨的电化学性质取决于基面与端面的比值。此外，石墨端面的高活性加快了包含氧原子的表面官能团的形成。正因如此，具有高端面的人造石墨（合成的或热分解的）可以通过在高于 2500℃ 的温度下加热沥青焦得到。

热处理条件下可以石墨化的碳被称为易石墨化碳。在高温情况下，原子的排列易于层状结构的形成，因此碳更容易石墨化形成石墨，这种材料又称为软碳。当温

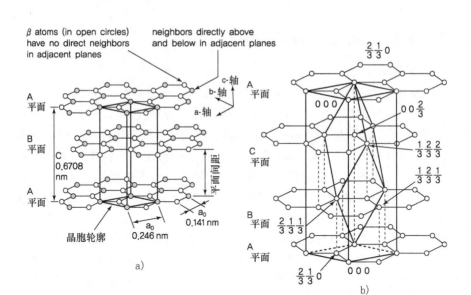

图 3.67 a) 石墨的六方晶系晶胞结构[1]和 b) 石墨的斜六方体晶胞结构[2]

度高于 2500 ℃时不能石墨化的碳被称为难石墨化碳或硬碳。当温度相对较低时（低于 1000℃），易石墨化碳中的少量石墨平面进行平行堆积，但其沿着 c 轴则显示出乱层无序结构。随着温度的升高，石墨面将增大并进行有序堆积。对于软碳，当温度高于 2000℃时，乱层无序结构将显著减少。在 3000℃ 左右温度时，对软碳进行热处理，将产生结构规整的石墨，如图 3.68 所示。

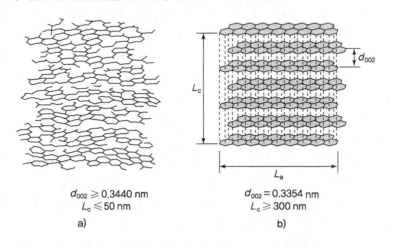

图 3.68 a) 碳的乱层结构和 b) 3D 石墨晶格的对照

　　为了促进碳化，碳的前驱体应包含易于转变为石墨平面的高密度的多环芳香化合物。而且，相邻的石墨平面应该适当地对齐。易石墨化碳中的碳层之间的联系非常微弱，使得能够重排形成石墨结构。

一般来说，石墨化过程包含石墨平面在三维空间内的石墨层的扩张和堆积两个过程。在石墨化过程中，石墨分别经历了密度的增大、晶粒大小（L_a 和 L_c）的增加以及在（002）晶面间距上的减小。这里的 L_a 为平行于基面的晶粒大小，L_c 为垂直于基面的晶粒大小，L_c 和 L_a 分别为 a 轴和 c 轴上的晶粒大小。石墨化产物的晶体结构由多种因素共同决定，例如晶粒大小，晶面间距 d_{002} 以及石墨化的温度。通过对这些因素的研究，我们可以预测某一具体碳材料在锂二次电池中是否可以作为负极材料。L_a 与 L_c 可以通过 XRD 分析和公式 $t = k\lambda/\beta\cos(\theta)$ 得到。这里，公式中 t 是 L_a 或 L_c 堆积层的层高，k 是晶粒的形状因子，L_c 与 L_a 的 k 分别为 0.9 和 1.84[3]，λ 是 X 光的波长，β 是衍射峰的宽度，θ 是入射角。

石墨的电化学反应 在充电过程中，碳材料参与还原反应，锂离子嵌入其中形成 Li_xC 化合物。放电过程中，发生氧化反应，锂离子从碳材料中脱出来。在充放电反应中，随着碳材料结晶度、微观结构以及颗粒形状的不同，其电化学特性如反应电位、储锂容量会有不同。

在石墨中，锂离子通过端面或者基面中的缺陷嵌入材料中。大多数的嵌入反应在电压低于 0.25 V 时进行。在初始的嵌入阶段，若锂离子的浓度较低，则会形成单锂离子层，同时锂离子不会嵌入相邻石墨层中。不含锂离子的石墨层周期排列，石墨中的锂离子浓度将会增加。随着更多锂离子嵌入其中，锂离子层之间的不含锂离子的石墨层数量将会减少。在 LiC_6 组分中，锂离子的嵌入数量最多，锂离子层和石墨层依次间隔排列。这种锂离子在石墨层之间的逐步嵌入被称为阶段现象，如图 3.69 中描述所示[4]。

由图 3.69 所示，在恒电荷情况下测得的充电电势曲线中，我们以连续平电位的形式可以观察到锂离子嵌入的阶段。平台电势意味着两相的共存。随着锂浓度的增加，高阶转化为低阶。当锂离子脱出时（放电）时，则发生相反过程。当锂离子嵌入时，石墨层从 ABAB 转化为 AAAA。在 LiC_6 的全充满电阶段 1，相邻的两个石墨层按照高度有序的顺序排列[5]，它们的晶面间距为 0.370 nm，如图 3.70a 中所示[6,7]。在 LiC_6 中，嵌入在石墨层中的锂离子排列的并不紧密，它们之间的距离为 0.430 nm，如图 3.70b 中所示。对应于石墨的理论容量为单位质量的比容量 372mAh/g。

在锂二次电池的设计中，应考虑充电过程中石墨结构变化引起的体积膨胀。如果不将这个因素考虑其中，膨胀的负极会造成电极的变形，不利于电池的循环寿命和其他电池性能指标。

石墨颗粒的设计 人造石墨的一个例子就是 MCMB（中间相碳微球）。当诸如煤焦油、沥青及石油焦之类的原材料加热至 400 ℃时，就会生成具有各向异性的小球。通过热分解和缩合反应，多环芳烃化合物的平面分子将按照一个方向进行堆

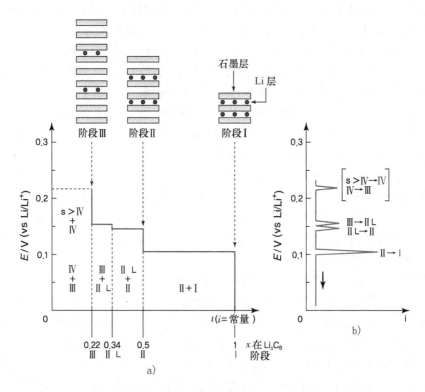

图 3.69 锂在石墨层间嵌入时的阶段效应: a) 恒电流曲线示意图和
b) 电压曲线示意图[4] (转自参考文献[4], 并得到 Wiley-VCH 的许可)

积, 最终形成图 3.71 中所示的层状结构。由于黏度和周围环境的不同, 小球会以液晶的形式存在。当沥青呈半焦炭状时, 小球体则转化为中间相, 具有光学各向异性和流动性, 这种中间相球体被称为 MCMB, 是一种典型的人造石墨。

图 3.72 所展示的是商业化的 MCMB-25-28 (平均粒径为 25 μm, 石墨化温度为 2800 ℃) 石墨负极的 SEM 图, 图 3.72b 是图 3.72a 的放大图, 观察放大图, 我们可以发现, 球形颗粒已经在液晶中形成出来了。

MCMB 在液态介质中长大, 由于颗粒表面的无定型相, 石墨层并没有直接暴露在电解液中。MCMB 的容量一般都在 320 mAh/g 左右, 但通过减少无定型相的数量, 它的容量可以增加到 340 mAh/g。图 3.73 所展示的是人造石墨 MCMB 的充电曲线和放电曲线。当充电开始时, 电压急剧下降, 随后处于一段平台电压, 这表明晶体结晶性良好。同时注意到, 它的容量为 325 mAh/g 左右。在天然石墨使用之前, MCMB 由于其高容量被用作锂二次电池的负极材料。MCMB 中颗粒的形状也适合于电极的制造。

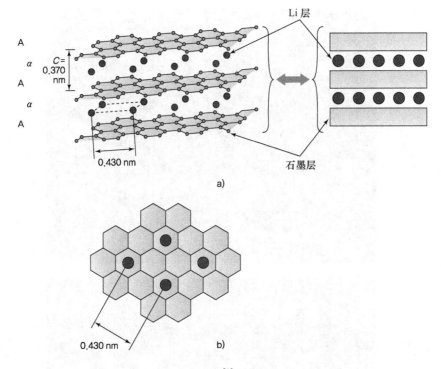

图 3.70　阶段 1 中的平面结构[8]：a) 侧面图和 b) 俯视图

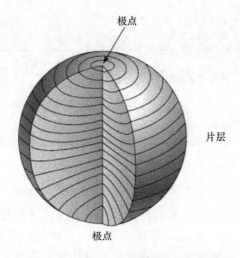

图 3.71　MCMB 人造石墨的颗粒结构示意图

图 3.74 所展示的是中间相沥青基碳纤维（MPCF）中的颗粒形状与石墨层排列的示意图，MPCF 是一种人造石墨。我们可以看到，各种类型的 MPCF 合成取决于碳区域的排布。呈放射状或者线性的形状则更有利于倍率性能的提高，但端

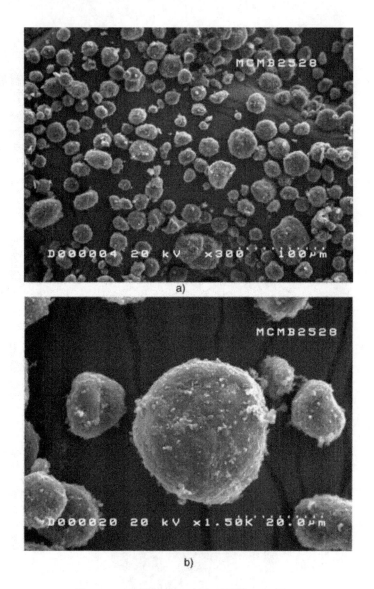

图 3.72 MCMB-25-28 人造石墨的 SEM 图

面的过多暴露则导致不可逆容量的增加。另一方面，洋葱皮状的形貌则通过对端面暴露的尽可能少而极大地减小不可逆容量，但也限制了锂扩散到石墨层的区域。纤维状负极材料有较低的压实密度，并且压实后密度还会有反弹，这导致了电极的膨胀。较低的能量密度将导致该材料作为负极在移动电话和笔记本电脑的电池应用上有许多的限制。最近，这些材料因为在混合动力电动汽车表现出优异特性，受到关注。

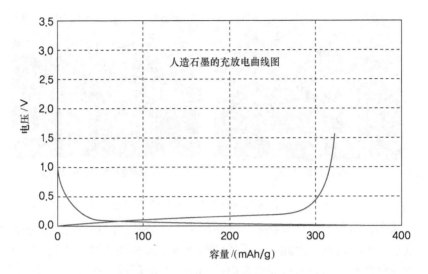

图 3.73　人造石墨的充放电曲线

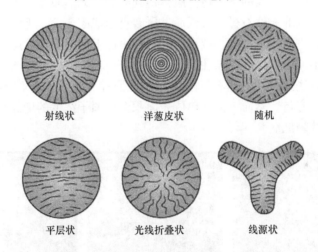

图 3.74　MPCF 人造石墨的结构示意图

在 3000 ℃下经过热处理制备的 MPCF-3000，是一个实现了商业化的纤维状人造石墨。图 3.75a 展示的是合成的 MPCF-3000 的形状，图 3.75b 展示的是通过球形氧化锆研磨的材料。通过改变纤维的尺寸大小可以提高研磨密度。过多量的纤维不利于浆料制造或者电极涂覆过程中浆料黏度的均匀性。石墨化材料的其他实例有石墨化炭黑、石墨化纳米纤维以及多壁碳纳米管。

图 3.76 为天然石墨的 SEM 图。从图 3.76a 中，我们可以看出未加工的天然石墨以扁平片状颗粒的形式存在。天然石墨的容量接近其理论值，不规则片状的高比表面积以及端面的直接暴露引起的电解液分解可能造成不可逆反应。在电极制造过

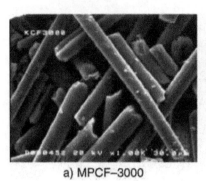 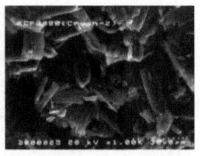

a) MPCF-3000　　　　b) 经过球磨的MPCF-3000

图 3.75　MPCF-3000 人造石墨的 SEM 图

程中，片状颗粒不利于活性材料浆料的涂层工艺。此外，涂布工艺后的压片困难会导致不理想的电极密度。因此，为了减少不可逆反应和提高加工性能，天然石墨需要通过颗粒研磨和重组以获得光滑表面，如图 3.76b 所示。通过沥青层涂覆防止端面的直接暴露，破坏端面的不可逆反应会得到减少。天然石墨的电化学性能也因此获得提高。鳞片状的天然石墨也可以通过研磨重组成图 3.76c 所示的球状结构。这个过程会使得比表面积最小化，减小活性材料表面上的电解液分解，提高了电极压实密度，改善了电极涂覆的均匀性。

应用上述方法提取的天然石墨也许会实现商业化，石墨 365 mAh/g 的容量有利于提高电池的容量。然而，由于单位表面积上锂离子浓度的增加引起的大容量会造成倍率性能的降低。

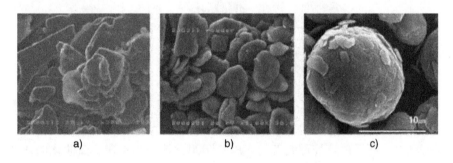

a)　　　　　b)　　　　　c)

图 3.76　天然石墨的颗粒形貌：a) 未处理的天然石墨，
b) 处理过的天然石墨和 c) 球形的天然石墨 [经电化学学会（ECS）许可]

2. 无定型碳

无定型碳的结构　如图 3.77 所示，非石墨碳由小六边网络构成，表现出稍微沿着 c 轴结构的无序化结构。晶粒之间相互交联，并与无定型相共存。

根据可石墨化的能力，非石墨碳又分为易石墨化碳（graphitizable）和难石墨

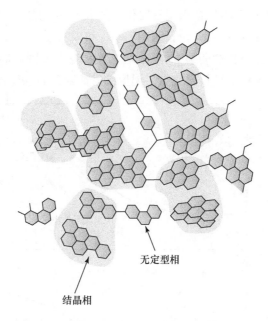

无定型相

结晶相

图 3.77　非石墨碳的示意图[9]（转自参考文献[9]，并得到 Wiley-VCH 的许可）

化碳（nongraphitizable）。图 3.78 展示了易石墨化碳的结构与难石墨化碳的结构[10]，这些结构的不同归因于碳的前驱体碳化过程中晶粒的重新排列。

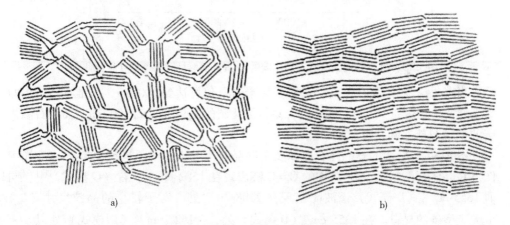

a)　　　　　　　　　　　　　　　　　　b)

图 3.78　a）易石墨化碳和 b）难石墨化碳的结构模型（Franklin）

在难石墨化碳中，碳化过程抑制了石墨层的堆积并引起晶粒之间的交联。由于小晶粒和无序结构，即使在高于 2500℃ 的温度下，晶体重组以实现石墨化也是非常困难的。另一方面，易石墨化碳中的石墨层以一种平行方式进行排列，因此易于石墨化。同时，由于原材料或碳化工艺的不同所产生不同的碳材料，它们的碳晶粒尺寸（L_a 和 L_c）大小随着热处理温度的增加而增加。

图 3.79 展示了易石墨化碳和难石墨化碳的 L_a 和 L_c 随热处理温度变化的曲线关系。从曲线中我们可以看出，易石墨化碳的 L_a 和 L_c 数值比难石墨化碳的要高，这种差别随着温度的升高更加明显[11]。在某一特定温度范围内时，易石墨化碳的石墨化会非常迅速，而对于难石墨化碳，温度的升高对其石墨化没有任何帮助。

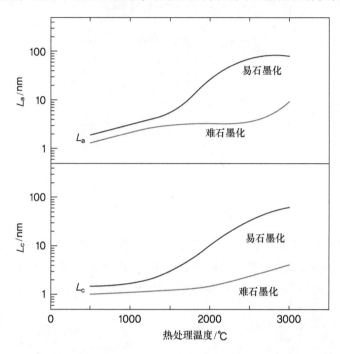

图 3.79　易石墨化碳与难石墨化碳的 L_a 和 L_c 随热处理温度的变化曲线[11]

当碳化温度为 3000 ℃时，易石墨化碳的 L_a 值可达到 100 nm，而难石墨化碳的 L_a 值最大只能达到 10 nm。同样地，易石墨化碳的 L_c 值能达到 100 nm，而难石墨化碳的 L_c 值只能达到 4 nm。

图 3.80 所展示的是晶体石墨以及不同晶粒尺寸大小的不同碳材料的拉曼光谱图。在晶体石墨中[12]，非对称的 C＝C 键出现在 1582 cm^{-1} 左右（G 模式）[13]，同时 1355 cm^{-1}（D 模式）谐波峰出现在 2708 cm^{-1} 处。对于较小的晶粒尺寸（L_a）或无定型碳的材料，在 1355 cm^{-1}（D 模式）处，~1622 cm^{-1}（D′模式）处以及 ~2950 cm^{-1}（D 和 D′模式）处观察到有波峰。波峰在 ~1355 cm^{-1} 及 ~1622 cm^{-1} 处是由于金刚石结构引起的。晶粒越大，拉曼光谱峰的宽度则越窄，在 1355 cm^{-1} 处的峰值强度随着石墨晶体尺寸减小或无序程度增加而增强。如图 3.81 所示，1355 cm^{-1} 与 1575 cm^{-1}（G 模式的 1582 cm^{-1}）的峰值强度的比值与石墨晶体尺寸大小成反比例[14]，即峰值强度比越小，则石墨晶粒尺寸越大。基于这种反比例关系，我们可以从拉曼波峰上来推测石墨晶粒的尺寸。

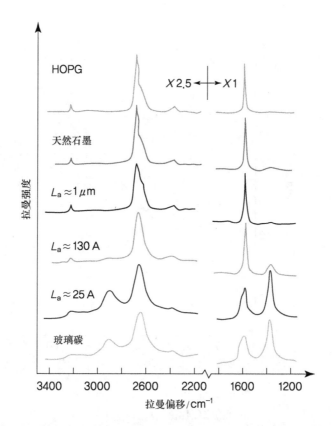

图 3.80 晶体石墨和不同晶粒尺寸的各种碳材料的拉曼光谱图[12]

通过透射电镜可以观察到易石墨化碳与难石墨化碳的微观结构。图 3.82 和图 3.83 分别展示了在 1000 ℃ 与 2300 ℃ 下经过热处理的碳前驱体、蒽以及蔗糖的 TEM 图[15]。

在 1000 ℃ 下经过热处理所得到的难石墨化碳展示了石墨层之间交联的各向异性结构，经过相同温度热处理的易石墨化碳的排列与石墨有着相似性，并具有各向异性结构。对于在 2300℃ 下进行热处理所得到的碳材料，难石墨化碳会导致细小弯曲的石墨层无序排布，而易石墨化碳却显示出拥有良好发展的石墨层结构。

低结晶度碳的电化学反应 石墨碳是通过对软碳进行热处理所得到，但如果热处理温度低于 2000℃ 时，将会导致石墨碳低的结晶度以及结构无序性更大。不同热处理温度下的低结晶度碳的反应详情如下。

当软碳在低于 900 ℃ 的温度下进行热处理时，所得到的碳具有比结晶石墨更高的储锂容量，并存在滞后现象，即锂离子脱嵌的电位比嵌入的电位高。如图 3.84 所示，热处理温度越低[16]，则所得到碳的储锂容量会更大，滞后现象也更明显。

低温度下进行热处理所制得的软碳的高容量和滞后特性与碳材料中氢的数量有

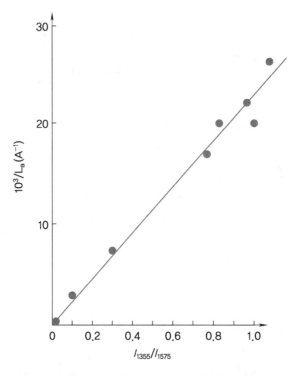

图 3.81   1355 cm^{-1} 与 1575 cm^{-1} 的
峰值强度比值（I_{1355}/I_{1575}）[14]

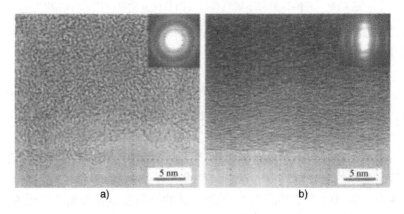

图 3.82   在惰性条件下经过 1000 ℃处理的 a）难石墨化碳
（蔗糖前驱体）和 b）易石墨化碳（蒽前驱体）的高倍率 TEM 图[15]

关[17-19]。图 3.85 展示了用 H/C 原子比的方式表达氢数量与热处理温度的变化关系，碳中氢的数量（H/C 原子比）与热处理温度成反比例关系。通过观察在低于

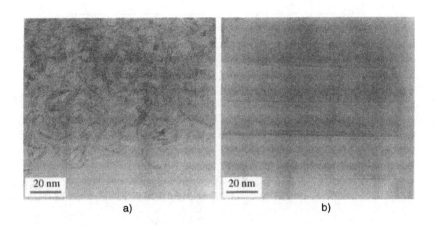

图 3.83　在惰性条件下经过 2300 ℃处理的 a）难石墨化碳（蔗糖）和
b）易石墨化碳（蒽）的高倍率 TEM 图[15]

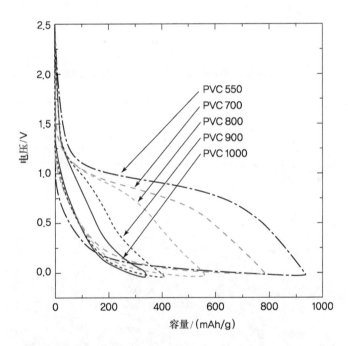

图 3.84　经过不同温度热处理的 PVC 的第二次循环的充放电曲线[17]

1200 ℃温度下进行热处理所得的低结晶度碳，我们可以假设软碳中氢与锂离子的反应有利于大容量和滞后特性。从图 3.86 我们可以看到 1 V 的电压平台随着 H/C 原子比的增加而增加。因为氢而增加的容量随着反复的充放电而逐渐减小，同时 1 V 电压平台也随着热处理温度的增加而减小，这会引起不显著的滞后特性。

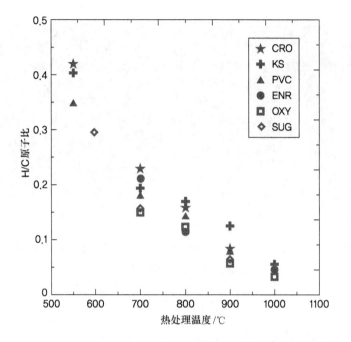

图 3.85　不同热处理温度下的 H/C 原子比

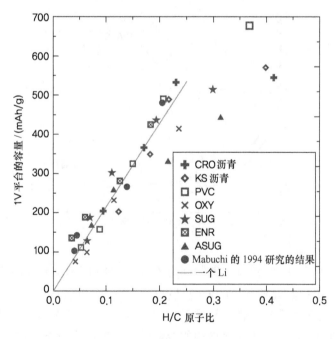

图 3.86　第二次循环的 1V 平台上的容量随着 H/C 原子比的增长关系[16]

　　由滞后特性引起的氢与锂离子之间的反应与氢－锂键有关联。由于锂原子与存在六边形网格结构端面的氢形成的键合，碳从 sp^2 杂化转移到 sp^3 杂化轨道，因此在锂嵌入/脱出过程中需要大的活化能[20,21]。这表现在充放电曲线上的滞回性能，同时随着碳材料的反复充放电，与氢关联的容量逐渐减小，循环性能也被减弱[18]。在低热处理温度下得到的碳材料的高比容量特性可以通过不同的反应机理来解释。其中一些典型实例如图 3.87 中所示。

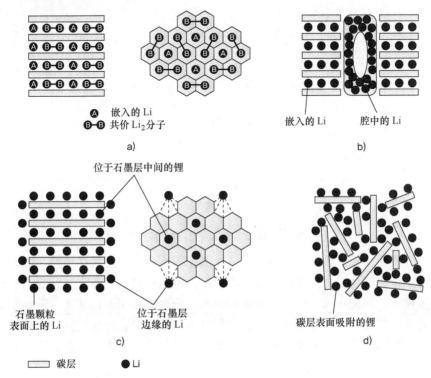

图 3.87　具有高可逆容量的碳材料的存储机制

　　a）石墨层之间的已嵌入锂的 Li_2 共价键[22]，转自参考文献[22]，并得到 AAAS 的许可；

　b）纳米级别腔中的锂；c）石墨层表面以及结构缺陷周围的锂[24]，转自 1995 年版权的参考文献[24]并得到 Elsevier 的许可；d）吸附在碳层表面的锂。转自电化学学会并得到其许可

　　当软碳在高于 1000 ℃的温度下经过热处理后，大多数氢会释放出去，石墨层平行堆垛。然而，它们进行交联并在 c 轴上呈无序排布。当锂在晶体石墨的石墨层之间嵌入时，石墨层表面发生转移，堆积便从 ABAB 转变为 AAAA。然而，锂在乱层的石墨片间实现嵌入则是非常困难的[25-27]。由于在低温度热处理下得到的碳材料的小结晶体的缘故，与石墨相比，该材料的石墨层之间几乎没有空间给锂进行嵌入[9,28]。可逆储锂容量随着与 c 轴方向的无序排列和石墨层尺寸发生变化。混乱的结构提供了多种活性点来让锂进行嵌入。与结晶石墨比较，由于锂被分配进入不同

的位置，因此该材料的充放电曲线不能显示任何平台。图 3.88 为软碳第一次循环的充放电特性，我们可以看出它的可逆容量为 220 mAh/g。

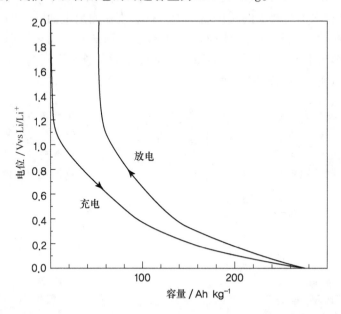

图 3.88 软碳（焦炭）的首次充放电曲线[29]

与石墨相比较，软碳的容量低但具有高比表面积、稳定晶体结构。最近，它已经被考虑作为混合动力汽车的锂二次电池的一种负极材料。首先，它的充放电曲线的斜率很大，即使在大电流下，金属锂的电沉积也很难实现；其次，随着涉及锂反应的比表面积的增大，其倍率性能也得到增强；最后，它容易调整充电深度，因此可以控制电压变化。为了实现软碳的商业化，必须要降低由于表面缺陷所引起的不可逆容量。

非结晶碳的电化学反应 由硬碳制备的碳材料并不是石墨层的堆积而是存在许多微孔的非晶态结构。和软碳一样，在温度低于 800 ℃时，硬碳经过热处理后含有大量的氢，充放电曲线也和处理的软碳相似。在 1000 ℃的温度下经过处理的硬碳具有更高的可逆容量。随着大量氢被去除，充放电曲线并没有显示出滞后特性。在图 3.89 中可以观察到在 0.05 V 低电位下的一个平台。硬碳的高可逆容量可以解释为锂吸附在碳层表面或者在微孔结构里面形成锂团簇。当热处理温度超过 1000 ℃时，随着微孔的减少以及锂吸附空间的减少，硬碳的容量大大减少。

如图 3.90 所示[30]，高温热处理下得到的碳材料中形成的微孔容许电解液浸入，由于不能存储锂[31,32]，导致了碳材料的可逆存储容量减小。

在锂的嵌入/脱出过程中，石墨和软碳会有 10% 的体积膨胀或收缩，而硬碳由于存在大尺寸的微孔[33]，因此在体积上没有变化。对于硬碳电极来说，由于没有

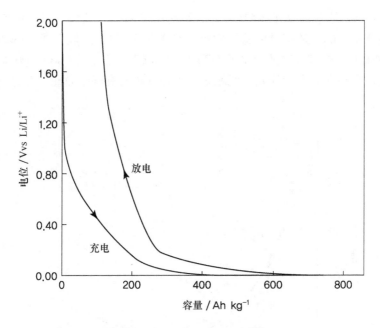

图 3.89　硬碳的充放电曲线[29]

体积膨胀引起的卷芯变形，因此可以有非常稳定的寿命特性。在硬碳中，碳通过表面孔隙的迁移很快，因此它的倍率性能优于软碳。硬碳非常适合于需要优异倍率性能的电池，不过制造成本也比较高。

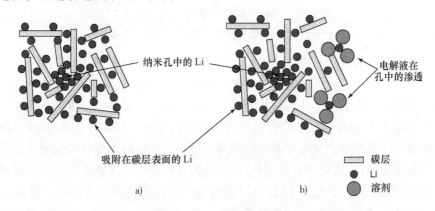

图 3.90　a）硬碳的锂存储机制和 b）电解液在孔中的渗透[32]

　　图 3.91 为单位质量的软碳/硬碳的可逆容量的大小随热处理温度变化的曲线关系图。当软碳在低于 1000 ℃温度下热处理时，它将会获得相当高的容量值。该值在 1800 ~ 2000 ℃左右会降低至最小值。接着随着热处理温度的升高，会达到 372 mAh/g 的理论值。同时，当硬碳的热处理温度为 1000 ℃时，它的可逆容量高

达 600 mAh/g。当温度高于 2000 ℃时，结构中的微孔以及供锂吸附的空间都有所减少，因此硬碳的可逆容量便低于软碳。在图 3.91 中，区域 1 展示的是热处理温度高于 2400℃时处理软碳所得到的石墨碳，区域 2 相当于在 500 ~ 700 ℃处理的软碳或硬碳，产物含有大量的氢，区域 3 代表着硬碳含有许多微孔，并且几乎没有石墨层的堆积。

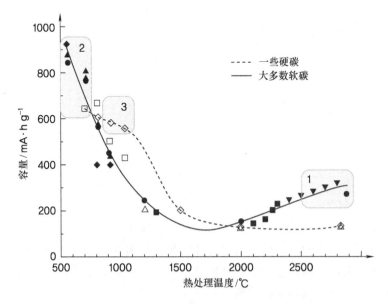

图 3.91　单位质量的软碳/硬碳的可逆容量与
热处理温度的关系（虚线：硬碳；实线：软碳）[17]

涉及电解液的反应　图 3.92 为石墨碳材料在恒定电荷情况下的充放电曲线。其中，充电为锂离子嵌入，放电为锂离子脱嵌[34]。理论上，锂在碳材料中的嵌入和脱出是完全可逆的。而从实际的充放电曲线，我们可以看到，更多的锂被消耗掉了，比石墨 372 mAh/g 的理论容量还多，而只有 80% ~ 95% 在放电过程中得以恢复。在第二次循环中，充电时嵌入的锂离子更少，放电时大多数锂会脱出来。

在首次充/放电反应中容量（C_{irr}）的差值被称为不可逆容量损失，碳材料的可逆嵌入/脱出的容量（C_{rev}）被称为可逆容量。在商业化的锂电池中，锂离子是由锂金属氧化物的正极提供，碳负极不含锂。正因为如此，在充放电初期阶段中的不可逆容量的损失最小化显得非常重要。众所周知，不可逆容量的损失要归因于电解液在碳材料表面上的分解。在锂离子嵌入的电位范围内，电解液在负极表面处于热力学不稳定状态。在第一次充电反应中，由电解液分解引起的电化学反应在碳表面上生成 SEI 膜。对于晶体石墨来说，该反应发生在 0.8 V（Li^+/Li）左右，并且当为恒电流充电时表现为一平台，平台的长短取决于电解液分解的程度。该保护膜的

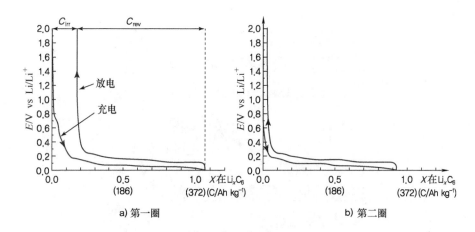

图 3.92 以 LiN(SO$_2$CF$_3$)$_2$/碳酸亚乙酯/
碳酸二甲酯为电解液时 Timrex KS 44 石墨的充放电曲线

形成需要大量的锂离子，同时也造成了可逆容量的损失。然而，通过选择性迁移无电子转移的锂离子，电解液的进一步分解也得到了抑制，循环特性也得到了提高。SEI 膜的形成很大程度上受电解液组成和特性的影响，这在随后的章节中会详细说明。SEI 膜具有的不同特性取决于材料表面的结构特点。一般而言，材料的比表面积大时，会增加 SEI 膜的绝对数量，从而造成不可逆容量的更大损失[35]。在石墨化碳材料中，电解液的分解更多的是发生在端面的场所，这是因为端面比基面具有更高的电化学活性[36]。

除了 SEI 膜的形成外，其他有助于不可逆反应的因素有杂质（例如 H$_2$O 和 O$_2$）的还原反应、材料表面包含氧的表面官能团的还原，以及经过还原而不被氧化的锂的可逆性降低[37]。

对于晶体石墨来说，电解液中的锂离子和极性分子可以在石墨层之间进行嵌入，锂离子和极性溶剂的嵌入同时进行，该反应扩大了石墨层之间的间距，也破坏了石墨结构[38]。图 3.93 展示了溶剂的嵌入，该情况也可以理解为石墨层的剥落。

在锂离子嵌入的早期阶段，即晶体石墨中锂离子浓度较低时（Li$_x$C$_6$ 中 $x \leqslant$ 0.33），由于热力学原因，锂离子与电解液溶剂倾向一同嵌入[39]。为了避免该情况的发生，往电解液中加入添加剂，在锂离子和电解液溶剂共嵌入之前就可以在石墨表面上形成 SEI 膜。

因为锂离子和电解液溶剂的同时嵌入发生在端面的石墨层之间，所以这对具有结构缺陷和无序化排布特征的低结晶度软碳和无定型的硬碳来说是很难实现的[9,40]。通过在低结晶度软碳和无定型硬碳的表面包覆石墨颗粒，就可以抑制共嵌入的发生，并且，由 SEI 膜形成所引起的不可逆反应也大大减少[40,42-43]。

碳材料的结构和表面积是决定电极-电解液反应特征的重要因素。由于充放电

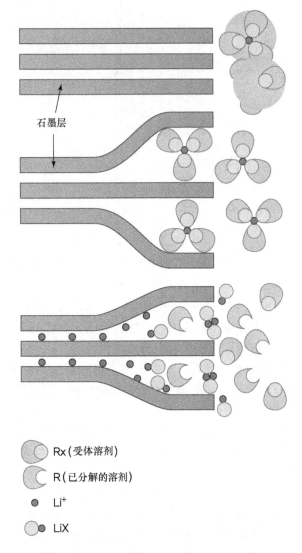

图 3.93　SEI 膜的形成和已分解电解液在石墨层之间的嵌入的示意图[38]
（转自 1995 年版权的参考文献[38]，得到 Elsevier 的许可）

过程中锂离子的嵌入/脱出发生在碳颗粒的表面，表面结构和表面积是决定一个电池的功率特性的关键性因素。

图 3.94 展示了硬碳的 BET 比表面积随热处理温度变化的趋势。从图中可以观察到 BET 比表面积随着温度的升高而减小。这是由于高温下裸露的表面或者颗粒内部的微孔遭到闭合[44]。比表面积的减小不仅抑制了表面上的电解液分解，也限制了锂离子的运动，减弱了电池的倍率性能。这些因素在生产电池过程中的材料设

计时应仔细考虑，以保证电池获得优异的性能。

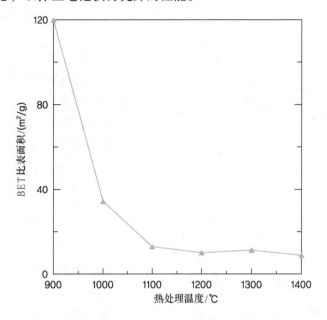

图 3.94　BET 比表面与热处理温度的关系[41]

　　如表 3.4 概括所示，碳材料表面由各种化学官能团组成。这些官能团影响着碳材料的化学和电化学性能。图 3.95 为碳材料表面上各种官能团的 X 射线光电子能谱分析（XPS）结果。

表 3.4　碳材料的 XPS 峰[45]

碳材料	C_{1S}的结合能/eV	光谱解释
槽法炭黑	285.5	C-H 键
	288.5	C＝O 键
氧化碳纤维	286.0	羟基
	287.0	羧基
	288.6	羧基
PTFE 碳	285.4～285.9	C 基本骨架中的 C 原子
还原 Li	290.2～290.8	COOH 表面上的 C
碳纤维	285.0	烃
	287.0	C-O 键
	289.0	C＝O 键

（续）

碳材料	C₁ₛ的结合能/eV	光谱解释
氧化石墨	285.0	羧基
	287.2	酚羟基
	289.0	碳酰基和醚官能组
空气氧化的碳纤维	1.5[①]	C-O-官能团
	2.5[①]	C=O 官能团
	4.5[①]	羰基官能团
碳纤维	1.6[①]	C-O-官能团
	3.0[①]	C=O 官能团
	4.5[①]	羰基或酯基
电化学	11.6[①]	C-O-官能团
氧化碳纤维	3.0[①]	C=O 官能团
	4.5[①]	羧基或酯类官能团
电化学氧化碳纤维	~2.1[①]	C=O 或奎宁类官能团
	~4.0[①]	酯类官能团
	>6.0[①]	CO_3^{2-} 类组
氟化石墨	4.7[①]	CF 官能团
	6.7[①]	CF₂官能团
	9.0[①]	CF₃官能团

① C_{1S}峰的化学位移（eV）。

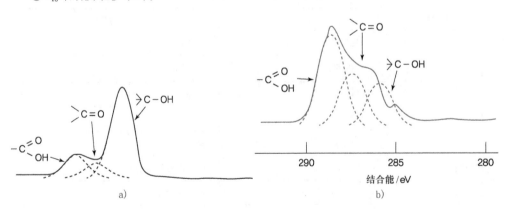

图3.95 氧化碳纤维的 XPS 图：a）氧化程度低时和 b）氧化程度高时[46]
（转自 1984 版权的参考文献[46]，并得到 Elsevier 的许可）

当氧化程度比较低时，C-OH 键有较强的峰值强度，而 C=O 键和 HO-C=OOH

键的峰值强度相对而言就弱一些；当氧化程度比较高时，C-OH 键的峰值强度就比较弱，而 C＝O 键和 HO-C＝OOH 键则展示出较强的峰值强度[46]。由此，我们可以知道，在氧化期间，大部分氧与碳颗粒表面的碳发生反应。

热化学特性 锂离子电池的市场能力受到电池的热化学特性和安全问题的影响。对于商业化的锂离子电池，热安全性必须要保证到 60 ℃ 左右。然而温度的升高会加速活性物质的分解或者电解液与不同部件相互作用导致的热分解，电池的性能由于结构坍塌而大大受到阻碍。热化学特性可以通过多种复杂反应途径来进行描述，比如负极/电解液的界面反应、正极/电解液的界面反应以及电解液和电极的分解反应。这些热分解导致了热失控，会引起严重的安全问题，例如起火、爆炸。电池的热安全基础已经在前面正极材料的章节（见 3.1.5.1 节）中进行了介绍。

在理解认识负极热化学特性和电池安全时，SEI 膜的分解显得非常重要，该 SEI 膜是首次充电阶段在负极/电解液界面所形成的。如图 3.96 所示，SEI 膜在 80 ℃ 左右开始分解，在 100～120 ℃ 时已完全分解[47]。

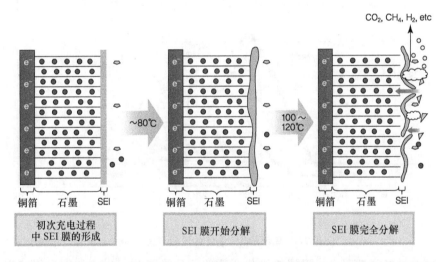

图 3.96 SEI 膜的分解反应过程（来自美国化学学会并得到其许可，2003 年版权）

SEI 膜的组成根据电解液成分不同而不同，通常包括诸如 Li_2CO_3、LiF 以及 $(CH_2OCO_2Li)_2$ 的一般亚稳态物质。为了控制热化学特性以及阻止热失控，理解电池组件之间的反应是非常有必要的。通常，负极上的影响热化学特性的放热反应类似于那些发生在正极上的反应。以下是一些总结[48]：

1）随着温度的升高，处于亚稳态的 SEI 膜在 90～120 ℃ 时通过放热反应进行分解。

2）当温度高于 120 ℃ 时，放热反应主要为电解液与嵌入负极中锂离子之间的反应。

3）含氟粘结剂（如 PVdF）与嵌入负极中的锂离子之间反应的温度与上述的情况类似。

4）电解液的热分解发生在200℃以上的温度。

5）当过充电时，金属锂可能在负极沉积，并与电解液、粘结剂发生反应。

Spotnitz 和 Franklin 获得了锂二次电池成分的 DSC（示差扫描热量法）结果，该结果是基于放热起始温度、放热峰温度、热容量、活化能以及速率系数[48]等动力学参数得到的。如图 3.97 所示，负极的热特性与 SEI 膜的分解以及碳负极/电解液、碳负极/粘结剂的放热反应有关。与正极类似，负极的热化学特性显示了不同的热量值，这与锂的充电状态有关。由于热化学特性因电极和电解液的种类不同而不同，因此为了生产出热稳定性好的锂电池，对放热反应路径和电池设计最优化的认识就显得非常重要。反应熔应最小化，以避免在相对较低温度（低于200℃）情况下负极与电解液之间的热反应造成热失控。

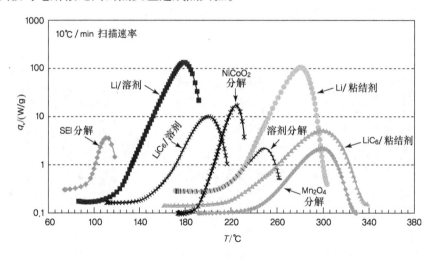

图 3.97　锂离子电池组件的典型 DSC 特征[48]

碳的原材料与碳化　根据有机化合物前驱体的类型，生成的碳材料可以为气态、液态或固态。图 3.98 展示了对这些前驱体进行热处理所得到的产品。这些得到的碳会随原材料（气态、液态、固态等）、中间体以及热处理温度的不同而不同。每一种碳化方式将在下文中进行描述。

气态碳化　通过对挥发性有机物或碳氢化合物进行热分解，随后以游离基聚合反应为基础进行芳香化得到气态前驱体，再从中得到产品。气态碳化得到的碳材料实例有炭黑、热解碳和碳晶须。

液相碳化　在液相碳化过程中，原材料中的低分子化合物如加热时易熔的有机化合物或煤挥发，温度升高时通过减小黏度、热分解、聚合、脱氢、芳香化等各种反应生成芳香烃。当碳化合物的成分进行芳香化或增加分子量时，液体黏度会随之

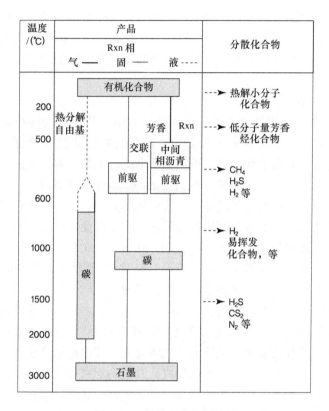

图 3.98　碳化反应的概览

增加并最终变成固体碳。材料凝固时伴随着气孔的生成，温度升高时伴随有氢、烃类以及其他杂质释放出来。整个过程伴随着稠化，当温度超过 1500 ℃ 时，石墨晶体结构便也形成了。碳材料中的杂质（S、N 等）在石墨化过程中被释放出来。

　　液态碳化时，黏度在 400 ℃ 左右开始增大并达到一个最大值，然后在因凝固而再次增大之前会下降到一个最小值。黏度随温度的变化因碳材料种类和碳化条件的不同而不同。有机化合物包含有具有各向同性的液体和各向异性的液晶，这种液晶逐渐转化为具有各向异性固态焦。因为固体结构不需要对大量原子进行重新排列，所以固相中六角平面的顺序决定了石墨化的进程。石墨化的程度受到易石墨化碳的晶粒尺寸大小（L_a 和 L_c）的影响。然而，易石墨化碳与难石墨化碳的不同在于排列的规整性而不是晶粒的尺寸大小。由于晶粒随着热处理不生长，因此难石墨化碳表现为无定形态。

　　固相碳化　当原材料（比如热固性聚合物）进行热处理时不产生液体，甚至在热解反应时仍保留为固态，便发生固相碳化。起初的固体结构决定了碳的微观结构，因为在碳化反应中分子的运动受到限制。当易熔有机物在氧化反应和热处理后变为不溶物时，该过程发生固态碳化反应。在碳化之前假设材料为一个特殊形状，那在碳材料产品中保持该形状。然而，若没有额外的稠化步骤，在碳化过程中挥发性成分将会释放出来，因此极有可能得到多孔状碳材料。典型的固态碳化材料有纤维、酚醛树脂、糠醇树脂以及呋喃树脂。从固相碳化中得到的碳材料产品有碳纤维和活性炭。

3.2.3.3　非碳材料

自 1991 年锂二次电池实现商业化以来，石墨以及其他碳材料就已经被用作锂电池的负极材料。从早期的发展阶段开始，锂电池的性能就已经获得了很大提高，包括能量密度上的双倍增长。随着正极充电电压的提高，容许负极材料的比容量从非结晶硬碳 170 mAh/g 增长到高密度石墨的 360 mAh/g 的水平。

随着移动设备变得越来越轻量化、简洁化和多功能化，要求锂二次电池的能量密度应提高到能满足设备长时间操作的要求。对于商业化可用的石墨来说，它的储锂容量（LiC_6）被限制在 372 mAh/g（或 820 mAh/cm^3）。该问题可以通过使用储锂容量更大的负极材料来解决。除了石墨，Si 和 Sn 都是极好的高容量材料，它们能够与锂反应形成合金。与这些金属相关的各种合金的研究正在积极进行中。

图 3.99 展示了典型负极材料的电压与能量密度之间的关系。Sn 和 Sn 合金工作电压为 0.6 V，比 Si 和 Si 合金的工作电压高出 0.2 V。金属 Sn 和 Si 都显示出了类似锂金属一样的高比容量。没有合金化的金属在充电期间会引起了体积膨胀。因此，商业化应用方面需要进行更多的研究。其他的元素如 Al、Ge 以及 Pb，它们的可逆反应效率较低，平均工作电压较高，因此不适合做负极材料。

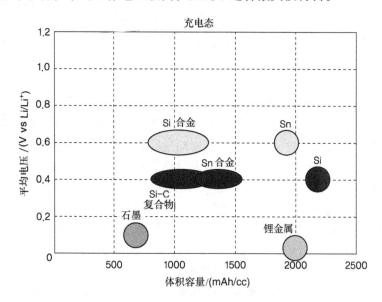

图 3.99　与锂形成合金的金属元素的电压和容量

因为包含 Si 的金属以及合金拥有比石墨更高的电压，这导致当它们应用到实际电池时，电极之间的电位差会更低，即电池的电压会降低。图 3.100 是正极为 LiCoO$_2$、负极分别为石墨以及 Si-C 的放电曲线。与 LiCoO$_2$/Si-C 相比，LiCoO$_2$/石墨的放电曲线具有相当高的平均电压，然而 LiCoO$_2$/Si-C 的高容量随着截止电压的不同有很大的不同。当截止电压设置在 3.0 V 时，容量增加 10%；当截止电压减小到 2.5 V 时，容量提高 15%。金属 Si 以及其他电压比锂高的电极材料可能会被用作高容量负极，但是实际的能量密度比预期要小得多。这些特性在电池设计时必须要仔细考虑。

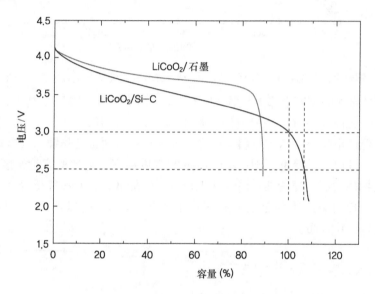

图 3.100 LiCoO$_2$/石墨电池以及 LiCoO$_2$/Si-C 电池的放电曲线

1. 合金

Li、Li-Al 合金以及 Li-Si 合金都被考虑过用作负极材料，来提高锂二次电池的容量，但是由于锂金属枝晶的形成所引起的安全问题，金属锂并没有真正实现商业化。为了克服这个问题，有人提出了与锂能形成合金的其他金属（Si、In、Pb、Ga、Ge、Sn、Al、Bi、S 等）[50]。这些金属在充电过程中，在特定电压范围内与锂发生反应变成合金，放电时返回到初始状态，因此可以进行连续的可逆充放电。与石墨中的嵌入/脱出反应不同，这里指的可逆反应是与锂相关的合金化/去合金化过程。涉及金属元素的电极的充放电反应如下所示：

$$x\text{Li}^+ + xe^- + \text{M} \Longleftrightarrow \text{Li}_x\text{M}(\rightarrow \text{充电，} \leftarrow \text{放电})$$

合金化发生在充电期间，金属通过接受电子和锂离子实现中性化，然而去合金化是完全相反的过程，即通过返还锂离子变成原始金属。金属元素与锂所形成的合金（Li$_x$M）的单位质量或单位体积的容量大小如图 3.101 所示[51]。

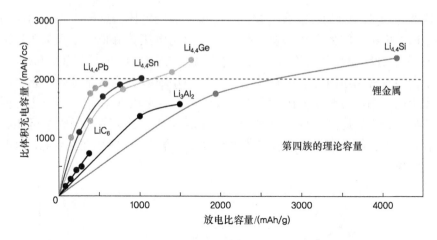

图 3.101 锂合金的放电容量（注释：单位体积的放电容量包括与锂合金化后的体积变化）[51]

大多数金属的比容量都比石墨（Li_6C）高，Si 的理论容量甚至高于 4000 mAh/g。同时，我们也应该注意这些材料的工作电压。如图 3.102 所示，金属-锂的反应发生在相当低的电位下，这与石墨不一样。如果这些金属被选作锂二次电池的负极材料，随着电池电压的降低，即使单位质量的容量很高，电池的能量密度也会减少。然而，近期的发展，随着能量消耗和工作电压的降低，这些高容量合金已经成为极有前景的负极材料。因为过去的研究集中在 Si 和 Sn，所以现在更多的研究放在 Ge、Pb 以及 Al 方面。

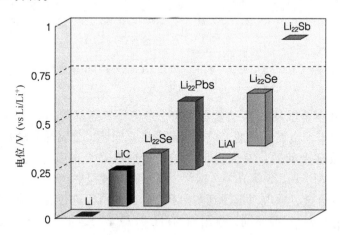

图 3.102 与锂反应的电压范围[52]

（转自 1999 年版的参考文献[52]，并得到 Elsevier 的许可）

从平衡相图中，我们可以推测出金属与锂反应所形成合金的相以及成分。

例如，当 Li 添加到纯 Sn 里面时，最终的化合物有 Li_2Sn_5、LiSn 、Li_5Sn_2、

$Li_{13}Sn_5$ 以及 $Li_{22}Sn_5$。每个化合物的相都能从图 3.103 中的相图中推测出来。这些金属显示出了很高的比容量，是因为当加入锂后能形成含有多种成分的合金。同时反应过程中涉及大量的锂，1 个锂离子对应 6 个碳原子与之结合。在平衡条件的情况下，锂-金属反应的电位是可以确定的，图 3.104 比较了 Sn、Si 分别与不同锂成分之间反应电位的变化。

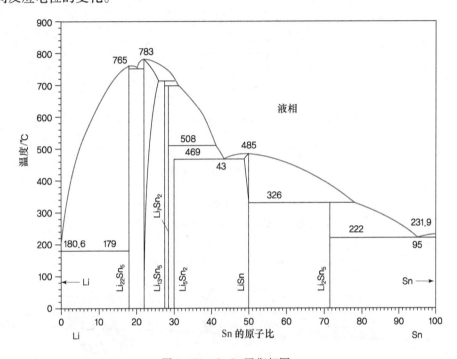

图 3.103 Sn-Li 平衡相图

　　Sn-Li 的电势高于 Si-Li 的电势，但当两相共存时，两者都维持一个恒定电势。在充电过程中，这些材料与锂形成合金，反应时伴随有电压的降低和体积的膨胀。如果工作电压高的话，则电压的降低在实际操作中不会造成问题。但是，体积的变化对电池的性能是不利的。

　　金属负极的体积膨胀归因于较大的晶格常数，因为在合金化期间，金属原子之间的位置会被填满。由于 1 个 Si 原子能和多达 4.4 个锂离子进行反应，体积上膨胀可能达到 400%。在体积膨胀引起的压力下，金属与锂之间的弱离子键很容易遭到破坏。对于由离子键组成的无机材料来说，其体积膨胀的临界点为 5%，图 3.105 展示的是充电过程中体积膨胀所引起的金属破裂。

　　在充电的早期阶段，金属与锂的合金化造成了过度的体积膨胀和颗粒破裂。进一步的合金化反应创造了一个新的表面层，最终与电解液分解一起形成了一层 SEI 膜。因为颗粒的破裂并不总是径向方向，因此颗粒的某些部位没有接触到电解液。

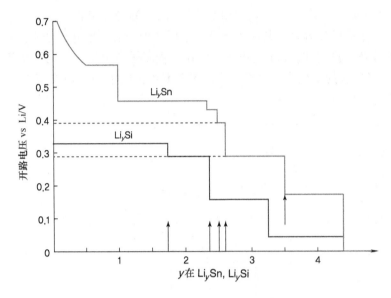

图 3.104　Sn-Li 和 Si-Li 的电势变化与锂成分的关系[50]

（转自参考文献[50]，得到 Springer 的许可）

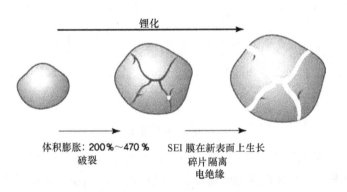

图 3.105　金属合金破裂的示意图

这些孤立的碎片不参与电化学反应，造成了巨大的容量损失。图 3.106 是分别在石墨表面和金属颗粒表面形成的两种 SEI 膜的比较[51]。

为了防止金属颗粒的破裂，我们应该探索一些方法去抑制负极材料的体积膨胀。

减少体积膨胀的方法：① 细化与锂反应的金属颗粒；②与锂反应的多相合金化；③使用活性/不活泼的金属复合材料；④形成锂合金/碳复合材料。

2. 锂反应中的金属微颗粒

当金属与锂发生反应时，体积膨胀的程度受金属颗粒大小的影响。将颗粒尺寸尽可能变小被公认为能够减轻由体积膨胀所引起的压力的有效方法。体积的过度变

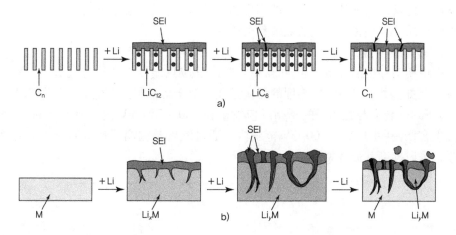

图 3.106　SEI 膜在 a) 石墨表面和 b) 金属表面上的形成（转自电化学学会并得到许可）

化会破坏活性物质。在金属与锂的反应期间，体积的巨大变化会导致了金属颗粒的破裂。随着锂离子数量的增加，会发生更多的破裂，并且形成了一层新的 SEI 膜。最终，带电体的隔离减小了电池容量，进而影响了电池性能。

　　如图 3.107 所示，通过缓解锂反应时体积膨胀引起的压力，电极上金属微粒的松散排列保证了充放电的稳定性。将金属微粒的尺寸维持在最小化，这不仅抑制了颗粒的破裂，而且加快了金属与锂之间的反应。如果将金属微粒的尺寸保持在临界点以下，就可以避免微粒破裂的发生。微粒破裂时，体积膨胀所引起的应变能大于或者等于微粒的表面能。金属微粒的临界尺寸可以通过下式得到[53]：

$$\text{dcrit} = 32.2\gamma(1 - 2\nu)\,2\,V_0^2/E\triangle V^2$$

式中，dcrit 是颗粒临界尺寸；γ 为表面能；ν 为泊松比；V_0 为初始体积；V 为体积变化。

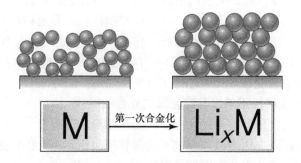

图 3.107　松散排列微金属颗粒的锂合金[52]
（转自 1999 年版的参考文献[52]，并得到 Elsevier 许可）

　　在上述的理论计算中，如果每个因素都是估算出来的话，这将会增加结果的不准确性。但是，实际计算中得出的临界值小于金属的单位晶格尺寸，这表明仅仅通过将颗粒尺寸最小化并不能避免颗粒的破裂。

3. 多相锂合金

在单相中存在的金属（例如 Sn）与锂的反应只能发生在特定电势下，而多相金属（例如多相 Sn/SnSb）与锂的反应是在一个电势范围内发生的。如图 3.108 中所示，Sn-Sb 合金与锂离子的开始反应发生在 800~850 mV 内，而剩下的 Sn 的反应发生在低一些的 650~700 mV 范围内。通过缓解与锂离子反应时产生的相体积膨胀，可以提高其循环特性。

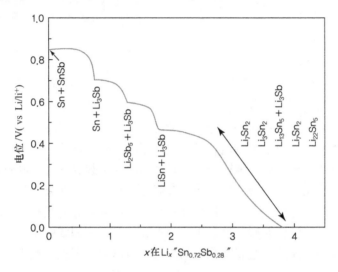

图 3.108　Sn 与不同锂成分的合金电势[52]

（转自 1999 年版的参考文献[52]，并得到 Elsevier 许可）

由上述描述可知，通过与锂的逐步反应可有效抑制体积膨胀。然而，生成的锂金属合金继续与大量的锂进行反应，导致在控制体积膨胀上存在着限制。

Ag_3Sn 是有类似反应的另一种物质。作为一种金属，Ag 具有电子导电性，并且通过与锂离子的逐步反应形成了 LiAg。LiAg 通过抑制锂离子与 Sn 的反应减轻了体积膨胀，随后的相变在下文中进行了讨论[54-56]。

4. 与锂反应金属和不与锂反应金属的复合材料

将与锂反应的金属和不与锂反应金属的进行复合制备复合材料代替纯金属有可能获得更优秀的性能。因为活泼相被不活泼相所包围，因此体积膨胀和收缩得到了缓解。该概念可在图 3.109 中得到了阐述。

为了将体积膨胀最小化，活泼相的金属颗粒应良好分散在不活泼相中。

在锂反应的早期循环中，锡的氧化物，例如 SnO、SnO_2 和 $Sn_xAl_yB_zP_pO_n$ 参与不可逆反应并形成 Li_2O 和 Sn。在 Li_2O 的连续相中，纳米金属 Sn 颗粒存在于分散相

基体   反应物

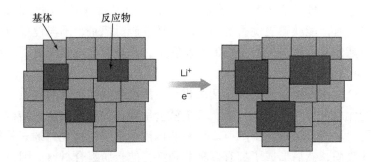

图 3.109 活泼金属与不活泼金属的复合材料的体积膨胀与收缩[52]

（转自 1999 年版的参考文献[52]，并得到 Elsevier 许可）

中并形成活泼相（Sn）和不活泼相（Li_2O）的复合材料。随着循环继续，Sn 以及 Li 参与了可逆反应。

由于与 Li_2O 的形成相关的不可逆反应造成了巨大的容量损失，因此在实际的锂二次电池中很难使用氧化亚锡（SnO）。用与锂反应金属和不与锂反应金属的复合材料也许可以解决不可逆的容量损失的问题。活泼金属的例子有 Sn 以及 Si，不活泼金属涉及过渡金属，例如 Fe、Ni、Mn 以及 Co。这些复合材料与锂的反应如下所示：

$$SnM + xLi^+ + xe^- \rightarrow Li_xSn + M$$

复合材料的形成过程与氧化物的原理一样。在锂离子与 SnM 复合材料的初始反应中，SnM 分解形成 Li_xSn 与 M。因为活泼金属产物（Li_xSn）分布在过渡金属 M 的连续相中，与锂反应时的体积变化得到了抑制，所以电极的结构稳定性得到了提高。与 Li_2O 相比，不活泼金属（M）拥有更好的电子导电性，但却阻碍了锂离子的运动，降低了倍率性能。图 3.110 描绘了 Sn-M 与 Li 之间的反应。

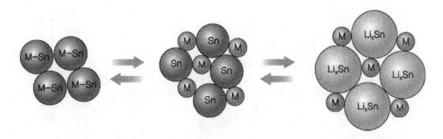

图 3.110 Sn-M 与 Li 之间的反应[57]

通过将与锂反应的金属（例如 Si、Sn 等）均匀分布在不与锂反应金属的连续相中，可以缓解或抑制充电过程中的体积变化。不与锂反应的金属应具备高的机械强度和弹性，这样才能承受住体积膨胀所引起的压力，其优异的电子导电性有助于电子的迁移。当与锂反应的 Si 和不与锂反应的金属比如 TiN、TiB₂以及 SiC 等反应形成复合材料时，能获得更优秀的充放电循环性能。但是，不与锂反应的金属的质量和体积可能使复合材料拥有更小的储锂容量，并且因为抑制锂离子的流动从而限制了 Li 与 Si 之间的反应。

金属合金的相图可以用来设计活泼相与不活泼相共同组成的物质。一个共晶成分的合金熔化后进行快速凝固，金属合金就会呈现各种形式的微观结构。例如，在图 3.111 所展示的 Co-Si 相图中，Co-58Si 在温度 a 处进行熔化，通过冷却到温度 b 处进行快速凝固，然后形成了拥有多种微观结构的金属复合材料。图 3.112 展示的是通过这种方式所得到的金属复合材料颗粒的横截面。颗粒呈球状，这是原子化形成的颗粒所具有的特征。Si 颗粒均匀分布在 Co-Si 的基体相中。该金属复合材料通过抑制金属颗粒与纳米锂离子反应所造成的体积膨胀，提高了循环寿命。然而，该制造方法需要将金属加热到高温，并且由于过程复杂以及制造成本高，因此仍未实现商业化。

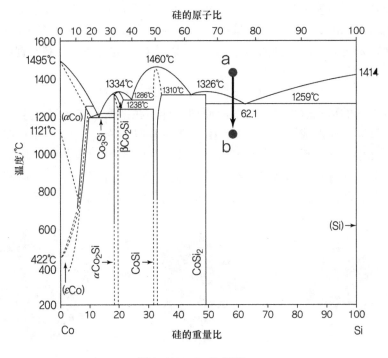

图 3.111 Co-Si 相图

尽管进行了多种尝试去抑制金属和合金充电过程中的体积膨胀，但是仍未获得能够成功实现商业化的方法，现在大家正在积极研究上述所介绍的各种方法。下面的章节描述了金属/合金与碳的复合材料。

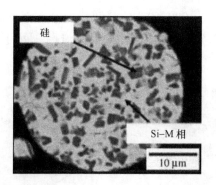

图 3.112　快速凝固形成的 Co-Si 合金的横截面

5. 金属/合金与碳的复合材料

金属/合金-碳复合材料解决了因使用不活泼金属所引起的电子电导率低的问题，并且还通过将体积膨胀最小化获得了突出的电化学特性。金属/合金-碳复合材料作为负极材料的性质与其微观结构和制造方法有关。本章节介绍与金属/合金-碳复合材料的设计及其微观结构相关的一些基本概念。虽然 Sn 和 Si 是这些复合材料中组成金属或合金的共同元素，但是由于 Sn 的熔点低，所以在碳复合材料的设计与制造过程中 Sn 的使用受到限制。

图 3.113 展示了 Sn-Co-C 复合材料的微观结构和示意图。在该复合材料中，Sn 与 Co 和 C 都形成了合金。虽然三元素之间的合金化是很难实现的，但是 Sn-Co-C 的合金化在实验上已经得到了证实。Sn 与 Co 和 C 的合金化以及碳的存在都抑制了体积膨胀。基于 Sn-Co-C 复合材料的电池已经在摄像机上得到了商业化[58]。

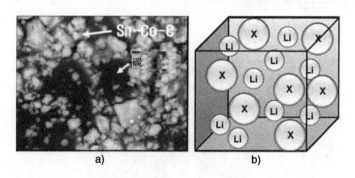

图 3.113　Sn-Co-C 合金与碳的复合材料的微观结构图（图 a）与示意图（图 b）

然而，合成的复杂性和容量上增加的不充分性将该复合材料限制在特殊用途的应用上。

在通常的碳复合材料中，Si 和 Si 合金使用了碳包覆，并且 Si 分散在碳材料中。活性材料表面上的碳层提高了颗粒之间的电子导电性以及电解液的电化学特性。该材料可以通过在温度高于 1000 ℃时对 Si 和 Si 合金表面上的碳前驱体进行热分解或者 Si 和碳前驱体同步热分解沉积来制得。图 3.114 展示了 Si 和碳的复合材料的示意图。

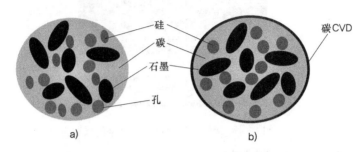

图 3.114　Si-碳复合材料的示意图：应用气相沉淀法图 a）得到碳图 b）

在使用以上方法所得到的复合材料中，Si 颗粒分散在碳的连续相中。该复合材料减弱了 Si 颗粒的体积膨胀所引起的电极恶化，但是碳的使用却导致了循环寿命的缩短以及早期阶段的不可逆反应。在图 3.114b 中，碳层通过 CVD 法应用到 Si-C 复合材料上，减轻了不可逆反应，提高了循环寿命。这比图 3.114a 中的方法更为有效，不过这也需要更高的制造成本，而且降低了电极的能量密度，不利于容量上的显著增加。

另一种方法是使用硅与石墨的复合材料，该材料通过球磨形成，并在硅颗粒表面上包覆上一层石墨。该方法不仅阻止了不可逆容量的增加，而且石墨层的存在也抑制了硅颗粒的体积膨胀，最终获得电极的高容量和优越的性能。图 3.115 展示了 Si 与石墨的复合材料的示意图。

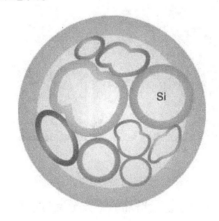

图 3.115　Si 与石墨的复合材料的示意图

硅颗粒通过球磨包覆上一层石墨层，覆盖一额外的碳层形成硅-石墨复合材料。碳包覆允许硅颗粒均匀分布，并减轻充放电过程中 Si 颗粒与锂反应造成的体积膨胀。通过石墨和 Si 颗粒的结合，电子导电性和离子导电性都得到了增强。材料表面的碳层是通过将碳前驱体和硅-石墨复合材料先进行混合，随后在 1000 ℃下进行热分解、碳化所形成。Si 合金（Si/M，M：过渡金属）替代纯 Si 的使用增强了电子的导电性，体积的变化也得到了减少[59]。

6. 金属薄膜电极

金属活性材料可用作金属薄膜电极，不需要粘结剂[52]。图 3.116 展示的是充电（与锂的合金化）和放电过程中薄膜电极典型的体积变化图。电池先进行充电，后进行放电，薄膜的厚度从 6 μm 增加到 11 μm。在第二次循环后，其厚度更进一步增加到 17 μm。铜的表面包覆了一层圆柱状的锡颗粒，吸收了体积膨胀所引起的压力。由于有足够的空间来容纳在水平方向上的体积膨胀，因此不会发生颗粒的破裂。由此可见，考虑到体积变化将有助于电极外形的设计。而在更广泛的商业化方面，应该通过开发化学类的方法来抑制体积膨胀。

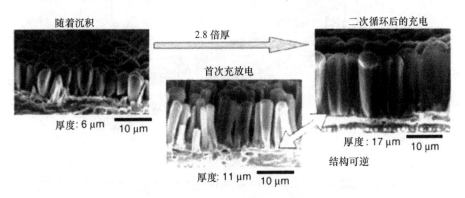

图 3.116　充放电过程中金属（Si）薄膜的体积变化[52]

7. 化合物

金属氧化物　在充电和放电过程中，由金属氧化物组成的负极材料与锂反应时有两种不同的行为。一种是在保持晶体结构的同时进行锂的嵌入/脱嵌，另一种是在锂反应期间氧化物的分解。属于后者的一些典型负极材料是具有岩盐结构的过渡金属氧化物，比如 CoO、NiO、FeO[60]以及 TiO$_2$[61]。这些氧化物具有较大的不可逆容量，具有较高的平均放电电压，电压在 0.8 ~ 2.0 V。依赖于自身的结构，TiO$_2$氧化物存在多种相，比如锐钛矿、金红石、TiO$_2$斜锰方矿以及 TiO$_2$-B[62,63]。

二氧化钛拥有体心立方（$I4_1/amd$）结构，晶格常数为 $a = 3.782$Å，$c = 9.502$Å，密度为 3.904 g/ml。Li$_x$TiO$_2$可以通过电化学反应所得，x 在 0.0 ~ 0.5 的范围内进行可逆地变化。化学方程式如下所示：

$$TiO_2 + xLi^+ + xe^- = Li_xTiO_2, \ (x = 0 \sim 0.5)$$

对于锐钛矿 TiO$_2$，嵌入和脱出反应发生在平台区，但是 TiO$_2$与锂的反应中没有电解液的分解，因此充放电在曲线区进行。在正方和斜方晶系结构的 $Li_{0.05}TiO_2$ 中，这样的嵌入和脱嵌反应为两相平衡反应，并且该点的电化学电位为 1.8 V（Li/Li^+）[64,65]。尽管 $Li_{0.05}TiO_2$ 材料拥有高达 200 mAh/g 的比容量，但是由于颗粒表面的 TiO_2 与锂之间的嵌入反应的平均电压为 1.8 V，导致了较高的不可逆容量，因此该材料在应用上仍受到限制。与碳基材料不同，$Li_{0.05}TiO_2$ 材料电子导电性较低，因此充放电曲线之间存在着显著的电势差。从图 3.117 中可以观察到存在较大的极化电阻，因此该材料在需要低电压和低电流密度的领域是很有用的。

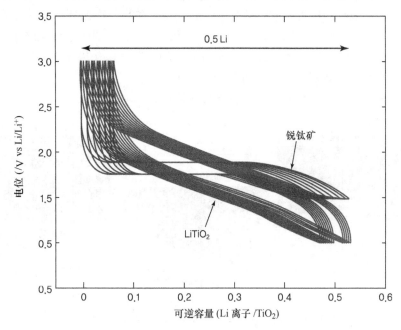

图 3.117　锐钛矿与红晶石 TiO_2 电极材料的电势变化

（转自 2007 版美国化学学会并得到其许可）

金红石 TiO_2 的岩盐结构和 $LiTiO_2$ 一样，并且具有电化学活性。然而，它反应慢，并且充电时的体积膨胀为 4.5%。金红石 TiO_2 的平均工作电压与锐钛矿 TiO_2 的相似，但是它有一个倾斜的电位曲线[66]。图 3.117 展示了锐钛矿和金红石 TiO_2 的充放电曲线。在充电的早期阶段，TiO_2 最初的开路电压为 3.0 V，但是充电时 TiO_2 与锂离子反应后迅速下降到 1.8 V。因为锂嵌入氧化物的电压高于电解液的分解电压，因此不会形成 SEI 膜。与碳材料不同，颗粒表面没有涂层反而让 TiO_2 材料具有更好的输出特性。纳米级的颗粒通过提高比表面积可以获得高倍率放电性能，尽管这样，但材料本身的电子导电性和锂离子扩散性还是相当低。

过渡金属 MO（M：Co，Ni，Fe 等）具有岩盐结构，与锂反应通过氧化分解形成 Li_2O 和纳米金属。形成的纳米金属分散在 Li_2O 中[60]。对于 CoO 来说，反应方程式如下所示：

$$CoO + 2Li \Longleftrightarrow Li_2O + Co$$

从 Li_2O 的连续相中形成 CoO 的可逆反应是建立在具有高表面能并且分散良好的纳米金属的基础之上。如果过渡金属氧化物是纳米尺寸的话，这些可逆反应就有可能实现。如图 3.118 所示[67]，上述可逆反应中的锂反应电势高于 0.8 V，并且充放电曲线之间电压差大，这是因为由于 Li_2O 连续相作为绝缘体导致了电子导电性急速下降。即使 Li_2O 连续相中的纳米金属具有电化学活性，电流仍然被绝缘体所中断，最终导致了较大的极化电阻，而充放电曲线之间的电压差则有可能在电池中导致过热现象的发生。然而这些金属氧化物可以实现高能量密度，因此有必要通过研究一些技术来解决电子导电性差的问题。

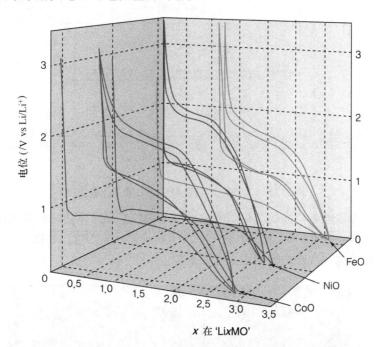

图 3.118　CoO，NiO 以及 FeO 的充放电曲线[67]

（转自 2000 年版参考文献[67]，并得到 Macmillan Publishers Ltd 的许可）

与使用金属氧化物作为正极的情况类似，锂钛氧，如 $Li(Li_{1/3}Ti_{5/6})O_4$ 具有对锂的电化学活性，具有 175 mAh/g 的比容量，和高达 1.5 V（Li^+/Li）的电位[60]。$Li(Li_{1/3}Ti_{5/6})O_4$ 被认为是一种零应变材料[68-71]，即充电前后晶格没有任何变化。在 $Li_4Ti_5O_{12}$ 的一般形态中，Li 和 Ti 同时存在的位于 16d 八面体间隙，而其余的 Li 位于 8a 四面体间隙。$Li_1(Li_{1/3}Ti_{5/6})O_4$ 和 $Li_2(Li_{1/3}Ti_{5/6})O_4$ 有着相同的 *Fd-3m*（227）空间群，晶格常数分别为 8.3595Å 和 8.3538Å。还原过程伴随着的体积缩小是非常微弱的，只有 0.0682%。电化学反应如下所示：

$$Li_1(Li_{1/3}Ti_{5/6})O_4 + Li^+ + e^- = Li_2(Li_{1/3}Ti_{5/6})O_4$$

图 3.119 为 $Li_4Ti_5O_{12}$ 作为负极材料典型的充放电曲线。由于存在两相反应，因此存在着一个平台电压区。首次充放电的效率接近于 100%，这是因为高工作电压阻止了由电解液分解引起的负极 SEI 膜的形成。该材料可用于高输出特性。

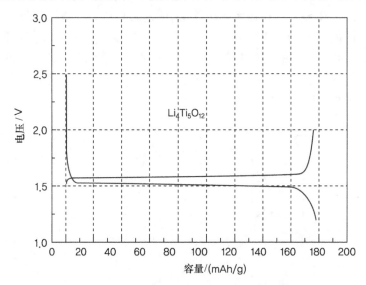

图 3.119　$Li_4Ti_5O_{12}$ 负极材料的典型充放电曲线

从平台充放电电位曲线上可以看出，纳米颗粒应该用来使迁移路径最小化以克服锂离子扩散系数低的问题。从图 3.120 中的已经商业化的 $Li_4Ti_5O_{12}$ 颗粒可以看出，纳米尺寸的一次颗粒团聚形成二次颗粒。

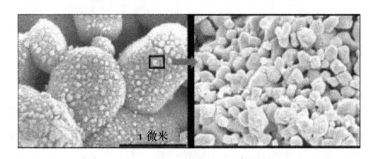

图 3.120　$Li_4Ti_5O_{12}$ 负极材料的颗粒形状

纳米尺寸颗粒的电极浆料的制备需要大量的溶剂，会降低电极的产率。此外，纳米级颗粒对水分非常敏感，如果颗粒暴露在空气中，将会吸附过多的水分。这不仅阻碍了电极的制造过程，也会恶化电池的性能。当电极中的水分含量增加时，电池中的氢和氧将会分解释放出气体，影响了电池的性能。这个问题可以通过引入额外的工序控制纳米级颗粒来得到解决，或者将纳米一次颗粒进行聚合作为电极活性材料来使用，那么这个问题也会得到解决。

$Li_4Ti_5O_{12}$的比容量相对较低，但倍率性能好，所以也得到了广泛地研究，以便在 HEV 电池上使用。图 3.121 展示了负极为 $Li_4Ti_5O_{12}$，正极为尖晶石 $LiMn_2O_4$ 的电池在高电倍率条件下的循环寿命特性。我们可以发现当充电倍率为 2C，放电倍率分别为 10C 和 20C 时，电池的循环寿命特性是非常稳定的。当 $Li_4Ti_5O_{12}$ 作为负极材料时，将极大地有助于提高电池的寿命特性。由于电解液的分解电压不在电池的工作电压区域内，因此可以有效避免 SEI 膜的形成。此外，通过使用具有倍率特性的纳米颗粒可以让电池获得高倍率性能。

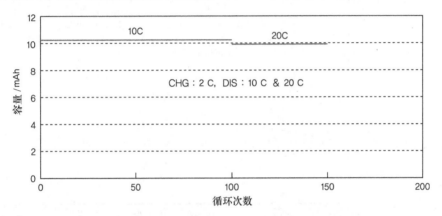

图 3.121 $Li_4Ti_5O_{12}$负极和$LiMn_2O_4$正极的电池的高倍率容量特性

氮化物负极材料 $Li_2(Li_{1-x}M_x)N$ 负极（M = Co，Ni 或 Cu）是一种典型的氮化物负极材料，它具有层状结构和高的离子导电能力。图 3.122 展示了具有 $P6/mmm$ 空间群的 $Li_{2.6}Co_{0.4}N$ 的晶体结构，晶格常数 $a = 3.68$Å，$c = 3.71$Å，密度为 2.12 g/ml，这与石墨非常相似[72]。

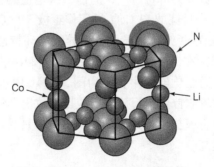

图 3.122 $Li_{2.6}Co_{0.4}N$ 的晶体结构

图 3.123 比较了 $Li_{2.6}Co_{0.4}N$ 电极与目前的石墨电极的充放电曲线[73]。$Li_{2.6}Co_{0.4}$ N 的充放电发生在 0~1.4 V 的电位范围内，并显示出了高达 800 mAh/g 的可逆容量。该材料的容量比石墨的两倍还大，并且还有着优越的循环性能。在半电池中，$Li_{2.6}Co_{0.4}N$ 的对锂放电电位 (0.7~0.8 V) 远远高于石墨。锂在早期阶段被释放出来时，该材料晶体将会转变为无定型态，并会影响充放电特性。由于对水分非常敏感，氮化物材料在许多应用领域中面临着许多限制。在锂二次电池中，正极将会接受氮化物负极上先释放出来的锂离子。与传统的电池不同，应用了氮化物负极材料的电池不要求首次必须充电。

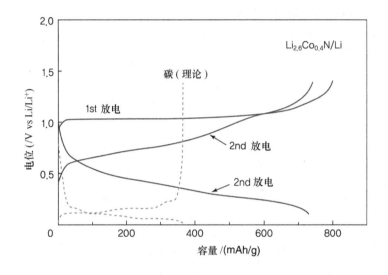

图 3.123　$Li_{2.6}Co_{0.4}N$ 的充放电曲线[73]

（转自 1999 年版的参考文献[73]，并得到 Elsevier 许可）

图 3.124 中展示了负极为 $Li_{2.6}Co_{0.4}N$ 的锂二次电池的倍率特性（a）和循环寿命特性（b）。将已经脱出过锂的 Li_xCoO_2 被用作正极。与 C/10 (30 mA) 的倍率相比，1C 倍率下电池容量为 96%。其显示了优异的循环特性，甚至经历了 200 次的循环，电池的容量仍保持在 100%。然而，由图 3.124b 中的结果仍难以决定是否能将 $Li_{2.6}Co_{0.4}N$ 应用在商业化电池中，因为图 3.124b 中该材料的倍率特性是比较低的。该 $Li_{2.6}Co_{0.4}N$ 材料应首先进行放电反应以释放出来锂，因为在制备工艺中它就已经储存了锂。如果将该材料与具有高的不可逆容量的负极材料混合，整个电池的容量将有可能得到提高。

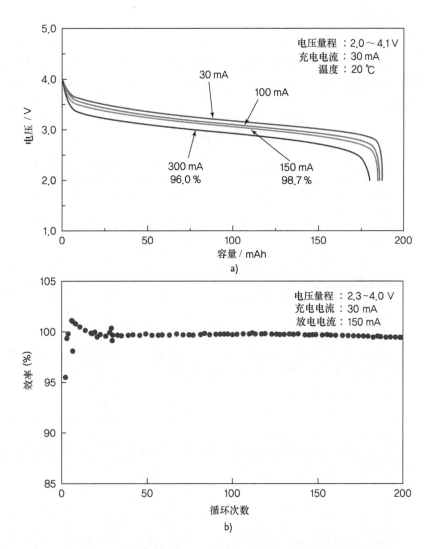

图 3.124　$Li_{2.6}Co_{0.4}N$ 负极的 a）高倍率容量特性和 b）循环寿命特性

3.2.4　小结

碳基材料主要用作锂二次电池的负极材料。过去普遍采用人造石墨，但现在正在被天然石墨所取代。硅和锡所代表的新的负极材料正在被考虑用来克服石墨理论容量低的缺点，并提高电池的性能。但是由于硅和锡的单独使用导致了过大的体积膨胀以及循环寿命较短，因此它们正朝着与碳复合制备复合材料的方向发展[74]。

热稳定对于锂二次电池来说是一个非常重要的问题，现在关于它的研究非常活跃[48]。研究的重点，特别在热反应的机制、发热量以及散热率这三个方面，以防止电池中的热失控发生。

高能量和高功率的锂二次电池将会广泛地应用在能量存储和混合电动汽车领域。具有高稳定性和优异充放电特性的碳材料正在研究之中，以用作负极材料。同时，非碳材料将会应用在小型电池上，通过进一步发展后将会应用在高容量、高功率的电池上。

参考文献

1 Reynolds, W.N. (1968) *The Physical Properties of Graphite*, Elsevier.

2 Pierson, H.O. (1993) *Handbook of Carbon, Graphite, Diamond and Fullerenes*, Noyes Publications, Park Ridge, NJ.

3 Walker, P.L., Jr. (1969) *Chemistry and Physics of Carbon – A Series of Advances, 5: Deposition, Structure and Properties of Pyrolytic Carbon*, Marcel Dekker.

4 Winter, M. *et al.* (1998) Insertion electrode materials for lithium batteries. *Adv. Mater.*, **10**, 10.

5 Kambe, N., Dresselhaus, M.S., Dresselhaus, G., Basu, S., McGhie, A.R., and Fischer, J. (1979) *Mater. Sci. Eng.*, **40**, 1.

6 Song, X.Y., Kinoshita, K., and Tran, T.R. (1996) *J. Electrochem. Soc.*, **143**, L120.

7 Billaud, D., McRae, E., and Herold, A. (1979) *Mater. Res. Bull.*, **14**, 857.

8 van Schalkwijk, W.A. and Scrosati, Bruno (2002) *Advances in Lithium Ion Batteries*, Kluwer Academic Publishers.

9 Winter, M., Besenhard, J.O., Spahr, M.E., and Novak, P. (1998) *Adv. Mater.*, **10**, 725.

10 Mochida, I., Yoon, S.H., Korai, Y., Kanno, K., Sakai, Y., Komatsu, M., Marsh, H., and Rodriguez-Reinoso, F. (eds) (2000) *Science of Carbon Materials*, Publicaciones de la Universidad de Alicante, Alicante, Spain.

11 Otani, S. (1965) *Carbon*, **3**, 31.

12 Nemanich, R.J. and Solin, S.A. (1979) *Phys. Rev. B*, **20**, 392.

13 Mathew, S., Joseph, B., Sekhar, B.R., and Dev, B.N. (2008) *Nucl. Instrum. Methods Phys. Res. B*, **266**, 3241.

14 American Institute of Physics (1970) *J. Chem., Phys.*, **53**, 1126.

15 Alvarez, R., Diez, M.A., Garcia, R., Gonzalez de Andres, A.I., Snape, C.E., and Moinelo, S.R. (1993) *Energy Fuels*, **7**, 953.

16 Burchell, T.D. (1999) *Carbon Materials for Advanced Technologies*, Elsevier Science.

17 Dahn, J.R., Zheng, T., Liu, Y., and Xue, J.S. (1995) *Science*, **270**, 590.

18 Zheng, T., Liu, Y., Fuller, E.W., Tseng, S., Von. Sacken, U., and Dahn, J.R. (1995) *J. Electrochem. Soc.*, **142**, 2581.

19 Gao, Y., Myrtle, K., Mejji, Z., Reimers, J.N., and Dahn, J.R. (1996) *Phys. Rev. B*, **54**, 23.

20 Zheng, T., McKinnon, W.R., and Dahn, J.R. (1996) *J. Electrochem. Soc.*, **143**, 2137.

21 Claye, A. and Fischer, J.E. (1999) *Electrochim. Acta*, **45**, 107.

22 Sato, K., Noguchi, M., Demachi, A., Oki, N., and Endo, M. (1994) *Science*, **264**, 556.

23 Mabuchi, A. (1994) *Tanso*, **165**, 298.

24 Wang, S., Matsumura, Y., and Maeda, T. (1995) *Syn. Metals*, **71**, 1759.

25 Zheng, T. and Dahn, J.R. (1995) *Syn. Metals*, **73**, 1.

26 Zheng, T., Reimers, J.N., and Dahn, J.R. (1995) *Phys. Rev. B*, **51**, 734.

27 Zheng, T. and Dahn, J.R. (1996) *Phys. Rev. B*, **53**, 3061.

28 Dahn, J.R., Sleigh, A.K., Shi, H., Reimers, J.N., Zhong, Q., and Way, B.N. (1993) *Electrochim. Acta*, **38**, 1179.

29 Nazri, G.A. and Pistoia, Gianfranco (2004) *Lithium Batteries Science and Technology*, Kluwer Academic Publishers.

30 Nazri, G.A. and Pistoia, Gianfranco (2004) Chapter 5, in *Lithium Batteries Science and Technology*, Kluwer Academic Publishers.

31 Mabuchi, A., Fujimoto, H., Tokumitsu, K.,

and Kasuh, T. (1995) *J. Electrochem. Soc.*, **142**, 3049.

32 Surampudi, S. and Koch, V.R. (1993) *Lithium Batteries*, The Electrochemical Society, Pennington, NJ, Pv 93-24.

33 Wakihara, M. and Yamamoto, O. (1998) Chap. 8, in *Lithium Ion Batteries*, Kodansha/Wiley-VCH, Tokyo/Weinheim.

34 Peled, E. (1979) *J. Electrochem. Soc.*, **126**, 2047.

35 Fong, R., von Sacken, U., and Dahn, J.R. (1990) *J. Electrochem. Soc.*, **137**, 2009.

36 Yamamoto, O., Takeda, Y., and Imanishi, N. (1993) *Proceeding of the Symposium on New Sealed Rechargeable Batteries and Supercapacitors*, The Electrochemical Society, Inc., Pennington, NJ, p. 302.

37 Bittihn, R., Herr, R., and Hoge, D. (1993) *J. Power Sources*, **43–44**, 409.

38 Baseshard, J.O., Winter, M., Yang, J., and Biberacher, W. (1995) *J. Power Sources*, **54**, 228.

39 Winter, M., Basenhard, J.O., and Novak, P. (1996) *GDch Monographie*, **3**, 438.

40 Yamada, K., Tanaka, H., Mitate, T., and Yashikawa, M. (1997) U.S. Patent 5595938.

41 Shu, Z.X., McMillian, R.S., and Murray, J.J. (1993) *J. Electrochem. Soc.*, **140**, L101.

42 Kuribayashi, I., Yokoyama, M., and Yamashita, M. (1995) *J. Power Sources*, **54**, 1.

43 Yamasaki, M., Nohma, T., Nishio, N., Kusumoto, Y., and Shoji, Y. (1999) U.S. Patent 5888671.

44 Buil, E., George, A.E., and Dahn, J.R. (1998) *J. Electrochem. Soc.*, **145**, 2252.

45 Kinoshita, K. (1988) *Carbon: Electrochemical and Physicochemical Properties*, John Wiley & Sons, Inc.

46 Takahagi, T. and Ishitani, A. (1984) *Carbon*, **22**, 43.

47 Du Pasquier, A., Disma, F., Bowmer, T., Gozdz, A.S., Amatucci, G., and Tarascon, J.M. (1998) *J. Electrochem. Soc.*, **145**, 472.

48 Spotnitz, R. and Franklin, J. (2003) *J. Power Sources*, **113**, 81.

49 Isao Mochida, Chemistry and engineering of the carbon materials, Asakura (1990).

50 Huggins, R.A. (1999) *J. Power Sources*, **81–82**, 13–19.

51 Tamura, N., Ohshita, R., Fujimoto, M., Kamino, M., and Fujitani, S. (2003) *J. Electrochem. Soc.*, **150**, A679.

52 Winter, M. and Besenhard, J.O. (1999) *Electrochim. Acta*, **45**, 31.

53 Wolfenstine, J. (1999) *J. Power Sources*, **79**, 111.

54 Ronnebro, E., Yin, J., Kitano, A., Wada, M., and Sakai, T. (2005) *Solid State Ionics*, **176**, 2749.

55 Sreeraj, P., Wiemhofer, H.D., Hoffmann, R.D., Walter, J., Kirfel, A., and Pottgen, R. (2006) *Solid State Sciences*, **8**, 843.

56 Yin, J., Wada, M., Yoshida, S., Ishihara, K., Tanese, S., and Sakai, T. (2003) *J. Electrochem. Soc.*, **150**, A1129.

57 Nazri, G.A. and Pistoia, Gianfranco (2004) Chapter 4, in *Lithium Batteries Science and Technology*, Kluwer Academic Publishers.

58 http://www.sony.net/SonyInfo/News/ Press/200502/05-006E/.

59 Xue, J.S. and Dahn, J.R. (1995) *J. Electrochem. Soc.*, **142**, 3668.

60 Kuhn, A., Amandi, R., and Garcia-Alvarado, F. (2001) *J. Power Sources*, **92**, 221.

61 Julien, C.M., Massot, M., and Zaghib, K. (2004) *J. Power Sources*, **136**, 72.

62 Ariyoshi, K., Yamato, R., and Ohzuku, T. (2005) *Electrochim. Acta*, **51**, 1125.

63 Ohzuku, T., Takeda, S., and Iwanaga, M. (1999) *J. Power Sources*, **81–82**, 90.

64 Armstrong, A.R., Armstrong, G., Canales, J., and Bruce, P.G. (2005) *J. Power Sources*, **146**, 501.

65 Brousse, T., Marchand, R., Taberna, P.L., and Simon, P. (2006) *J. Power Sources*, **158**, 571–577.

66 Kuhn, A., Amandi, R., and Garcia-Alvarado, F. (2001) *J. Power Sources*, **92**, 221–227.

67 Polzot, P., Laruelle, S., Grugeon, S., Dupont, L., and Tarascon, J.M. (2000) *Nature*, **407**, 496.

68 Ohzuku, T., Ueda, A., and Yamamoto, N. (1995) *J. Electrochem. Soc.*, **142**, 1431.

69 Oh, S.W., Park, S.H., and Sun, Y.K. (2006) *J. Power Sources*, **161**, 1314.

70 Yamada, H., Yamato, T., Moriguchi, I., and Kudo, T. (2004) *Solid State Ionics*, **175**, 195–198.

71 Baudrin, E., Cassaignon, S., Koelsch, M., Jolivot, J.P., Dupont, L., and Tarascon, J.M. (2007) *Electrochem. Commun.*, **9**, 337.

72 Shodai, T., Okada, S., Tobishima, S.I., and Yamaki, J.I. (1996) *Solid State Ionics*, **86–88**, 785.

73 Shodai, T., Sakurai, Y., and Suzuki, T. (1999) *Solid State Ionics*, **122**, 85.

74 Kasavajjula, U., Wang, C., and Appleby, A.J. (2007) *J. Power Sources*, **163**, 1003.

3.3　电解液

电解液作为离子运动的传输介质，一般由溶剂和锂盐组成。熔盐电解质也是一种可行的电解质体系。液体电解液由有机溶剂形成，固态电解质是通过无机化合物或聚合物制得，而聚合物电解质则是由聚合物和锂盐制备而成。聚电解质（Polyelectrolytes）也被认为是聚合物电解质。一般说来，电解质溶液通常是指液体电解液。

锂离子电池的电极使用具有锂离子嵌入/脱嵌能力的材料，在它们浸入液体电解液之前通过隔膜进行隔离。充电过程中，液体电解液将锂离子从正极输运到负极，放电过程与之相反。使用过渡金属氧化物和碳分别作为活性材料的多孔电极被用作锂二次电池的正极和负极。正因为如此，电解液不仅仅要通过浸透微孔来提供锂离子，还通过在活性物质的表面进行交换锂离子。锂二次电池的工作电压和能量密度由正极和负极材料来决定。电解液的选择也十分重要，电极之间获得优异离子导电性对高性能的电池是十分必要的。

表 3.5 展示了锂二次电池电解液的特性。1）从 20 世纪 70 年代锂一次电池率先被开发以来，锂盐溶解到有机溶剂中制得的液体电解液被广泛应用。现在所用的多数锂二次电池也使用有机电解液。2）离子液体电解液是由熔点在室温以下的熔盐组成，并和锂盐一块使用。由于不含易燃、可燃的有机溶剂，它们被认为可以用来制造更安全的电池。3）固态聚合物电解质是通过将锂盐溶解到高极性的聚合物中制备得到的，但由于这种电解质电导率太低，所以还没有应用于实际电池生产中。4）凝胶聚合物电解质由聚合物基质和液体电解液组成，性能介于聚合物电解质和液态电解质之间。使用凝胶聚合物电解质的锂离子电池被称作聚合物锂离子电池。这一章节讨论液体电解液、离子液体电解液、聚合物电解质和凝胶聚合物电解质的特性。我们也会关注其他对电池电化学性能和安全性有重要影响的部件，如隔膜、粘结剂、导电剂和集流体等。

表 3.5　锂二次电池电解液

	液体 电解液	离子液体 电解液	固态聚合物 电解质	凝胶聚合物 电解质
组成	有机溶剂 + 锂盐	室温离子液体 + 锂盐	聚合物 + 锂盐	有机溶剂 + 聚合物 + 锂盐
离子电导率	高	高	低	相对较高
低温性能	相对良好	差	差	相对良好
热稳定性	差	好	很好	相对良好

3.3.1 液体电解液

3.3.1.1 液体电解液的要求

锂二次电池典型的液体电解液是将锂盐溶解到有机溶剂中。虽然存在很多类型的有机溶剂和锂盐，但是并不是所有的溶剂和锂盐都适用于锂二次电池。应用于锂二次电池的液体电解液需要具备如下特性：

1）电解液应具有高的离子电导率。高离子电导率电解液的电池具有优异的电化学性能。锂离子在电极内的迁移以及在电解液中扩散对于锂二次电池的快速充放电十分重要。室温下，锂二次电池液体电解液的离子导电率应高于 10^{-3} S/cm。

2）电解液与电极之间要有良好的化学和电化学稳定性。由于锂二次电池在负极和正极处发生电化学反应，电解液应该在两个电极的氧化还原反应的电压范围内具有电化学稳定性。除此之外，电解液还应对不同金属、聚合物具有化学稳定性，这些金属、聚合物是正极、负极和电池的重要组成部分。

3）电解液应在较宽的温度范围内都可使用。使用液体电解液的锂离子电池一般广泛应用于移动设备，所以需要在 $-20 \sim 60℃$ 范围内满足以上要求。在较高温度下，液体电解液的电化学稳定性会下降，离子电导率会增大。

4）电解液要有高的安全性能。电解液中的有机溶剂容易燃烧，当发生短路时会被加热到较高温度，从而引起燃烧或爆炸。高着火点或者高闪点是有利的，如果可能的话可以使用不易燃的材料。电解液还应具有较低的毒性以防发生泄漏和废弃。

5）电解液应成本低廉。如果高性能电解液的成本过高，它们可能很难商业化。考虑到锂离子电池激烈的市场竞争，高成本的材料不大可能被采用。

如上所述，锂二次电池电解液需要在宽的温度范围内具有高的离子电导率，在比锂电池工作电压更宽的电压范围内保持电化学稳定性。电解液的性质由溶剂和锂盐决定，并且随组合的不同而变化。

3.3.1.2 液体电解液的组成

1. 有机溶剂

锂二次电池具有较高的工作电压，所以使用有机溶剂，而不用水溶液作电解液。有机溶剂的最大的缺陷是介电常数较低。电解液需要具有较高的离子电导率来溶解锂盐，并且作为极性非质子溶液来防止与锂发生反应。锂电池电解液代表性的物化特性参数如表3.6总结所示[1]。溶剂的介电常数影响锂盐中离子的解离和缔合。介电常数越高，越有利于快速的分离，因为介电常数与锂盐阳离子和阴离子之间的库仑力成反比。

表 3.6　锂电池有机溶剂的物理化学性质

溶剂	$T_m/℃$	$T_b/℃$	介电常数	黏度/cP	施主数/DN	受主数/AN	$E_{ox}^{②}/V$ vs Li/Li$^+$
碳酸乙烯酯	39	248	89.6	1.86①	16.4		6.2
碳酸丙烯酯	−49.2	241.7	64.4	2.53	15.1	18.3	6.6
碳酸二甲酯	0.5	90	3.11	0.59			6.7
碳酸二乙酯	−43	126.8	2.81	0.75			6.7
碳酸甲乙酯	−55	108	2.96	0.65			6.7
1,2-乙二醇二醚	−58	84.7	7.2	0.46	24.0		5.1
γ-丁内酯	−42	206	39.1	1.75			8.2
四氢呋喃	−108.5	65	7.3	0.46	20.0	8.0	5.2
1,3-二氧环戊烷	−95	78	6.8	0.58			5.2
二乙醚	−116.2	34.6	4.3	0.22	19.2	3.9	
甲酸甲酯	−99	31.5	8.5	0.33			5.4
丙酸甲酯	−88	79	6.2	0.43			6.4
噻吩烷	28.9	287.3	42.5	9.87	14.8	19.3	
二甲基亚砜	18.4	189	46.5	1.99	29.8	19.3	
乙腈	−45.7	81.8	38	0.35	14.1	18.9	

① 在 40℃下测试。

② E_{ox}：氧化电势（扫描速率：5 mV/s；参比电极：Li）。

　　一般说来，介质溶剂的介电常数需要大于 20。这是由于介电常数较小时，锂盐的解离很难进行。根据斯托克斯（Stokes）定理，液体电解液中离子的运动与溶剂的黏度成反比。因此，溶剂的黏度应该为 1 cP 或更小。施主数和受主数分别代表着溶剂的亲质子性和亲电子性。这些数值提供了有关阳离子和阴离子相互作用的信息或者是锂盐溶剂化作用强度的信息。锂盐的解离随着受主数增大而增强。工作温度则受有机溶剂熔点和沸点的影响，这要求溶剂在室温下保持液体状态并且在低至 −20 ℃ 的温度下能够溶解锂。有机溶剂应该具有高的沸点和低的蒸汽压。与此同时，电解液还要具有较高的介电常数和较低的黏度从而获得较高的离子电导率，高的介电常数会导致极化和黏度增加。这些可以通过将具有高介电常数的溶剂和具有低黏度的溶剂混合来实现。例如，环状碳酸酯如碳酸乙烯酯（EC）和碳酸丙烯酯（PC）具有高的介电常数和高的黏度，它们溶剂分子之间具有较强的相互作用。锂盐的解离可能在 EC 中发生但是 EC 不能单独使用因为它的熔点太高。与之相反，线型碳酸酯如碳酸二甲酯（DMC）和碳酸二乙酯（DEC）则具有较低的介电常数和低的黏度。因此，环状碳酸酯和线型碳酸酯联合使用，从而获得具有作为锂二次电池有机溶剂所需要的特性。表 3.7 展示了通过将 1M 的 LiPF$_6$ 溶解在有机溶剂中制备液体电解液的离子电导率。从表 3.7 中可以看出混合溶剂具有更高的离子电导率。

表 3.7　1M LiPF₆有机电解液的离子电导率

有机溶剂	离子电导率/（25℃下 mS/cm）
EC	7.2
PC	5.8
DMC	7.1
EMC	4.6
DEC	3.1
EC/DMC （50/50, vol%）	11.6
EC/EMC （50/50, vol%）	9.4
EC/DEC （50/50, vol%）	8.2
PC/DMC （50/50, vol%）	11.0
PC/EMC （50/50, vol%）	8.8
PC/DEC （50/50, vol%）	7.4

2. 锂盐

表 3.8 为锂二次电池中常用锂盐的物理化学性质。具有较大离子半径的阴离子是有利的，这是由于具有离域阴离子的锂盐更容易解离。一般说来，锂盐的解离是按照如下顺序进行[2]。

表 3.8　代表性锂盐的物理化学性质

锂盐	T_m/℃	阳离子尺寸/nm	PC 中的 Λ_0[①]/（Scm²/mol）	PC 中的 E_{ox}/（V vs SCE）
LiBF₄	>300	0.229	28.9	3.6
LiClO₄	236	0.237	27.4	3.1
LiPF₆	194	0.254	26.3	3.8
LiAsF₆	>300	0.260	26.0	3.8
LiCF₃SO₃	>300	0.270	2.3	3.0
Li(CF₃SO₂)₂N	228	0.325	22.8	3.3
LiC₄F₉SO₃	>300	0.339	21.5	3.3
Li(CF₃SO₂)₃C	263	0.375	20.2	3.3
LiBPh₄	—	0.419	17.0	1.0

① Λ_0：极限摩尔电导率。

$$\text{Li}(CF_3SO_2)_2N > LiAsF_6 > LiPF_6 > LiClO_4 > LiBF_4 > LiCF_3SO_3$$

另一方面，离子半径增大导致阴离子迁移能力减弱。如式（3.16）所示，离子迁移率符合斯托克斯定理，这也可以依照扩散系数来描述。

$$\mu_0 = \lambda_0/(zF) = ze/(6\pi\eta_0\tau) = zFD/(RT)$$

式中，λ_0、z、F、e、r、η_0、R 和 T 分别代表极限摩尔电导率、电荷量、法拉第常数、元电荷、离子半径、黏度、气体常数和绝对温度。如上所述，阴离子的尺寸是决定锂盐性质的重要因素。图 3.125 是依据空间填充模型和范德华作用绘制的锂盐的离子半径[3]。

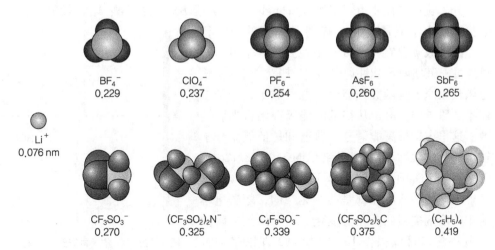

图 3.125　锂盐的空间填充和离子比例模型[3]（经电化学学会授权复制）

$LiClO_4$ 作为一种锂盐，常用在锂一次电池中。但是由于充电过程中产生高氧化环境易发生安全问题，没有应用到锂二次电池中。其他锂盐如 $LiBF_4$ 和 $LiPF_6$ 等包含氟化路易斯酸的盐常被用于锂二次电池，因为它们具有良好可溶性和化学稳定性。其他正在研究的盐还有无机锂盐、有机磺酸盐和酰亚胺盐。$LiBF_4$ 电解液的离子电导率比含有 $LiClO_4$ 或 $LiPF_6$ 的电解液低，这会影响电池的高倍率性能。与之相反，$LiPF_6$ 电解液具有较高的离子电导率，但热稳定性差，在电极上无副反应。电池的性能会随着副反应的发生进一步恶化。当电解液被暴露于水分中会发生分解生成 HF，导致电解液分解。表 3.9 比较了代表性锂盐的各种特性。

表 3.9　锂盐的性质对比

	$LiPF_6$	$LiBF_4$	$LiCF_3SO_3$	$Li(CF_3SO_2)_2N$	$LiClO_4$
溶解度	⊙	O	O	⊙	⊙
离子电导率	⊙	O	△	⊙	⊙
低温性能	O	△	△	O	O
热稳定性	X	O	O	O	X
相对于 Al 的稳定性	O	O	X	X	O
相对于 Cu 的稳定性	O	O	O	O	O

注：⊙：很好；O：好；△：一般；X：差。

同时，LiR_fSO_3 仍没有商业化，其溶解度较小，锂离子电导率较低。磺酰亚胺锂 $Li[R_fSO_2]_2N$）化学稳定性好，但在正极抗氧化性能力弱，易对铝集流体腐蚀，在实际电池中无法使用。

3. 分子轨道理论在溶剂设计中的应用

分子轨道方程使用薛定谔（Schrodinger）方程 $H\psi = E\psi$（H：哈密顿算子；E：电势和动力学能量总和）描述了电子的波状行为。波函数 ψ 是在一个分子中找到某一个电子的可能性，其实际可能性通过 $[\psi]^2$ 获得。当分子轨道函数跟原子波函数相似时，电子散布在分子中而不是原子中。电子从很低的能级开始占据波函数。这里占据最高能量分子轨道和最低能量分子轨道的分别被称作 HOMO 和 LUMO。图 3.126 用图描述了 HOMO 和 LUMO 不同的能级。

不同的物质能级都是独一无二的，随着电解液中的溶剂类型的变化而变化。一个给定电解液的电势窗口可以根据 HOMO-LUMO 理论来进行计算。

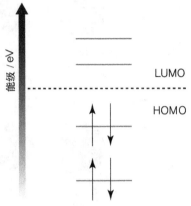

图 3.126　具有不同能级的多种
电解液 HOMO 和 LUMO 能级的对比

具有高 HOMO 能级可以通过给电子的性质促进氧化反应，而具有低 LUMO 能级可以通过接收电子促进还原反应。具有低 HOMO 和高 LUMO 的溶剂适合应用于电解液中。

图 3.127 为具有不同 HOMO 和 LUMO 能级的溶剂之间的关系[4]。

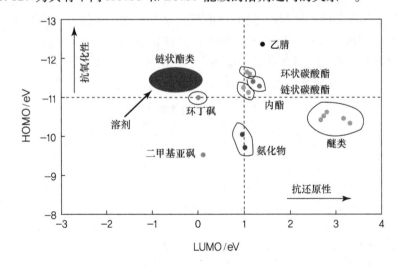

图 3.127　溶剂 HOMO 和 LUMO 能级的比较

3.3.1.3　液体电解液的性质

1. 离子电导率

电解液的离子电导率是一项重要性质，它能够评定和测量电池的性能。如式

（3.17）所示，离子电导率与离子电荷数 z、浓度 c 和电子迁移率 μ 成正比。

$$\sigma = N_A e \sum \mid Z_i \mid C_i \mu_i$$

这里，N_A 和 e 分别是阿伏加德罗（Avogadro）常数和元电荷。离子电导率随着解离的自由离子数的增多以及这些离子的迁移速度的增大而增大。正常的电池反应在较低的离子电导率下很难进行，因为在电池内部一个电极的锂离子不能够轻易地迁移到另一电极。室温下，锂二次电池电解液的离子电导率需要高于 10^{-3} S/cm。如果电导率低，锂离子不能在两个电极之间充分的迁移，那么电极活性物质不能够充分地发挥容量。离子电导率可以通过电导率仪来测量，也可以通过已知电解池常数的电解液的阻抗来计算。另一种方法是首先得到电解液溶剂的阻抗然后使用如下公式计算。离子电导率 = 电极之间的距离/（溶剂的阻抗 × 电极面积）

2. 电化学稳定性

电解液的电化学稳定性是由不参与氧化还原反应的电势范围决定的。使用恒电位仪在特定扫速下扫描工作电极相对于参比电极的电势。电流的快速增大和减小对应分解电压。这个值也可以由氧化还原电流达到某一特定值时的电势来决定。工作电极使用的是铂电极、碳电极或者不锈钢电极，另一方面参比电极则是由锂金属或 Ag/AgCl 构成。这种方法就是线性扫描伏安法。由于分解电压随着不同的测试条件而改变，参比电势和扫描速率需要记录下来。慢的扫描速度（如 1 mV/s 以下）可以更准确地检测电化学的稳定性。

表 3.6 展示的是氧化分解电压（Eox）和具有代表性的有机溶剂的多种物理性质。这些电压是在 5 mV/s 速度下扫描得到的，转化成对 Li/Li$^+$ 的电压，电流密度高于 1 mA/cm^2。季铵盐（C$_2$H$_5$）$_4$NBF$_4$ 被用来替代锂盐来防止锂离子去溶剂化和嵌入电极时带来的电压降。如表所示，烷基碳酸酯或酯类溶剂在 1 V 时能防止氧化，比醚类溶剂高。出于同样的原因，低黏度的醚类溶剂被广泛应用于 3 V 的锂一次电池，而碳酸酯类溶剂常用于 4 V 的锂二次电池。使用上述相似的方法，我们可以通过在特定的溶剂中溶解不同的锂盐来比较电化学稳定性。表 3.8 展示了在 PC 中不同的锂盐的氧化分解电压。锂盐的氧化稳定性顺序如下[5-7]：

$$LiAsF_6 > LiPF_6 > LiBF_4 > Li(CF_3SO_2)_2N > LiClO_4, LiCF_3SO_3$$

3. 电极/电解液的界面性质

液体电解液和电极活性材料之间反应生成 SEI 膜，它会很大程度上影响锂二次电池的充放电循环特性[8-11]。随着循环的进行锂进行扩散，SEI 膜对电解液与电极的副反应会产生直接影响。对于石墨电极，碳酸乙烯酯比碳酸丙烯酯更有利，因为后者会破坏石墨层并阻止 SEI 膜的形成。锂盐也有利于形成保护膜。向有机电解液中加入化合物如碳酸亚乙烯酯（VC）可以促进还原反应，从而改善负极 SEI 膜的性质。尽管已经进行了许多关于碳电极和有机电解液表面反应的研究，但添加剂和 SEI 膜之间的关系仍没有确定。尽管正在研究通过使用添加剂来抑制电解液的活性，但是也需要对此有更基础的理解[12~14]。

4. 工作温度

锂离子电池在 $-20 \sim 60\,^{\circ}\mathrm{C}$ 的温度范围内工作，所以必须仔细考虑溶剂的熔点和沸点。例如，具有低熔点的溶剂如 DEC、DME、PC 与 EC、DMC 混合溶剂或其他在 0 ℃ 呈固态存在的盐进行混合。当锂盐不易溶于溶剂中时会发生沉淀，这个温度成为电解液的较低的限制。除此之外，具有低沸点的溶剂的使用也受到限制，因为包装材料如铝在蒸汽压升高时会发生膨胀。在更高的温度下，液体电解液的热力学和电化学稳定性会降低，而离子电导率会升高。

5. 阳离子迁移数

如式（3.17）所示，离子电导率是阳离子和阴离子电导率的总和。在锂二次电池中，锂离子参与电化学反应，在电极上产生电流。因此，电解液中阳离子的电导率是至关重要的。阳离子对总体电导率的贡献可以用阳离子迁移数（t^+）表示，如式（3.18）所示。

$$t^+ = \sigma^+/(\sigma^+ + \sigma^-) = \mu^+/(\mu^+ + \mu^-)$$

在上述方程式中，电导比值可以用电子迁移率（μ）来表示，因为锂盐分解得到相同数量的阳离子和阴离子。当阳离子迁移数很小时，电池的总体阻抗会增大，这是因为电解液中存在阴离子的浓差极化。阳离子迁移数可以通过使用多种方法计算得到，如交流阻抗法、直流极化法、Tubandt 法、希托夫法和脉冲梯度场核磁共振法[15,16]。这个数受多种因素影响如温度、电解液中盐浓度、离子半径和电荷[16]。

3.3.1.4 离子液体

离子液体是指盐呈液体状态存在。特别是，在室温下以液体状态的盐被称为室温离子液体（RTIL）。随着吡啶盐或咪唑盐的化合物和氯化铝的发现，离子液体在 20世纪 50 年代开始被广泛研究[17,18]。与液体电解液相比，离子液体具有以下优势：

1）液程范围宽，具有低的蒸汽压；

2）不易燃烧，且耐热；

3）化学稳定性好；

4）具有相当高的极性和离子电导率。

但是，离子液体在电池应用上的电化学性能却不理想。这是由于离子键造成黏度很高，而且锂的扩散受到其他存在的阳离子的阻碍。

1. 离子液体的结构

离子液体包括有机阳离子和无机阴离子。从图 3.128 可以看出，以 N 或 P 为中心的离子液体，呈现多种结构如烷基咪唑盐、烷基吡啶盐、烷基氨、烷基膦盐。即使相同的阳离子，根据阴离子的种类，离子液体也不一定在室温下呈液体状态。比如，含有 1-乙基-3-甲基咪唑盐（EMI）作为阳离子，不同的阴离子的离子液体具有不同的熔点。如果阴离子是 Br^-，离子液体在室温下是白色结晶粉末（熔点是

78 ℃）；如果是 BF_4^- 和 TFSI$^-$ 阴离子，它则变为无色透明的液体，熔点分别为 15 和 −16 ℃。含氟阴离子比如 BF_4^-、PF_6^-、$CF_3SO_3^-$ 和 $(CF_3SO_2)_2^-$ 常用于离子液体中。如图 3.128 所示，如下结构特征的离子液体具有较低的熔点：

1）阳离子和阴离子尺寸大；

2）具有电荷离域离子；

3）阳离子和阴离子具有相当大的构象自由度，并且熔化熵很大；

4）不对称的阳离子结构。

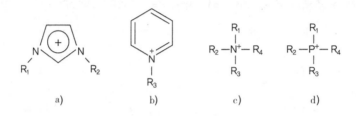

图 3.128　离子液体中使用的代表性阳离子：a）1，3-二烷基咪唑阳离子；b）N-烷基咪唑阳离子；c）4 烷基铵阳离子；d）4 烷基磷阳离子

2. 离子液体的特性

如上所述，离子液体具有独特的性质如离子电导率高、不挥发、不易燃、热力学十分稳定等。而且具有很高的极性，可以溶解无机和有机的金属化合物，并且它们可以在很宽的温度范围内呈液态。表 3.10 为咪唑盐离子液体的物理化学性质，我们可以看出随着阳离子和阴离子结构的不同，离子液体的性质也会有所不同。

表 3.10　典型的咪唑盐离子液体的物理化学性质

	T_m/℃	密度/（g/cm³）	黏度/cP	离子电导率/（mS/cm）	水溶性
EMI-$(CF_3SO_2)_2$N[①]	−15	1.53	26.1	8.8	不可溶
BMI-$(CF_3SO_2)_2$N[②]	< −50	1.44	41.8	3.9	不可溶
HMI-$(CF_3SO_2)_2$N[③]	−9	1.37	44.0	—	可溶
EMI-PF_6	60	—	—	—	不可溶
BMI-PF_6	6.5	1.37	272.1	—	不可溶
HMI-PH_6	−73.5	1.30	497	—	可溶
EMI-BF_4	15	1.24	37.7	14	可溶
BMI-BF_4	−71	1.21	118.3	—	可溶
HMI-BF_4	−82	1.15	234	—	不可溶
EMI-CF_3SO_3	−9	1.39	45	9.2	可溶
BMI-CF_3SO_3	15	1.29	99	3.7	不可溶
HMI-CF_3SO_3	21	—	—	—	不可溶

① EMI：1-乙基-3-甲基咪唑。

② BMI：1-丁酰-3-甲基咪唑。

③ HMI：1-己基-3-甲基咪唑。

3. 黏度和离子电导率

离子液体是特殊的液体，仅由离子所组成。因为离子浓度高，因此离子液体具有很高的离子电导率。离子液体的黏度随着阳离子和阴离子的组合不同而改变，常常是有机溶剂的十倍以上。离子间的相互作用随着锂盐的添加而增大，这会导致黏度增大，但同时会使离子电导率减小。

举一个例子，将 LiTFSI 加入到由 TMPA 和 TFSI 组成的离子液体中。黏度和离子电导率随着锂盐浓度的变化而变化的规律如图 3.129 所示。从图可以看出，添加 1 M 的锂盐将导致黏度增大三倍，离子电导率减小到了四分之一。

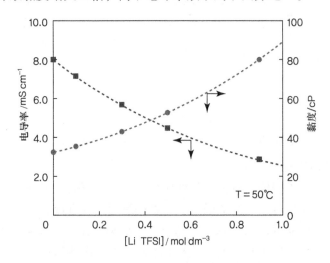

图 3.129　黏度和离子电导率随离子液体中盐浓度的变化

4. 密度和熔点

与有机液体电解液类似，含离子液体的电解液的密度随着锂盐的添加而增大。由于大多数锂盐的熔点高于 200 ℃，这个值随着锂盐的浓度增大而增大。例如，当添加 1.2 M 的 LiTFSI 到 TMPA-TFSI 中时，电解液在室温下会固化。因此，二次电池的离子液体的熔点应该在室温以下。离子液体的熔点根据阳离子和阴离子的不同组合呈现不同的值。如表 3.10 所示，即使含有相同阳离子的液体，不同类型的阴离子也会造成不同的熔点。

5. 电化学稳定性

离子液体的电化学稳定性可以用三电极体系通过循环伏安进行测定。图 3.130 展示了 TFSI 作为阴离子与不同类型的阳离子组合成的离子液体的 CV 检测结果[19]。图 3.130 中，阳极电流在 2.5 V 处上升，然而阴极电流在 −1.5～3.0 V 范围内波动，这取决于阳离子的不同。离子液体的抗还原性和抗氧化性分别由阳离子种类和阴离子种类决定。

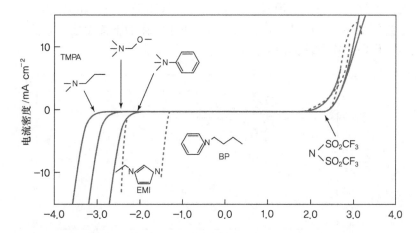

图 3.130　由 TFSI⁻ 离子组成的离子液体的循环伏安曲线（工作电极：玻碳；参比电极：
Pt wire 淀积于含有溶解的碘氧化还原对的 EMI-TFSI 上的铂丝；扫描速率：50 mV/s）

许多已知的离子液体能满足锂二次电池要求的氧化稳定性条件。但是他们不能满足抵抗还原性的要求。考虑到 EMI 的还原电势为 +1.1 V（vs Li/Li⁺）[20]，需要添加具有比锂还原电势更高的化合物来形成 SEI 膜，或者电池使用比锂电极更高电势的负极[21,22]。在离子液体中，脂肪族季氨阳离子比芳香族阳离子如 EMI 在电化学还原上具有更高的稳定性。

6. 二次电池电解液

具有较高的电动势（EMF）是锂二次电池一个很大的优势。这是由于正极使用过渡金属氧化物具有很高的电势，以及负极或者金属负极具有很低的电势，共同作用的结果。传统的有机液体电解液不能够简单地应用于锂二次电池，因为它们不能满足安全性的要求，如阻燃性和不挥发性等要求。另一方面，离子液体不易燃烧，具有较低的挥发性并且呈现相对较高的离子电导率。最常见的离子液体之一是用 EMI 作为阳离子。EMI 阳离子可以被用来与多种阴离子结合组成形成多种具有较低熔点和黏度的离子液体。但是，EMI 的一个缺陷是较低的正极稳定性。正因为如此，不需要添加剂能形成 SEI 膜的季铵盐被考虑用作锂二次电池的电解液材料。含氟阴离子的脂肪族季氨具有较低的黏度和较高的抗氧化性。这些铵可能含有甲基侧链，或者存在含有 BF₄⁻ 或 CLO_4^{-}[23]，TFSI[24]，或 TSAC 系统[25]。

图 3.131 展示的是使用包含锂盐的离子液体的锂二次电池充放电结果[26]。在这三种离子液体中，（PP13）-TFSI 呈现最好的充放电循环性能。TEA-TSAC 和 EMI-TSAC 离子液体具有比 PP13-TFSI 更高的还原电势，随着循环进行，容量快速衰减。由此，我们可以确定离子液体还原稳定性和循环性能之间的关系。为了获得良好的充放电性能，最好使用具有较高正极稳定性的离子液体。离子液体如 TFSI 和 TSAC 的黏度为 10～150 cP，它是 PC 有机溶剂黏度的 10 倍。室温下，向离子液体中添加

锂盐会使黏度进一步增大。但是，当温度高于80℃时，离子液体的黏度与有机液体电解液差不多或者稍微高一点。如果考虑离子液体的不挥发性，它们也可以被用作高温下工作锂二次电池的电解液。

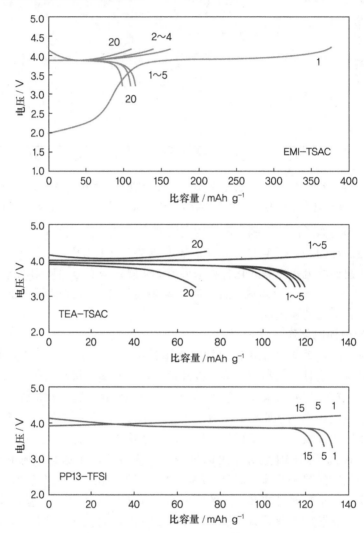

图 3.131　使用不同离子液体的 Li/LiCoO$_2$ 电池的充放电曲线

3.3.1.5　电解液添加剂

1. 添加剂的功能

电解液添加剂的主要功能是改善离子电导率、电池寿命或者安全性[27]。电池中使用的大多数液体电解液都包含少量的添加剂，却对电池性能和安全性有很大影响。添加剂参与电极和电解液之间的反应。全球市场被很少的几家电解液制造商所占有，在技术方面只有很少的信息可以查到。

2. 不同添加剂的性质

添加剂按功能可以被分为 SEI 膜成膜添加剂、防过充添加剂、导电添加剂和阻燃添加剂。

3. SEI 膜成膜添加剂

碳酸亚乙烯酯（VC）是一种常见的添加剂，用作碳负极表面形成和稳定 SEI 膜[28,29]。VC 在首次充电过程中，会产生一层稳定的 SEI 膜，通过防止碳的剥落以及避免与电解液发生直接反应，来提高电池寿命。图 3.132 为 VC 的化学结构式。

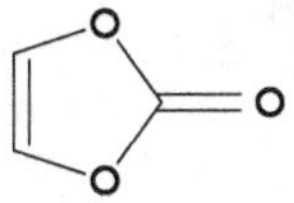

图 3.132　VC 的化学结构式

由于碳环（sp^2 杂化轨道）的不稳定性，VC 会参与开环反应，得到一个更稳定的结构。乙烯基团的存在会导致聚合反应生成一层稳定的保护膜。仅仅添加少量的 VC，碳负极的不可逆容量会由于 SEI 膜的存在而减小。这在 PC 电解液中更加有效。例如，$LiMn_2O_4$ 正极使用 1M $LiPF_6$/PC/VC 电解液时，电压高达 4.3 V 仍显示出稳定的可逆容量[30]。即使添加过量添加剂，电池性能仍保持不变，这有利于制造时的过程控制。VC 在高温下不影响正极，保持 SEI 膜稳定。尽管 VC 具有良好的性能表现，其他的添加剂也正在被研究开发，因为 VC 存在很难合成，价格昂贵等问题。

4. 防过充添加剂

电池安全非常重要，锂二次电池常被装配上多种安全设备如正温度系数、保护电路模块（PCM）以及安全出气阀等。但是使用这些设备使电池变得更加昂贵。电池应该具有一个内部安全装置来抑制化学反应[31,32]。防过充抑制剂作为解决由过充引起的安全问题的添加剂被提了出来。氧化还原穿梭反应通过允许过量电荷在电池内部被浪费掉来限制高电压，同时，正极成膜反应会生成一层保护膜来阻止电流的流过和锂离子的扩散。

5. 氧化还原穿梭反应

在 2 V 的 Li/TiS_2 电池中添加正丁基二茂铁是第一种报道的氧化还原穿梭添加剂[33-35]。当电池超过截止电压，如图 3.133 所示，在正极表面的正丁基二茂铁被氧化然后转移到负极。在负极上正丁基二茂铁被还原然后转移回到正极，循环这样重复进行。电压增大受到抑制，电池过充被阻止。

最近，含卤素的苯甲醚结构替代了苯被用作 3 V 电池的添加剂。当电压高于 4.3 V 时，过量的电流通过反复的氧化还原反应被消耗掉[37-39]。这些氧化还原添

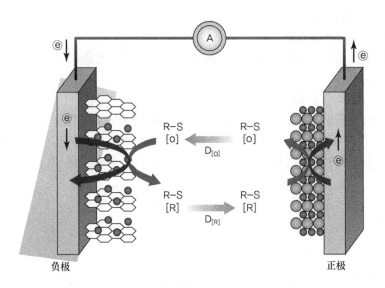

图 3.133　氧化还原穿梭反应添加剂的作用机理[36]

加剂对于少量的过量电流很有效，若想防止大量的过量电流过充则需要很高的浓度。当电池受到大到足以损害电池的较大过量电流时，使用氧化还原添加剂仍会导致过充发生。

6. 正极成膜反应

正极成膜添加剂是一种比氧化还原穿梭添加剂更稳定的添加剂。当超过截止电压时，在正极会生成一种绝缘的聚合物膜阻止电流和锂离子扩散。如图 3.134 所示，聚合单体如联苯（BP）在正极分解，然后聚合生成聚合物保护膜。这层膜会阻止锂离子在电池中的运动，限制外部电流流过[40,41]。这些添加剂通过使电池不工作来阻止过充的发生，这也是其一个不足之处。

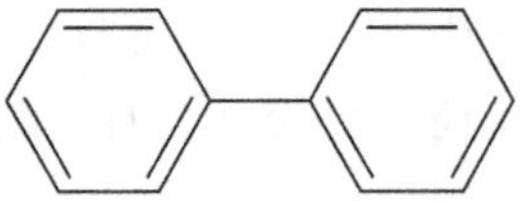

$$\mathrm{BP+(BP)}_n \rightarrow (\mathrm{BP})_{n+1} + 2\mathrm{H}^+ + 2\bar{e}$$
$$2\mathrm{H}^+ + 2\bar{e} \rightarrow \mathrm{H}_2$$

图 3.134　联苯的化学结构和成膜机理[12]

（源自参考文献[12]，版本为 2006 年，经 Elsevier 许可）

7. 导电添加剂

为了提高离子电导率，需要促进锂盐的解离，并且分解得到的离子应该以离子形态存在。与此同时，电解液中的离子需要具有很高的迁移率。冠状醚添加剂可以通过离子偶极相互作用隔离锂离子和解离阳离子来极大促进锂盐的解离。冠状醚添加剂的例子是 12-crown-4 和 15-crown-5[42,43]。应用这些添加剂会导致介电常数小的有机溶剂和聚合物电解液的离子电导率得到少许提高。当这些添加剂应用于聚合物电解质中时，玻璃化温度会降低。但是冠状醚化合物的阳离子受体通过减缓锂离子的运动降低电池的性能。而且，冠状醚添加剂的使用是受限制的，因为它们有剧毒而且对环境有害[44,45]。阴离子受体可以补偿阳离子受体的缺陷，通过阴离子如 PF_6^- 或 BF_4^- 阴离子的解离来增加阳离子的迁移数，以及通

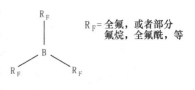

R_F=全氟，或者部分氟烷，全氟酰，等

图 3.135　硼基添加剂

过与锂离子再结合来实现。阳离子的分解在电极处受到抑制，电池循环更加稳定。阳离子受体由取代基组成，这些取代基通过吸引电子到硼位置中来，使阳离子间相互作用最大化[46]。当硼与聚乙二醇（PEG）结合时，离子电导率随着电解液中锂盐的剧烈解离而增大。图 3.135 为具有代表性的含硼添加剂的化学结构式。

8. 阻燃添加剂

液体电解液主要由有机溶剂组成，这些溶剂一旦被点燃，即使切断外部电流也会迅速燃烧。为了抑制电解液的可燃性，有机溶剂应该具有较高的沸点并且在热分解过程中可以形成保护膜来阻止氧化物和可燃气体。在锂盐中，$LiPF_6$ 在液体电解液中是一种有效的阻燃剂。在聚合物电解液中，聚丙烯腈（PAN）凝胶电解质具有一定的阻燃性[47]。PAN 中的 CN 三键在 200 ℃ 温度下随着热分解的碳化反应断裂，阶梯状物变硬形成石墨层结构，碳层作为保护层隔绝可燃气体。

由有机溶剂和锂盐组成的液体电解液很难获得阻燃性，这需要添加阻燃剂。这些添加剂需要与电解液兼容，不影响电化学性能，并且价格合理。大多数阻燃添加剂是磷酸盐，比如磷酸三甲酯（TMP），TFP 和六甲氧基环三膦腈（HTMP）。尽管这些添加剂的作用机理仍然没有研究清楚，但它们在减少电池热生成方面非常有效。与 PC 相似，TMP 在插入石墨层时会引起剥落。少量的 HMTP 可以防止热失控，含氟 TFP 可以改善电化学稳定性和循环性能[48-50]。

我们已经检测了锂二次电池中使用的具有代表性的添加剂的功能。表 3.11 是常见添加剂的一些归纳总结。

表 3.11　典型的电解液添加剂的性质

添加剂类型	添加剂化学式	备　注
正极 SEI 膜添加剂	Vinylene carbonate（VC） Catechol carbonate（CC）	VC：比电解液其他组分更易还原，在正极形成稳定的 SEI 膜。不可逆容量降低，循环寿命增大。对负极影响小。有效抑制 PC。 CC：有效抑制 PC 和增大可逆容量。

（续）

添加剂类型	添加剂化学式	备　注
防过充添加剂	**氧化还原穿梭** n-Butylferrocene（BF） X=F, Cl 或 Br Substituted benzene（SB）	BF：当过充时，BF 在负极被氧化然后转移到正极，又被重新还原。从而使电池电压得以保持。 SB：当未被卤素取代时被用于 2V 电池。被卤素取代后，可以用于 3V 的电池。
	负极成膜 Cyclohexylbenzene（CHB） Biphenyl（BP）	当过充时，可聚合的单体比如 CHB，BP 可以在负极表面生成绝缘的膜，这会长久地阻断离子导电性。 相对抑制氧化还原穿梭反应，在过充保护方面更有效。
离子电导率促进剂	 Crown ether R_F= perfluoro or partially fluoro alkyls, perfluorophenyls, etc. Boranes	阴离子受体：由于 b/w 醚基团和锂离子的相互作用促进锂盐的分解。对低价电常数的有机溶剂和聚合物电解质很有效。因为有毒所以不再使用。 阳离子受体：硼的电子缺陷特性会在 b/w 基团和阳离子之间产生强烈的相互作用，导致分解更加容易，阳离子电化学稳定增强。
阻燃添加剂	 Hexamethocyclotriphosphazene（HMTP） Trimethylphosphate（TMP）	磷光体：碳化膜可以阻止燃烧反应。自由基反应可以抑制自生成热。阻燃特性随添加量而增强；但是，电池性能变差。 卤素取代的磷光体：磷元素和卤素分别促进阻燃特性和循环寿命。

3.3.1.6　电解液热稳定性的改善

锂二次电池成功商业化的先决条件是在所有环境下必须保证电池的安全。锂电池有高温下热失控、冒烟、爆炸、燃烧的危险。如图 3.136 所示，热失控的三个主要因素是正极材料中的氧、有机液体电解液、电池产生的热。

当电解液加热到它的闪点以上时，由于过热会引起严重的安全问题。热失控在高温下发生主要是来自正极材料释放出来的氧与作为燃料的有机电解液的化学反应。为了解决这个问题，当温度超过某一特定值时，正温度系数器件（PTC）会产生很高的电阻，另一方面当过充时，保护电路模块（PCM）阻断电流。其他的设备还有安全气阀和隔膜。特别需要注意的是，相对于其他电池部件，PCM 价格较高，在大型电池中价格会更高。

图 3.136　热失控的主要因素

尽管保护装置价格昂贵，在目前技术条件下必须使用它们。但是，一些替代方案已经被提出来了。例如，我们考虑选择一种合适的溶剂用来合成热稳定的盐。如图 3.137 所示，不同的锂盐会导致不同水平的化学活性，进而影响热量的产生和自生成热速率。另一种方法是引进功能性或阻燃添加剂。功能性添加剂在首次循环时可以在电极表面生成和保持一层 SEI 膜，用它来延迟热失控。

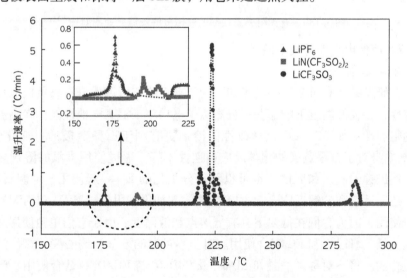

图 3.137　基于 ARC 检测的不同锂盐电解液的温升速率

如图 3.138 所示，六甲氧基环三膦腈（HTMP）是一种阻燃剂，可以抑制热力学活性和自生成热，因此可以避免热失控[48,49]。总之，用来改善液体电解液热力学稳定性的添加剂需要满足多种要求，如溶解度高、具有较大的电势窗口、离子电导率高、黏度低等。电极间的反应与电池安全密切相关。通过使用阻燃剂来保证液体电解液的热力学稳定性，锂离子电池可以进入一个如电动汽车新的市场，而不仅仅是移动设备如手机、平板电脑、数码相机等领域。

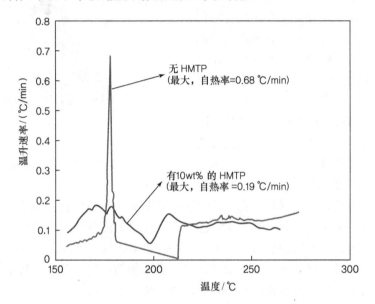

图 3.138　有无阻燃添加剂的液体电解液温升速率对比[51]

3.3.1.7　液体电解液的发展趋势

1. 有机溶剂

正在研发的新有机溶剂要满足如下的要求：应该可以促进石墨负极电化学反应的可逆性，在较低温度下能够获得较高离子电导率来提高电池性能，在高温下具有较好的阻燃性。如 PC、EC 化学改性的溶剂更有利于石墨负极的可逆化学反应。PC 溶剂本身对于石墨负极的化学反应可逆性不好，通过使用含氟的溶剂减缓分解反应，促进锂的嵌入和脱嵌。也可以和部分氯化的 EC 一起使用，抑制石墨与 PC 之间的还原反应和分解反应[52]。线型酯类溶剂如甲酸甲酯（MF）和乙酸异丙酯也被考虑使用，因为它们在低温下具有低熔点和低黏度。由于它们单独使用对锂盐的溶解度太低，所以常和 EC 混合使用。对于不可燃的溶剂，磷酸酯、氟代酯和氟代醚是适合的。将不对称磷酸醚如 EDMP 或 BuDMP 与 EC/DEC 结合使用，已有研究报道可以产生阻燃性。EFE 是一种氟代醚的代表，也是一种阻燃剂，具有良好的充放电可逆性。尽管在高倍率能力方面会带来一些问题，但加入过量 EFE 可以制备更安全的电解液。需要进一步开发新的有机溶剂来满足如安全性、低价、高性能等多种要求。

2. 锂盐

在锂离子电池的锂盐中，$LiPF_6$ 热稳定性差，当暴露于水分中时容易发生水解作用，而 $LiBF_4$ 则具有较低的离子电导率并且会在电极表面生成 SEI 膜。为了解决这些缺陷，同时满足必要的要求，通过使用分子设计，研究者正在开发不同结构新的锂盐。一个典型案例是包含有微弱共轭作用氟的阳离子如全氟烷基磺酸盐或亚胺盐[53,54]。这些阳离子被电子接受体如氟或 CF_3 等替换，因此导致分子间的相互作用以及与锂离子之间的静电作用减小。但是，由于稳定性低、价格高、导电剂的腐蚀等问题，它们在锂二次电池中的使用受到限制。其他研究的盐有硼酸盐和螯合物。还有人尝试将不可溶的盐如 LiF 与有机溶剂中的配体离子结合或者使用已知的盐获得更好的添加效果[55-57]。

3. 离子液体

随着对锂二次电池安全性的关注加强，越来越多的人对不可燃的和阻燃的离子液体电解液产生了兴趣。大多数研究集中在通过新的阳离子或添加剂、选择新的负极材料和降低黏度等来促进还原稳定性从而提高室温下电池的性能。最近，由 EMI-FSI 和 LiTFSI 组成的离子液体的石墨负极的可逆容量高达 360 mAh/g[58,59]。除此之外，有研究旨在通过降低电流密度和减小电极厚度来解决离子液体黏度高的问题。

3.3.2 聚合物电解质

3.3.2.1 聚合物电解质的类型

市场上可选择的锂二次电池，主要使用液体电解液，并且使用 $10 \sim 20 \ \mu m$ 厚的隔膜，来促进锂离子的运动。当聚合物电解液替代液体电解液使用时，更容易制造紧凑的电池，因为这样没必要进行金属包装。聚合物电解质主要有固态聚合物电解质、凝胶聚合物电解质和聚电解质（Polyelectrolyte）。聚合物电解质中锂离子的迁移依靠聚合物链的链段运动，凝胶聚合物电解质则受混入聚合物中的液体电解液和它们的离子电导率的影响。在聚合物电解质中，凝胶聚合物电解质在室温下具有较高的离子电导率和机械强度。因此，相对于固态聚合物电解质和聚电解质而言，凝胶聚合物电解质更广泛地应用于锂二次电池中。为了解决锂二次电池中的安全问题，固态聚合物电解质值得进一步研究。下面的章节介绍不同聚合物电解质的性质、应用和发展。

1. 固态聚合物电解质

自从 Wright 发现离子可以在聚合物中迁移[60]以及 Armand 发现其可以应用于包括电池的电化学设备中，固态聚合物电解质被广泛研究[61]。使用固态聚合物电解质的全固态电池的优势如下：

1）使用锂金属负极的电池具有很高的能量密度；

2）非常可靠，没有泄露的危险；

3）可以制造成不同的形状和设计；

4）能制造超薄的电池；

5）高温下不会释放可燃性气体；

6）不使用隔膜和保护电路，实现了电池的低成本。

固态聚合物电解质仅由聚合物和锂盐组成，研究主要集中在聚合物的分子设计和合成。在固态聚合物电解质中，聚合物应该是无定形态并且包含如氧、氮、硫的极性元素，从而促进室温下聚合物链的运动和锂盐的解离。在过去进行派生物如聚氧化乙烯（PEO）、聚环氧丙烷（PPO）、聚膦腈、聚硅氧烷的研究中，有关 PEO 基的聚合物是研究最多的。

固态聚合物电解质的聚合物基质与离子电导率密切相关。为了使固态聚合物电解质具有较高的离子电导率，聚合物基质应该具有以下性质：

1）含有具有离子复合作用能力的极性基团，在相邻的链上含有极性基团参与复合作用。

2）足够的空间构象来允许锂盐解离。

3）极性基团中应该含有给电子基团，如醚、酯或胺，用于阳离子溶剂化。

4）玻璃化温度要低，以便聚合物链具有较强的弹性。

在前述的条目中，1）~3）是锂盐解离的要求，4）与离子的迁移有关。

PEO 由重复的—CH_2CH_2O—单元组成，其中氧原子和碱性金属形成配位键。这是因为氧原子比其他具有复合作用能力的极性元素具有更强的供电子体的性质。因此，当碱性金属和醚中的氧发生配位时，锂盐会解离。在固态聚合物电解液中的锂离子的迁移按照如图 3.139 所示的机制进行[62]。

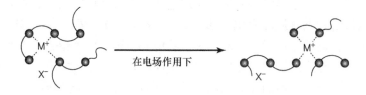

在电场作用下

图 3.139　固态聚合物电解质中锂离子传导机理

由于 PEO 中氧和亚甲基之间的旋转能垒（rotational energy barrier）低，弹性的聚合物链很容易构象生成阳离子配位键。与冠状醚相似，醚中氧电子对和阳离子之间的离子偶极相互作用生成一个复合体，并且锂盐在 PEO 中发生解离。为了获得高的离子电导率，解离离子在聚合物中需要有较好的迁移能力。室温下聚合物链段参与活跃的热运动，这比弹性聚合物的玻璃化温度更高。因此，锂离子通过与聚合物链段发生复合作用来改变他们的位置。因此，锂阳离子在内部自由移动并参与聚合物的局域结构改变。与此同时，随着聚合物弛豫运动产生的自由空间的再分配，阴离子可以毫无限制地自由移动。PEO 基质复合体由于强烈 O-Li$^+$ 相互作用而具有较高的结晶度，因此室温以下离子电导率较低。大多数研究集中在合成新的聚合物来提高离子电导率。已经尝试了多种方式[62-64]，包括嫁接一个短的 EO 单元到侧链中。该方法在保持无定形结构的同时降低了玻璃化温度，因此在室温下具有高达 10^{-4} S/cm 的离子电导率。另一种方法是引入一种交联结构来增大无定形区域同时改善机械结构。通过添加无机物微粒如氧化铝、氧化硅、氧化钛到固态聚合物电解质中来改善离子电导率、机械强度和电极/电解液表面性质。这是因为无机填充物抑制了聚合物的结晶，过量的水分和杂质被吸附到无机颗粒表面。铁电无机材料也可以促进锂盐的分解。尽管进行了很多研究，使用固态聚合物电解质的聚合物锂电池还没有实现商业化。与液体电解液相比，固态聚合物电解质室温下具有较低的离子电导率、较差的机械性质和界面性质。因此，正在研究将其用于高温下的电动汽车和能量储存设备中的大型二次电池。

2. 凝胶聚合物电解液

凝胶聚合物电解液由聚合物、有机溶剂和锂盐组成。凝胶聚合物电解液是通过将有机电解液与固态聚合物基质混合制得。尽管以固态膜的形式存在，但由于电解液被限制在聚合物链中，凝胶聚合物电解液的离子电导率可达 10^{-3} S/cm。凝胶聚合物电解液兼具了固体电解质和液体电解液的优点，正在被积极研究用于锂二次电池[65,66]。如图 3.140 所示，凝胶聚合物电解质基质的代表性聚合物有聚丙烯腈（polyacrlonitrile）、聚偏氟乙烯（poly（vinylidene fluoride），PVdF）、聚甲基丙烯酸甲酯（poly（methyl methacrylate），PMMA）和聚氧化乙烯 PEO。

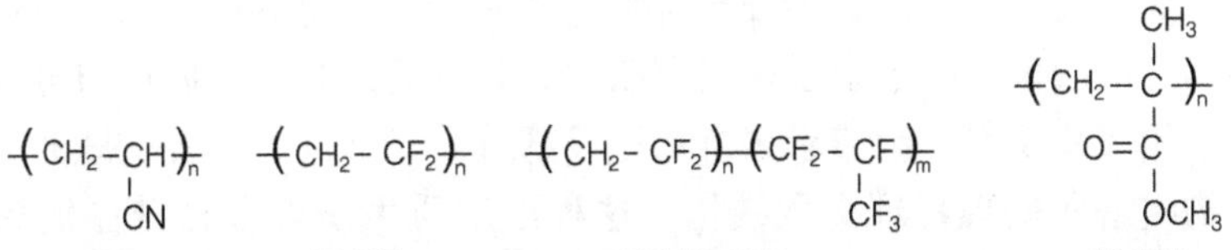

图 3.140　凝胶聚合物电解质典型的母体聚合物

3. 聚丙烯腈体系

PAN 中高极性 CN 键侧链吸引锂离子和溶剂，从而使它适合作为凝胶聚合物电解质聚合物的基质。一般说来，将 PAN 浸渍 LiPF$_6$ 基有机溶剂如 EC 和 PC 的电解液中制得，室温下离子导电率高达 10^{-3} S/cm。PAN 基的凝胶聚合物电解质具有较宽的电势窗口、较强的机械性能、与正极材料之间较弱的化学反应活性。稍后会介绍的电解质制备，涉及将 PAN 在高达 100 ℃下溶解到 EC 或 PC 中。当 PAN 和锂盐完全溶解后，将溶液浇铸成型然后在室温下冷却。

4. 聚偏二氟乙烯体系

由 PVdF 聚合物组成的凝胶聚合物电解质可以在高温下溶解，能够在冷却过程中发生相分离和结晶，从而达到物理凝胶化。由于 PVdF 基凝胶聚合物电解质膜在相分离时形成微孔，在微孔中的液体电解液使其具有较高的离子电导率。P（VdF-co-HFP），是偏二氟乙烯和六氯丙烯的共聚物，被用作凝胶聚合物电解质的基质。这些电解质通过制备多孔薄膜获得，多孔薄膜则通过将聚合物膜中的塑化剂萃取出来制备[67]。在这种情况下，电解质膜是在空气下制备的，仅在最后一步得到活化。

5. 聚甲基丙烯酸甲酯体系

PMMA 凝胶聚合物电解质是通过 MMA 单体和二甲基丙烯酸双官能团单体的聚合反应制得。透明薄膜中夹有 PMMA 基凝胶聚合物电解质，可用于电致变色元件中。由 LiClO$_4$ 和 EC/PC 组成非水电解液制备的化学交联的凝胶聚合物电解质，室温下离子电导率达 10^{-3} S/cm，其电化学窗口对锂电位达 4.5 V。除此之外，锂金属的界面阻抗即使在一段时间以后仍保持恒定不变。

6. 聚氧化乙烯体系

聚氧化乙烯凝胶电解质是由主链或侧链上有 EO 结构的 PEO 聚合物基质组成的。对于主链上有 EO 结构的聚合物基质，PEO 末端的羟基使用异氰酸盐来发生化学交联反应。对于侧链上有环氧乙烷基团的聚合物基质组成的凝胶聚合物电解质，甲基丙烯酸酯和丙烯酸酯是常见的派生物。侧链上也可以包含聚氨酯、聚磷腈或嫁接的分子量为 2000 的 PEO 基团。

在凝胶聚合物电解质中，离子在液体介质中迁移，聚合物基质用来保持薄膜的机械强度和储存液体。根据液态电解质含量的不同，凝胶聚合物电解质呈现不同的机械强度。如之前提到过的，凝胶聚合物电解质的离子电导率接近于液体电解液的离子电导率。凝胶聚合物电解质根据交联方式是物理或化学交联可被分为两类。当聚合物链段相互缠绕在一起或者聚合物链段部分分子取向上相互交联时，物理交联凝胶聚合物电解质呈现物理交联结构。这种电解质由于聚合物链在加热时解开缠绕，冷却时转化为凝胶状态而获得迁移能力。利用这种性质，液体电解液可以在被冷却成凝胶之前先注入电池中。但是，高温下凝胶聚合物电解质会流动，易于发生泄漏。在物理交联的凝胶聚合物电解质中，由偏二氟乙烯和六氟丙烯的 PVdF-HFP 共聚物组成的凝胶聚合物电解质被广泛研究。

为了克服物理交联机械性能差的缺陷，锂离子聚合物电池通过在聚烯烃隔膜或电极上包覆凝胶聚合物电解质来制得。这种锂离子聚合物电池与锂离子电池具有相同的结构。用于物理凝胶化的聚合物是 PEO、PAN、PVdF 和 PMMA。锂离子聚合物电池的性能取决于聚烯烃隔膜包覆层的厚度[68]。多孔薄膜上的凝胶包覆层弥补了电解质机械强度差的缺陷，改善了电极的粘接性能，提高了电池的安全性。由于电极与电解质界面接触得好，电池可以用铝封装袋来包封。同时，圆柱电池通过缠绕压力和金属外壳的使用来保持良好的界面接触。最近，低熔点的 PE 被分散到凝胶聚合物电解质中作为熔断器。这些微粒在 100 ℃左右融化，使阻抗升高从而极大改善电池性能[69]。另一方面，化学交联的凝胶聚合物电解质中的结构变化更加困难，因为网络结构是基于化学键而不是基于范德华作用力。电池的性能也可能受非反应的单体或者交联剂的影响。为了制造使用化学交联的凝胶聚合物锂离子电池，需要将能够化学交联的聚合物前驱体溶解到电解液中，注入电池内。然后通过热聚合来实现电解质均匀凝胶化[70]。电池制造过程如图 3.141 所示。通过这种方法制造的聚合物电池显示了与锂离子电池相似的性能并被应用于多种移动设备中。由于完全使用凝胶聚合物电解质，即使使用铝箔作为包装材料，这样的电池也不会存在泄漏的危险。

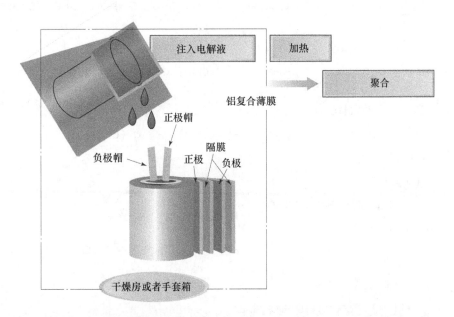

图 3.141　锂离子聚合物电池中化学交联的凝胶聚合物电解质的制备

7. 聚电解质：单离子导体

聚电解质（Polyelectrolytes）是在聚合物中阳离子和阴离子解离制得的导电物质。因为阳离子和阴离子可以独立地迁移，它们又被称为单离子导体。在含锂盐的聚合物电解质中，解离的离子不通过与聚合物链段反应来迁移。这表明阳离子电导率的阳离子迁移数一般低于 0.5。当在二次电池中使用时，锂离子和相反的阴离子在充放电过程中都发生迁移。阴离子会在电极活性物质表面聚集，锂离子会在两个电极之间流动。这会导致两极之间形成浓差极化，并且电解质阻抗也随着时间的延

长而增大。在聚电解质中，由于缺少阴离子的运动，锂阳离子迁移数量接近于
1.0。当聚电解质应用于二次电池时，可以获得稳定的放电电流，因为不会出现浓
差极化并且阻抗随着时间保持不变。

对于含锂阳离子的聚电解质，阴离子被固定于聚合物链段中。分子设计应该可
以促进解离度并为锂离子提供迁移路径。为了改善含有通过共价键连接在聚合物链
上的阴离子的聚电解质的离子电导率，削弱离子对形成促进解离。这可以通过降低
阳离子的电荷密度或使用替代物来限制阴离子的使用来实现。含有重复的 EO 单元
或环氧乙烷和其他醚链的 PEO 链段被用作锂离子的迁移路径。除了将聚合物连入
醚链中，聚电解质可以和聚醚混合在一起。到目前为止开发的代表性的聚电解质如
图 3.142 所示。

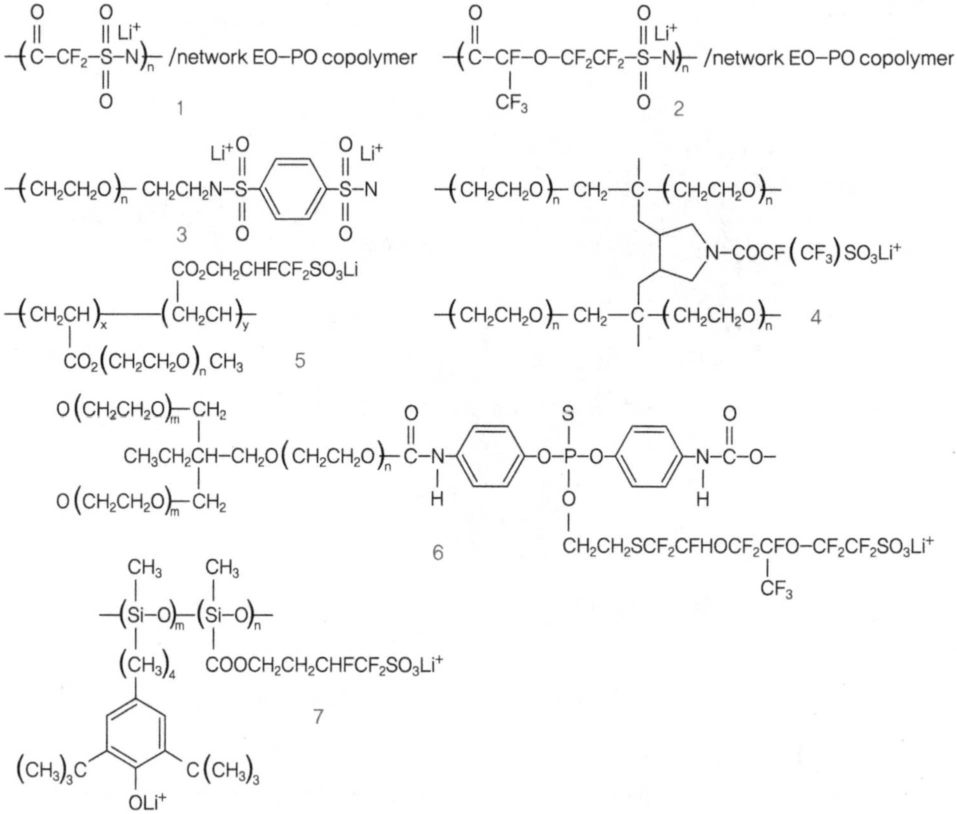

图 3.142　典型的聚合物盐的结构式[71-76]

在网络化的 EO-PO 共聚物中，含有氟烷磺酰胺结构的聚合物（1 和 2）具有很
高的解离度，因此有高的离子电导率[71]。这里，离子电导率受阴离子之间间距的

影响。聚合电解质 1 由于阴离子之间的距离短，所以离子电导率小，而聚合电解质 2 在室温下离子电导率为 10^{-6} S/cm。含有苯磺酸盐的聚电解质 3 不能充分分解，导致室温下离子电导率低[72]。含有氟烷磺酰胺和醚链的聚电解质 4，5 和 6 的离子电导率高于 10^{-6} S/cm[73-75]。根据逾渗理论计算，我们发现聚电解质在侧链上应该包含一个离子基团和一个作为离子导电路径的低聚醚链。换句话说，在侧链上含有低聚醚和相对不稳定的阳离子的结构是合适的聚合电解质。在 2，6 处引入酚盐基团替代丁基的聚电解质 7，室温下离子电导率为 $10^{-6} \sim 10^{-5}$ S/cm[76]。但是，大多数聚电解质的离子电导率较低，因为阳离子与阴离子之间强烈的相互作用和离子浓度低。离子电导率可以通过添加高极性的增塑剂或少量锂盐来改善。

3.3.2.2　聚合物电解质的制备

聚合物电解质可以通过多种方法来制备，根据材料性质和电池的制造技术不同而不同。例如有溶液浇铸法、多孔薄膜浸透法、原位交联法和热融化法[66]。每一种方法的优缺点介绍如下。

1. 溶液浇铸法

制备聚合物电解质最早的方法是溶液浇铸法，是通过将聚合物和锂盐的浇铸溶液中挥发性的溶剂蒸发掉制备成薄膜。图 3.143 是使用溶液浇铸法获得聚合物电解质膜的过程图。聚合物溶液被倒在载玻片上，膜的厚度通过刮刀来控制。薄膜随着溶液的蒸发变薄，然后从载玻片上移走。因为薄膜容易剥离，所以可以使用聚四氟乙烯来代替玻璃。除此之外，应该通过覆盖托盘限制空气循环来调整蒸发速率。这个简单、低成本的方法被广泛应用于聚合物电解质的制备中。在制备凝胶聚合物电解质时，不能使用线型的碳酸酯溶剂如 DMC 和 DME，因为它们会在蒸发过程中跑掉。正因为如此，这种方法仅限于包含高沸点溶剂的有机电解液凝胶聚合物电解质的制备，比如 EC 和 PC。使用溶液浇铸法制备聚合物电解质的例子有 PEO 和 PM-MA。

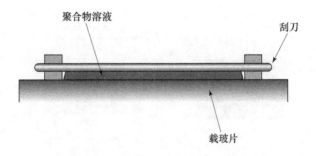

图 3.143　溶液浇铸法制备聚合物电解质

2. 多孔膜浸透法

将锂二次电池中的多孔薄膜浸渍在电解液中可获得凝胶聚合物电解质。不像锂离子电池中的疏水聚烯烃隔膜，使用这种方法制造的微孔隔膜对液态电解质具有优良的亲和力和很高的极性。典型的聚合物例子有 P（VdF-co-HFP）和其他 PVdF 共聚物。使用 P（VdF-co-HFP）共聚物浸透多孔隔膜的凝胶聚合物电解质的制备过程可以描述如下。首先，将含聚合物、塑化剂和填充剂混合物溶解到丙酮溶剂中。高沸点的极性溶剂如二丁基邻苯二甲酸酯（DBP）作为合适的塑化剂，二氧化硅或氧化铝作为填料。这里添加的这些无机材料不仅仅能增强多孔隔膜的机械性能而且还会有较多的材料吸附到膜层中。将聚合物溶液在载玻片上浇铸成合适的厚度以后，丙酮被挥发除掉。丙酮除去后，薄膜里含大量的塑化剂。当薄膜被放入非溶剂如水、甲醇或醚中，DBP 塑化剂从隔膜中除去，然后形成微孔。这种膜层在真空下烘干，然后浸没于电解液中最终形成凝胶聚合物电解质。在注入电解液前，通过制造由正极/多孔隔膜/负极组成的电芯形成凝胶聚合物电解质，这种方法不是直接浸渍。因为电解液最后一步加入，所以很容易保持疏水的环境。与溶液浇铸法相比一个优势在于，不同类型的电解质溶液都可以使用。但是在凝胶聚合物电解质中为了实现均匀浸渍需要进行老化。

3. 原位交联法

如图 3.144 所示，原位交联法是通过使用溶解在电解液中的活泼低聚物、交联剂、引发剂和线型聚合物来填充由正极/多孔隔膜/负极组成的电芯，然后进行加热或者紫外线照射，从而制备出具有三维立体网络结构的凝胶聚合物电解质。经常使用的交联剂是包含两个功能基团的 PEGDMA。热和光引发剂分别是偶氮二异丁腈（AIBN）和芳香酮。

由于化学交联的凝胶聚合物电解质具有网络结构，与物理交联的电解质相比它们几乎不承受结构变化。除此之外，支撑的聚烯烃隔膜有良好的机械性能。但是，由于交联需要暴露于高温下一段特定的时间，所以这个过程的生产效率不高。另一个缺陷是很难将不活泼的单体从聚合物前驱体中去除。

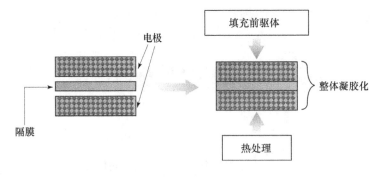

图 3.144　原位法制备聚合物电解质

4. 热融化法

热融化法是通过直接将聚合物溶解到电解液中，然后通过室温下浇铸成膜和冷却，从而获得凝胶膜层的方法。这种方法不会有任何损失，凝胶聚合物电解质可以不使用助剂，利用有机电解液和聚合物来制备。因为聚合物在高温下直接溶解到电解液中，因此不能使用低沸点的有机溶剂。这种热融化法常常用于制备使用 EC 或 PC 作为电解液的 PAN 基的聚合物电解质。

3.3.2.3 聚合物电解质的性质

1. 离子电导率

与液体电解液相比，离子电导率低是聚合物电解质的锂二次电池难以发展的主要原因。例如，实际应用上，1M $LiPF_6$-EC/DMC 电解液室温下的离子电导率约为 10^{-2} S/cm，然而薄膜聚合物电解质应用要求电导率大于 10^{-3} S/cm。图 3.145 展示的是液态电解质、凝胶聚合物电解质和固态电解质离子电导率随温度的变化规律。固态聚合物电解质室温下离子电导率低，而且我们还可以看出随着温度降低，离子电导率迅速减小。正因为如此，固态聚合物电解质被考虑用于高温下工作的锂二次电池。与此同时，凝胶聚合物电解质和液态电解液在室温下和较宽的温度范围内具有较高的离子电导率（高于 10^{-3} S/cm），因此可以广泛使用。

2. 电化学稳定性

聚合物电解质的电化学稳定性影响工作电压范围。在正极和负极给定的工作电压范围内，聚合物电解质不能参与氧化或还原引起的分解反应。聚合物电解质在直至 4.5 V 的电压范围内应该是电化学稳定的，因为锂二次电池使用 4 V 的金属氧化物正极，如 $LiCoO_2$，$LiNiO_2$ 以及 $LiMn_2O_4$，全充电时电压达 4.3 V。由于需要发展高电压锂离子二次电池来提高能量密度，所以聚合物电解质需要具有氧化稳定性，并且和电极活性材料不发生副反应。

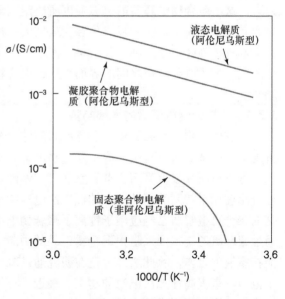

图 3.145　不同温度下不同电解质的离子电导率

3. 阳离子迁移数

锂阳离子是锂离子二次电池中的电荷载体。因此，阳离子需要比阴离子具有更高的迁移率，对离子电导率贡献显著。聚合物电解质的阳离子迁移数一般在 0.2 ~ 0.5 范围内。对于氢离子导体如在燃料电池中被用作聚合电解质的全氟磺酸，迁移数接近于 1.0。聚电解质是正在研究应用于锂二次电池中电解质强有力的替代物。

4. 电极-电解液界面反应

使用聚合物电解质引起的主要问题有离子电导率低，电极之间的界面接触差。与液体电解液不同，聚合物电解质可以分为与电极有充分接触的区域和不接触的区域。前者积极参与电荷转移反应，然而后者由于不均匀的电流分配导致无法利用电极。比如，在大电流下充放电时，电极中的活性物质根据局部情况呈不同的分布。不均匀的膨胀和收缩导致石墨电极或过渡金属氧化物电极快速升温。为了能够形成均匀的表面，二次电池中的电极应该由与聚合物电解质混合在一起的负极材料或正极材料组成。例如，单体被注入负极或正极的孔隙中，然后发生聚合反应，实现聚合物电解质和电极之间的紧密接触。聚合物电解质和电极之间的这种电化学反应可以生成与液体电解液中相似的产物。与液态电解液相比，聚合物电解质具有很高的分子质量，较低的流动性和较低的表面活性。特别是锂金属和聚合物电解质之间的电极与电解液界面阻抗逐渐增大，表明界面反应由于不稳定持续进行。

5. 机械性能

聚合物电解质最大的优点是薄膜提供了很大的表面积。薄膜越薄能量密度越高，因为更多的活性物质可以嵌入电池中。膜厚度是影响电池性能的一个很重要的因素，这由聚合物电解质的机械强度所决定。电解质膜的机械强度与缺陷率和生产能力有关。提高聚合物的玻璃化温度或增大有机溶剂的含量可以提高离子电导率但会降低机械强度。考虑到这种关系，离子电导率和机械强度需要优化在一个合适的范围内。为了改善电极之间的界面性质，聚合物电解质需要具有充分的粘接性和流动性。

3.3.2.4 聚合物电解质的发展趋势

凝胶聚合物电解质的离子电导率与液体电解液的离子电导率相近，可以应用到室温工作的锂二次电池中。许多聚合物电解质不适合用在锂二次电池中，现在正在积极地进行研究来提高离子电导率和机械性能。特别是固态聚合物电解质考虑用在运行温度相对较高的电动汽车的锂二次电池中。例如，以聚乙二醇含硼酯化合物为基的聚合物电解质已经应用于锂离子聚合物电池中。硼原子以含硼酯的形式被引入通过聚环氧乙烷基团来阻止聚合物运动的中断，从而使锂离子电池既能在高温下也能在室温下工作。除此之外，正在研究通过减少锂盐成分来降低成本，通过提高离子电导率来提高锂二次电池的功率。最近，有学者尝试开发用于锂二次电池的由离子液体和聚合物组成的离子凝胶（ionic gels）[77]。具有无支撑特性的柔韧的、透明的薄膜可以通过在离子液体中溶解乙烯单体，然后发生自由基聚合作用得到。通过研究聚合物电解质的体相结构和表面结构来促进表面性质，这方面的研究也非常活跃。除了这些趋势外，聚合物电解质在价格竞争力和大规模生产方面还有许多不足。在温度低于 −10 ℃时，电池的性能迅速变坏，能量密度减少。聚合物电解质也可能随着生产技术和高生产量的发展获得竞争力。现在正研发添加剂来改善电池性能，甚至低温下的电池性能。

3.3.3 隔膜

隔膜是不参与电化学反应的非活性物质。它们是锂电池工作必要的组分，为离子转移提供路径，同时将正极和负极进行物理隔开。与负极、正极和电解液一样，隔膜在决定电池性能和安全性方面发挥重要作用。为了更好地了解电解液性质，我们应当对隔膜的功能、结构和性质进行检测。

3.3.3.1 隔膜的功能

锂二次电池隔膜是以一种微孔聚合物膜，其孔径范围为纳米到微米尺寸。最常用的隔膜材料是聚烯烃，如聚乙烯 PE 和聚丙乙烯 PP，这些材料具有多种优点，包括良好的机械性能、化学稳定性、成本低[78-80]。商业化的隔膜具有 $0.03 \sim 1\ \mu m$ 的孔，孔隙率为 30%~50%，闭孔温度低（PE：~135 ℃，PP：~165 ℃）。如果内部短路使温度升高时，融化的隔膜进行闭孔，限制离子的运动，从而通过阻碍热反应来提高电池的安全性。制造电池时，薄的隔膜被用来使电池的容量达到最大化。特别是在高容量圆柱形电池（18650 类，3Ah）中使用的是 16 μm 厚的隔膜。

图 3.146 展示的是通过干法制备的 PE 隔膜的表面。PE 结晶组成了一个网络结构（亮的区域），孔隙互连形成微米尺寸的微孔（暗的区域）。由于微孔的尺寸小，隔膜可以阻止电极之间的接触和阻碍电极释放的物质的迁移。通过在微孔中填充液体电解液可实现离子传导。

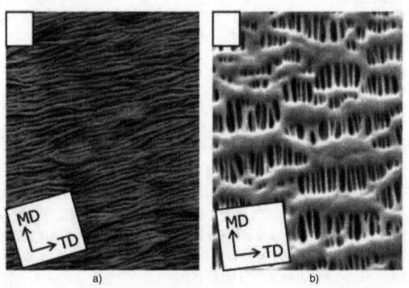

a)   b)

图 3.146 通过干法制备的 PE 隔膜的微观结构：a）拉伸前；b）单方向拉伸后[36]

3.3.3.2 隔膜的基本性质

应该优化隔膜的基本性质来提高电池的安全性和阻止在生产过程中可能出现的机械强度问题。表 3.12 为隔膜的主要物理性质。

表 3.12 隔膜的性质：测量参数和物理性质[81]（经 ACS 授权改编）

参　　数	值
厚度①②	$< 25\ \mu m$
电阻	< 8（Macmulin，尺寸）③
电阻	$< 2\ Ohms\ cm^2$
透气度④	$\sim 25\ s/mil$
孔径⑤	$< 1\ \mu m$
孔隙率	$\sim 40\%$
击穿强度⑥	$> 300\ kgf/mil$
混合穿透强度	$> 100\ kgf/mil$
收缩率⑦	双向均 $< 5\%$
拉伸强度⑧	1000psi 下伸长 $< 2\%$
闭孔温度	$\sim 130℃$
高温熔化温度	$> 150℃$
润湿性	在传统电池电解液中完全润湿
化学稳定性	在电池中可长时间保持稳定
尺寸稳定性	隔膜在电池中应该平整，稳定
扭曲率	$< 0.2mm/m$

① ASTM D5947-96。

② ASTM D2103。

③ D. L. Caldwell. Pouch. U. S. Patent 4. 464. 238（1984）。

④ ASTM D726。

⑤ ASTM E128-99。

⑥ ASTM D3763。

⑦ ASTM D1204。

⑧ ASTM D882。

隔膜的基本性质可以分成以下几种[36]：

1）厚度：由于液态有机电解液的离子电导率比水溶液电解液的低 100 倍，所以降低电极间的距离，同时最大化电极表面积来实现最大输出和能量密度是十分重要的。因此，膜的厚度不应该超过 25 μm，最常用的隔膜的膜厚度一般为 20、16 或 10 μm。薄的隔膜通过增加电极周围液体电解液的浓度和促进物质的迁移来增大电极的放电容量。但是，薄的隔膜可能会出现针孔并且易于撕裂。电极间短路的危险性增大，同时，会降低电池的安全性。

2）麦克马琳（MacMullin）数：麦克马琳数是填充了一种电解液的隔膜的阻抗

除以电解液本身的阻抗，一般高达 10 ~ 12。

3）电阻：隔膜作为一种绝缘体，当填充电解液之后应该具有较低的电阻。较高的电阻会影响电池的性能，包括放电容量。

4）渗透性：用 Gurley 单位来描述的渗透性，是测量空气在相同的条件下（相同的压力、相同的面积等）穿透所需的时间。它也是影响电池性能的隔膜性质之一。

5）孔径和孔隙率：孔隙率一般为 40% 左右。孔径应该在几十微米以下，比微粒的尺寸要小，从而防止枝晶生长和杂质引起的内部短路。

6）击穿强度：内部短路可能是由电极释放的杂质、负极和正极表面状态以及锂的枝晶生长引起的。击穿强度代表着隔膜对这些危险的抵抗力，可以通过使用探针挤压隔膜来测量。这个值越大越能降低隔膜引起内部短路的可能性。

7）热收缩：不同生产商的隔膜热收缩性不同，在真空 90 ℃ 下干燥 1h，引起的收缩应该小于 5%。

8）抗拉强度：像卷绕工艺中，抗拉强度是对生产过程有重要影响的一种性能。隔膜在伸长方向上具有较高的抗拉强度。25 μm 厚度的隔膜在纵向上的抗拉强度在 1000 kgf/cm^2 以上。单轴拉伸时，在横向上的抗拉强度仅是纵向抗拉强度的十分之一；双轴拉伸时，横向拉伸强度基本上与纵向相同。

9）闭孔：闭孔是一种在由内部或外部短路造成过流时通过微孔封闭来阻断电路的安全功能。因为早期短路时可以通过闭孔来防止温度升高，因此 PE 隔膜常被应用于锂二次电池中。

10）融化稳定性：融化稳定性是在高于熔断温度时长时间保持隔膜结构的一种性质，和闭孔温度一样，是电池安全性能要求的重要因素。

11）润湿性：要求隔膜有快速的润湿速率和足够的润湿性。

12）化学稳定性：化学稳定性是指在氧化还原条件下的稳定性。隔膜在高温下对电解液具有抗腐蚀性。

13）平均分子质量和质量分布：这是决定聚烯烃类物质的热力学和机械性能的一个重要因素。通过增大 $\overline{M}_W$ 和降低 $\overline{M}_W/\overline{M}_n$ 可实现良好的机械性能和较窄的熔断温度范围。

3.3.3.3　隔膜对电池装配的影响

电极活性物质涂覆在集流体上，在卷绕前，将隔膜插入它们中间。然后插到一个外壳中，填充电解液后密封起来，便形成锂二次电池。在缠绕过程中使用了一个卷轴。为了确保在活性物质不剥落和隔膜不扭曲的情况下得到尽可能高的密度，需要使用具有良好机械性能的薄的隔膜。在纵向上需要有良好的抗拉强度和伸张强度从而避免缠绕损坏和变窄。除此之外，也需要高的击穿强度使电池免受杂质影响以致损坏。这些性质由孔隙率和膜厚度来决定并影响制造过程。其他的要求还有卷芯、注入电解液时的湿润性、对电解液的电化学稳定性的抽样检查。

3.3.3.4 隔膜的抗氧化性

电池中与负极和正极接触的隔膜会经历电极表面的氧化和还原反应。因为聚烯烃隔膜对氧化反应的抵抗力较低，会发生氧化分解。这种氧化分解在高温下更加严重，最终降低电池的循环性能。抗氧化性随着材料的不同而不同，PP 隔膜比 PE 抵抗力更强。一些生产商制造包括 PP/PE/PP 三层的隔膜，与单层的 PE 膜相比，其抗氧化性更好[36]。随着对高容量电池的需求增加，隔膜的抗氧化性更加重要。这需要通过提高电解液和隔膜的抗氧化性来实现。但是，隔膜的抗氧化性还没有得到广泛研究。提高隔膜抗氧化性的方法之一是在负极表面涂一层 PVdF 基聚合物[82]。图 3.147 展示的是在 4.4 V、90 ℃下保持 4h 的拆开的电池的傅里叶变换红外光谱（FTIR）分析结果。在 700～1900 cm^{-1} 范围内观察到 C＝C 双键的峰，这表明氧化反应发生在 PE 隔膜的表面。这由图 3.147FTIR 分析结果中 PE 隔膜的颜色变化得到证实：a）锂电池和 b）在负极表面的 PVdF。如图 3.148 所示，当在正极表面涂覆 PVdF 基胶状聚合物电解质时，电池在 4.4 V 下没有发生任何氧化反应并保持很好的性能。这是因为使用 PE 隔膜的正极表面的 PVdF 基凝胶电解质阻止了与正极的直接接触[82]。

除了使用聚合物电解质对电极表面改性之外，抗氧化性还可以通过在电极和隔膜表面引入有机/无机化合物膜进一步改善[83-86]。

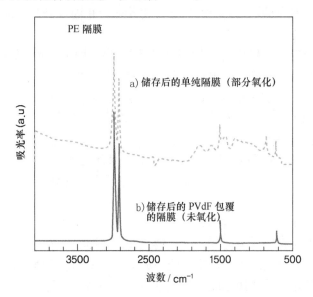

图 3.147 在 90℃下储存 4h 的 PE 隔膜的红外光谱：a）单纯的隔膜；
b）PVdF 包覆的隔膜[83]（经 Elsevier 授权复制，版权 2007 年[83]）

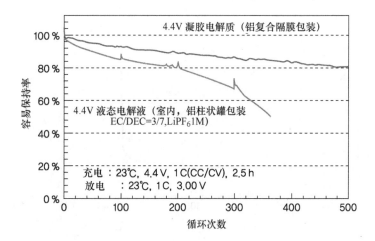

图 3.148　4.4 V LIPB 和 4.4 V LIB 循环性能对比[83]（经 Elsevier 授权复制，版权 2007 年[83]）

3.3.3.5　隔膜的热稳定性

当外部或者内部的短路造成电流过载，继而引起电池温度升高时，电极与电解液之间的反应或电解液分解反应会引发气体和液体的释放并且导致着火。这里，隔膜可以提高电池的安全性。随着电池的温度升高，隔膜融化封闭微孔，限制了离子电导率，因此延迟了随时间积累的热扩散而引起的燃烧，甚至在闭孔温度时电池会停止反应。由于电池内部的温度继续升高，隔膜需要有较高的熔断温度。和孔隙率与渗透性一样，闭孔温度和熔断温度是保证电池高安全性能的重要因素。考虑到短路和融化性质，有研究者尝试在高于熔断温度之上通过使用适当的分子质量和比例的聚烯烃来抑制流动性从而改善融化性质。另一种方法是将具有不同熔断温度的材料进行混合，比如 PE 和 PP，从而获得较低的闭孔温度和较好的熔断性质。

1. PE 隔膜

通过使用高于熔断温度时几乎没有流动性的超高分子质量的聚乙烯，保持低闭孔温度和高熔断温度，隔膜起到绝缘体的作用。

2. PE/PP 多层隔膜

通过将具有不同熔断温度的 PE 和 PP 膜进行叠加，在锂二次电池短路时通过在中间核心层的隔绝来促进电池安全性。对于能有效保持电池安全性的隔膜，混合具有不同熔断温度的膜是一个已知的使隔膜在较宽的温度范围内起到绝缘作用的方法[83,87]。在图 3.149 中展示的三层隔膜中，我们可以看出在 130℃ 时发生短路，绝缘材料在 180℃ 下保持稳定不发生任何融化。

3.3.3.6　隔膜材料的发展

1. 微孔聚烯烃膜

早期，隔膜是由具有微孔的 PE 制成的。在高于 120℃ 的熔断温度时，离子和

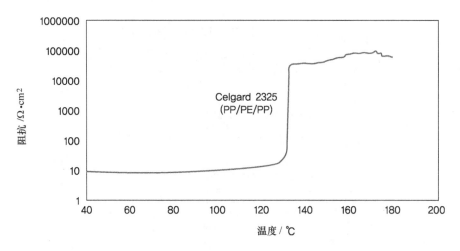

图 3.149 PP/PE/PP 三层隔膜的闭孔性质（Celgard 2325）[82]（经 ACS 授权改编）

有机溶剂穿过孔隙的运动受到限制，电池失效。由于 PE 在高温下会流动，所以会很难将电极分开或在着火时会继续融化。为了克服这个缺点，PE 和熔断温度至少比它高 40 ℃ 的 PP 混合使用。但是，PE 隔膜被更多的研究是因为多层膜的复杂性和高制造成本。现在正在进行研究使用超高分子量的 PE 来代替 PP，以解决高于 PE 熔断温度时流动性的问题。

2. 多孔 PVdF 膜

PVdF 已经在锂离子电池的电极中用作粘结剂。与聚烯烃相比，含氟聚合物在主链中包含具有很高电负性的氟原子，因此，由于它与极性溶剂之间较强的相互作用导致它与液体电解液具有非常强的亲合力。在 20 世纪 90 年代初期，P（VdF-co-HFP）隔膜就被用在由 Bellcore 研发的塑性锂离子电池中。通过 VdF 和 HFP 的共聚反应，PVdF 的结晶温度和结晶度降低。尽管具有较高的电解液摄入量和离子电导率，但与聚烯烃相比，PVdF 机械性能太差，因此 PVdF 没有被应用于锂离子电池中。其他的发展为复合类隔膜，如通过结合高机械性能的聚烯烃和高质量的 PVdF 聚合物制造复合类隔膜。

3. 隔膜无机涂层

由于材料的性质和制造过程时的拉伸，聚烯烃隔膜在 100 ℃ 以上时热收缩十分严重。由于电池中的金属微粒和其他杂质的存在，它们很容易破裂。这也是已知的负极和正极之间内部短路的主要原因[82]。为了克服这个缺陷，现在正在广泛研究含有无机纳米微粒层（SiO_2，TiO_2，Al_2O_3，ZrO_2，等）与粘结剂（聚合物或无机物）混合，涂覆在聚烯烃[83]、无纺布[88]或电极表面的新隔膜。特别是，已经将先进的技术手段应用于由聚酯无纺布和无机涂层组成的隔膜（见图 3.150）中的技术来替代典型的聚烯烃[88]。

图 3.150　德国 Evonik Degussa 开发的陶瓷隔膜的模拟图

无机涂层法是在聚烯烃隔膜基础上改善了热力学和机械性能并通过抑制内部短路来改善电池安全性。而且，由于从无机纳米微粒、粘结剂性质和无机涂层的微观结构调控中获得了很高的离子电导率，所以无机涂覆层的电池性能比凝胶聚合物电解质的更好。在无机涂层隔膜的发展中，不同的制造商采用了多种方法，结果还没有详细公布。更具体地说，关于由 $CaCO_3$ 和聚四氟乙烯制得的无支撑的无机复合隔膜[89]以及由氧化铝、PVdF 粘结剂组成的复合隔膜[90]的基础研究正在进行中。

3.3.3.7　隔膜的制造工序

1. 膜技术

膜技术包括挤压和拉伸工艺。一般挤压通过双螺旋挤出机来完成，在不涉及混合聚合物和溶剂的制造过程时可以使用单螺旋挤出机。从 T 形挤出模制得的挤出片材会在纵向方向的单向拉伸或纵向和横向的双向拉伸。双向拉伸制得的膜具有更高的强度和各向同性，因此更适合作为隔膜。另一种方法是先使用圆柱形模具进行挤压，然后进行管状拉伸。

2. 造孔技术

造孔技术可以被分为干法和湿法两种。

干法　干法是在低温下通过对挤压膜进行拉伸从而在层状晶体表面生成小的裂缝进而形成孔隙。图 3.151a 展示的是通过此方法制得的微孔膜的 SEM 图像。

湿法　湿法过程中，在高温下聚合物和增塑剂被均匀混合在一起，然后通过冷却进行相分离。然后去除增塑剂产生孔隙（见图 3.151b）。也可能会添加一种无机粉末，然后将它和增塑剂一起去除。后一种方法可以制造大孔径和高孔隙率的隔膜。

3.3.3.8　隔膜的前景

当锂二次电池变得更紧凑时，可以获得更高的能量密度和功率密度，隔膜也应该更薄、强度更大且不易收缩。特别是当含 PE 铝塑复合膜被用作封装材料时，尺寸稳定性十分关键，因为外部力量可能会导致电池弯曲或扭曲。隔膜越薄越有利于

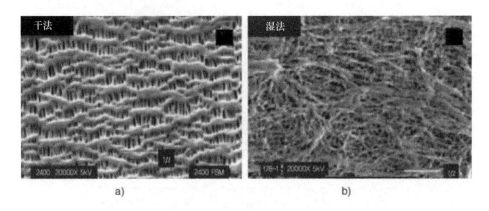

a)   b)

图 3.151　a) 干法和 b) 湿法制备的隔膜的 SEM 照片[82]（经 ACS 授权改编，2004 年）

电解液的注入，但是可能会降低注入量或电解液保持能力。因此，迫切需要改善隔膜和电解液的相容性。为了满足高能量密度和高比功率特性的要求，需要研究新方法来促进隔膜的孔关闭和熔断。

3.3.4　粘结剂、导电剂与集流体

在这个章节中，我们将介绍电池的其他部分，如粘结剂、导电剂和集流体。除了以上章节介绍的之外，它们也是非常重要的部分，在生产中要提前考虑。电池的整体性能也取决于这些部件的特性。

3.3.4.1　粘结剂

1. 粘结剂的功能

粘结剂在电极的机械稳定性中扮演着非常重要的角色。例如，如图 3.512 所示，当锂离子嵌入石墨电极的时候，石墨电极在 c 轴上膨胀了 10%，当锂离子脱嵌的时候，石墨电极会收缩。

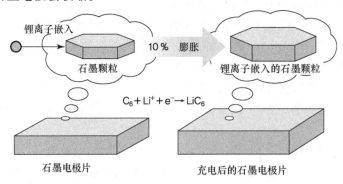

图 3.152　充电后石墨电极片的体积变化

这个步骤会随着电池的充放电过程反复进行。当这种变化发生的时候，活性物质或者导电剂之间的界面接触会削弱。这将伴随着颗粒间接触电阻的增加。最终，由于电极欧姆电阻变大，电池性能会恶化。由电极机械不稳定性引起的问题可以通过使用合适粘结剂得以解决。在电极制造的烘干过程中，当电极温度达到 200 ℃ 的时候，必须保持强有力的粘合力。用作粘结剂的聚合物的结构控制对于在活性物质和集流体之间结合力的形成是相当重要的。

2. 粘结剂的要求

1）电池性能和安全性

粘结剂必须保持粘合性能，不能溶解到用作锂离子电池用的高极性的碳酸酯的有机溶剂中。它们应该在电化学环境下保持稳定。与部分氟化的 PVdF（聚偏二氟乙烯）[91] 相比，含有 TFE（四氟乙烯，$-CF_2-CF_2$）或者 HFP（六氟丙烯，$-CF_2-CF(CF_3)-$）在内的氟化聚合物更容易还原。因此，PVdF 是目前已知的最稳定的粘结剂。粘结剂也应展现出抗氧化能力，因为正极材料通常是金属氧化物，当过充电的时候可以释放出活性氧。从理论计算（分子轨道理论）得到的氧化电势值分别为 -12.12 eV（PE），-14.08 eV（PVdF）和 -15.47 eV（PTFE）。像 EC 和 PC 这样的有机溶剂的氧化电势分别为 -12.46 eV 和 -12.33 eV。这说明氟化的聚合物有较强的抗氧化性。除此之外，粘结剂充当由锂在电极的嵌入和脱嵌引起的活性物质的膨胀和收缩的缓冲剂。如图 3.153 所示，考虑到粘结剂对活性物质的粘结形式，由于弹性聚合物较差的粘接能力和高温下会膨胀，弹性聚合物仍然没有商业化。

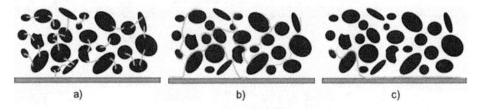

图 3.153　活性物质的粘结模型

a）点粘结　b）面粘结　c）集流体屏障

在锂离子电池的制造中，水分对电池性能有负面影响。考虑到电解液中水分含量为 10 ppm，电极应基本上不包含水。此外，粘结剂应该有优异的耐热性，由于电池制造过程中温度可能高达 200 ℃。这些条件限制了适合用作粘结剂的聚合物的类型。

2）制造过程

粘结剂在活性物质浆料的制备过程中应均匀、稳定，然后快速地进行涂覆。随着温度的增加或充放电循环的进行，活性物质必须保持强有力的粘合力。在活性物质和集流体之间保持良好的附着力可以阻止粉末在分条过程中被吹起来并且有助于电池的安全性。高黏度的粘结剂溶液对于有着高比重的活性物质来说是必需的。

图 3.154 展示了三种不同粘结剂的浓度与黏度之间的关系。如图 3.155 所示，所有的粘结剂必须调整到合适的真密度和表观密度值。电池的性能主要由电极活性物质的性能来决定，但是不受粘结剂的影响，对于 PVdF 它仅仅展现了对锂离子导电性的影响。

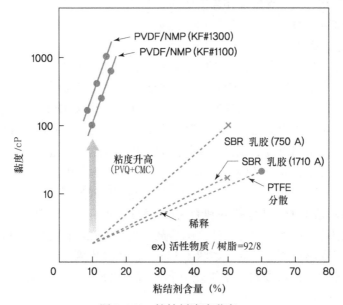

图 3.154　粘结剂溶液黏度

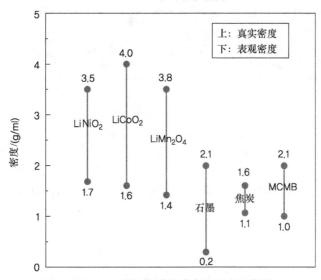

图 3.155　电极活性物质的真密度和表观密度

3. 合适的聚合物粘结剂

合适做粘结剂的聚合物有 PVdF、高附着力的 SBR（丁苯橡胶）/CMC（羧酸甲基纤维素）、化学稳定和耐热的 PTFE、聚烯烃、聚酰亚胺、聚氨酯、聚酯。从缩合反应获得的聚酰亚胺、聚酯和其他的聚合物有着很强的粘附性能和优异的耐热性。然而，酰胺和酯类键不满足以上提到的条件。环氧树脂不能用作粘结剂是因为较长的固化时间。

聚合物粘结剂可以看做聚合物和分散介质的混合物，通常以有机溶剂或水溶液的形式存在。分散介质对活性物质的影响（溶解度，残留量等）以及溶剂的回收重新使用是应该需慎重考虑的问题。对于水溶液的分散介质而言，循环性质可能受干燥后残留在活性物质的表面活性剂的影响。阻燃性是粘结剂的另外一个重要的性质，按照降序排列为 PTFE ＞ PVdF ＞ 聚酰亚胺 ＞ 聚乙烯。

4. 理想的粘结剂

就制造工序和电池的性能而言，粘结剂的作用可以归纳如下。包含于导电溶液内的活性物质涂覆和干燥工序有许多技术问题。然而，由于这个方法的高生产效率，其仍旧被采用。如果活性物质层可以在干燥过程中自粘结或者 CVD 方法直接并连续不断地将活性材料沉积在集流体，那么将不再需要目前的湿法粘结剂。然而粘结剂是如何粘附电池中的活性材料的机理还不清楚，原子力显微技术（AFM）正在被用于检测石墨和 PVdF 的状态。图 3.156 为通过偏光显微镜观察到将非石墨的负极添加到 PVdF 粘结剂的测试结果。我们可以观察到以碳作为形核体的活性物质的成核活动。

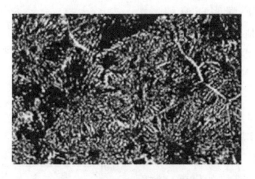

图 3.156　活性物质的成核活性

5. PVdF 粘结剂

1）基本特性

与 PTFE（4F）类似，PVdF（2F）是氟化聚合物树脂的一种类型，它是在极性溶剂里面有着热塑性和溶解度的乙烯基共聚物。高于 3F 的氟化聚合物是不能溶解的，然而 2F 和 6F（六氟丙烯）的共聚物溶解能力强，这归因于它们较低的结晶度。

　　和其他聚合物相比，PVdF 有着非常高的相对介电常数（在 $10^2 \sim 10^3$ Hz 的范围内为 $9 \sim 10$），并且在极性溶液中膨胀后锂离子电导率为 $10^{-6} \sim 10^{-5}$ S/cm。PVdF 是一种比重为 1.78 g/ml 的晶体状聚合物，玻璃化温度（T_g）接近 -35 ℃，熔化温度（T_m）为 174 ℃，结晶温度（T_c）为 142 ℃。与乳液聚合作用相比，在较高的熔点和结晶度下，低温悬浮聚合生长的 PVDF 有着较高的熔点和结晶度，从而拥有更好的抗溶胀性。

　　2）溶解度

　　为了用作粘结剂，PVdF 必须首先溶解或分散于合适的介质中。根据它的聚合物的结构和结晶度的不同，PVdF 的溶解度也有很大不同，而聚合物的结构和结晶度的性质由聚合的方法决定。

　　图 3.157 为以溶剂的溶解度参数作为横轴的 PVdF 的溶解性能图。我们可以看出 PVdF 在 35 ℃的 DMAc（醋酸二甲酯）和 NMP 的溶剂内，PVdF 有着高于 10% 的溶解性。PVdF 几乎不溶于通常使用的有机溶剂，例如碳酸溶剂、酯、内酯。在大多数有机溶液中，乳液聚合作用通过柔性链降低 PVdF 的结晶度，从而促进 PVdF 膨胀或溶解。然而，由悬浮聚合法制备的 PVdF 不能溶解于像 MEK（甲乙酮）和 THF（四氢呋喃）等广泛使用的溶剂之中。在这些溶剂中，NMP 是一种稳定的溶剂，有着 95 ~ 97 ℃的闪点，346 ℃的着火点，并且已经建立了溶剂回收的方法。

　　3）溶剂的特性

　　溶剂可以有很宽范围的黏度，黏度可适当调整到活性物质的比重（真实比重和表观比重）。如果具有较高的真实比重（3.5 ~ 4.5 g/ml）的正极材料

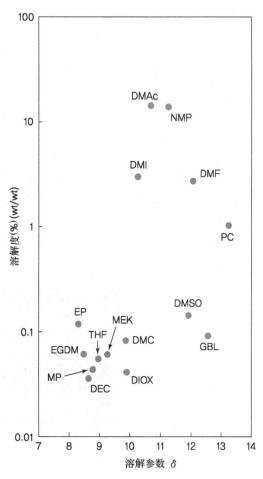

图 3.157　PVdF 的溶解度（KF#1100, 35℃）

浆料不能在高黏度下制备，它会引起沉淀和其他的问题。活性物质和 PVdF 粘结剂的质量比通常在 96:4 ~ 88:12 范围内。如果添加更多聚合物增加粘结剂的黏度，粘结剂会过量。因此，在制备高黏度的浆料过程中，要使用聚合度高的聚合物。粘结

剂在溶解之后，随着微凝胶完全去除再进行过滤，并且在其使用之前检查包括碱金属，铁，锌，铜在内的金属杂质。一旦确定了浆料合适的黏度，浆料就会被转移到涂覆装置上，然后在集流体上进行涂覆。经受较宽范围的剪切速度下，浆料应保持均匀的黏度。

4）有机溶剂的膨胀和稳定性

图 3.158 为膨胀后，薄膜内有机溶剂的重量含量随 PVdF 粘结剂的膨胀率的关系曲线。有高介电常数的环状碳酸酯组成的混合溶剂表现出高膨胀率。除了碳酸二甲酯以外，大多数线性碳酸盐有着低于 10 的低介电常数。当膨胀率低于 20% 时候，浸渍的电解液不会影响晶体结构，但在结晶颗粒和非结晶区域的范围内保持分散性。

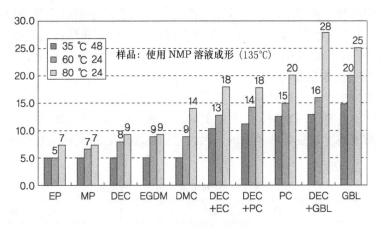

图 3.158　PVdF 的膨胀率

由于 PTFE 几乎不会膨胀，PTFE（聚四氟乙烯）是一种苛刻的条件下合适的粘结剂。

在之后的章节将要介绍丁苯乳胶和热固树胶的膨胀率，它们的膨胀率受聚合物固化反应诱发的交联所影响。实际上，交联密度由选择的催化剂和固化时间来决定。根据有机溶剂类型，降低交联密度将导致更明显的膨胀。

6. SBR/CMC 粘结剂

最近已经开始在碳基和非碳基的负极（硅碳复合材料，锡，硅基）上使用 SBR/CMC（丁苯橡胶/羧甲基纤维素）的粘结剂来取代了 PVdF 粘结剂。为了容量和能量密度最大化，在减少粘结剂含量的同时增加电极活性物质的量是非常重要的。然而，就降低粘结剂的使用量而言，PVdF 是受限制的。当活性物质颗粒为纳米级的时候，这个问题变得更加严重。由于 SBR/CMC 有着优越的粘接性能，它能使活性物质和导电颗粒之间具有较强的粘结力，SBR/CMC 目前正被考虑来应用。在非碳负极内，如果没有紧密的结合，大体积的改变会导致电阻的增加。由于

SBR/CMC 粘结剂可以分散到水溶液中，相比 PVdF 分散在 NMP 溶剂中，它更加环保（见表 3.13）。除了不易燃烧之外，浆料的形成和涂覆可以在大气条件下进行，SBR/CMC 体系就降低了制造成本。

7. 基本特性

相比于 PVdF，SBR 是基于二烯的合成橡胶，有着较好的耐热性。在 Na-CMC（羧甲基纤维素钠）中，纤维素的羧基功能团部分被羧酸钠（ $-CH_2COONa^+$ ）代替，取代度为 $0.6 \sim 0.95$。它在水中溶解度高。SBR 和 CMC 之前是单独使用，但是现在结合起来使黏附力最大化同时使粘结剂含量最小化。由于 PVdF 的高抗氧的稳定性，它仍旧被广泛用于做正极的粘结剂。

8. 性能

在 SBR/CMC 粘结剂里面的 SBR 是由均匀分散于水中的细小的橡胶粒子组成。相比 PVdF，它的含量较低，并在高温下有着较好的机械弹性和稳定性。除了较强的粘结力，粘结剂的性能还由电化学稳定性和不同的制造条件来决定。

9. 粘结剂的未来趋势

随着锂二次电池变得更加紧凑、纤细、大容量和稳定，电池生产应该进一步改进，例如电极浆料的高效制备、更快的电极生产、快速的注液能力、高速的电极卷绕等。粘结剂的发展是非常重要的，因为它们在增强电池性能和生产率上是非常必要的。

表 3.13 SBR/CMC 粘结剂的性质

	类　　别	SBR[①]/CMC
粘结剂	橡胶类型	二烯基类橡胶
	玻璃化温度	$-5℃$
	直径	130 nm（干燥）
	热分解开始温度	248℃（空气中）
		342℃（氮气中）
粘结剂溶液	稀释	水
	浓度	40 wt%
	黏度	12 mPa s
	PH	6
与电解质的粘结性能	膨胀	1.6 倍（wt）
	化学稳定性	无颜色变化
	电化学稳定性	抗还原性

（续）

类　　别	SBR[①]/CMC
浆液组成 SBR	15
CMC	1.0
MCMB（0.9 m²/g）	100
水	52.25
浆液性质 总固体量	66.7 wt%
黏度（60 rpm）	3000 mPa s
耐储存性（7 天）	不会发生沉淀
电池性能 在集流体上的粘结能力（无压力）	3g/cm
硬度（H = 10 mm）	2g
破裂点	1 mm
电极表面粗糙度（无压力）	3 μm

① SBR：BM-400B，Zeon，日本。

正极材料正在向尽可能不使用钴、镍和锰元素方向发展，因为它正面临严重的资源局限。以镍为基础的正极材料是可溶于水，高碱性，并且能够以 2000～3000 ppm 的速率吸收水分。含水的粘结剂对高碱含量的正极材料效果不好。即使使用非水粘结剂，浆料在混合后也并不能增加流动性。

虽然碳负极的化学性质不活跃，通过碳的结构和表面表现出了不同的特性（亲水性的/疏水性的）。例如，由于较低的比重，天然石墨需要大量的分散介质，并且改善浆料的流动性需要进一步研究。

3.3.4.2　导电剂

添加细小的碳粉来改善电极活性颗粒之间或者电极活性颗粒到金属集流体之间的电子导电性，这些碳粉被称为电子导电剂。这对阻止粘结剂充当绝缘体、弥补电极缺乏电子导电性是很有必要的。

1. 导电剂的类型

碳基材料通常都可用作导电剂。碳粉有炭黑、乙炔黑、科琴炭黑。碳粉的表现形式如图 3.159 所示，细颗粒相互缠绕形成纤维状的网络。基本的晶体结构同锂离子电池的石墨负极一样，但是碳粉的石墨结构仅仅为部分石墨化的炭。

不同的制造方法导致石墨化程度的不同，也导致乙炔黑、科琴炭黑之间微观结构的不同。通常来说，由于石墨化程度较高，科琴炭黑的碳颗粒显示了更高的导电性。尽管两个材料的电阻都在 0.5 Ωcm 以下，相比于单独使用科琴炭黑，这两种类型的炭混合后产生了更高的电阻。乙炔黑中的碳粉比科琴炭黑更小（约 30 nm），并且在某种程度上类似于佛珠一样方式进行互连。尽管科琴炭黑有着更大的微粒，

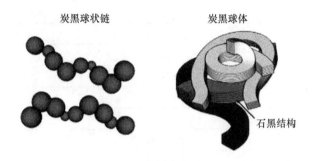

图 3.159　碳粉末的结构模型

它的比表面积达 800 m^2/g，远大于的乙炔黑的 100 m^2/g 的比表面积。这是因为科琴炭黑中的微粒包含许多孔隙。两种导电剂与负极材料和正极材料都有强烈粘附能力。图 3.160 展示了电极电阻随炭黑量的变化趋势。我们可以看到通过添加碳，大大减少电阻。由于碳的类型影响电阻减少的模式，根据活性物质和颗粒状态，选择合适的碳类型是很重要的。

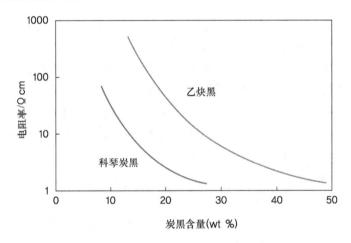

图 3.160　电极电导率随着碳含量的变化

2. 导电剂的分散性

当碳粉作为导电剂时，碳、活性材料和粘结剂应当均匀地混合，如图 3.161 所示。

此时，均匀地混合电极活性材料和碳粉是很重要的。如果以如图 3.162 a 这样分散，则需要大量的碳粉。图 3.162 b 是一个碳良好分散的例子。虽然碳粉以链状结构存在，链应该被分开而不是聚集在一起。

3. 导电剂和电池的润湿性

碳粉作为一种疏水性物质，它很难润湿。通常使用的有机溶剂有很高的介电常

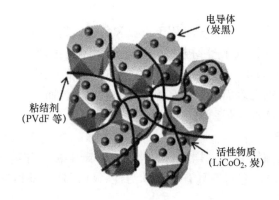

图 3.161　实际电极的结构模型

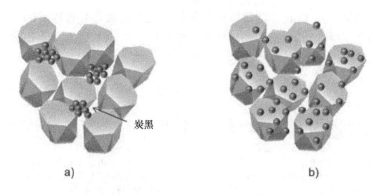

图 3.162　碳分散很差的电极（图 a）和碳分散较好的电极（图 b）

数和比水更好的润湿性。然而，根据碳的状态，它们可能不被润湿。因此，应对乙炔黑和科琴炭黑的表面进行修饰以确保其润湿性。例如，有着同样孔径尺寸电极的能量密度可以通过降低碳粉对电解质的亲和力进行调整。由于碳颗粒里面孔径的存在，炭能够保留电解液。

4. 导电剂的修饰

虽然碳作为导电剂的研究很少，已经有人研究硼掺杂来改变碳的结晶度或者控制碳粉的表面状态。如果碳本身能够充电和放电，电池性能可以得到提高。由于材料成本和特性的原因，导电聚合物材料作为导电剂的发展现在并未得到重视。

3.3.4.3　集流体

1. 集流体的作用

集流体充当着从外电路向电极活性物质供给电子或向外电路传递电极反应所产生电子的介质。它是组成电极的重要材料。考虑到电子导电性、电化学稳定性、电极制造工艺等特点，金属常用作集流体的材料。

2. 要求

对于锂离子电池，铝和铜分别用于正极和负极的集流体。电极活性物质涂覆在集流体表面，随后进行烘干得到电极。尽管集流体是很薄的箔片（厚度：10～20 μm）组成，集流体却要有足够的机械强度。它的表面状态对于电极浆料的制备是至关重要的。实际的箔表面对浆料有着较高的润湿性，而且在除去溶剂后，粘结剂和集流体之间有可能保持强劲的粘结力。

3. 负极集流体

负极集流体由像铜和镍这样的材料构成，在碳电极工作电压范围（对锂电位在0.01～3.0 V）内，它们不具有电化学活性。特别是，铜相对稳定，不易还原，而镍价格比较昂贵。

4. 正极集流体

对于正极而言，防止金属集流体在高压电位下的氧化是很重要的。因为氧化反应发生在3 V左右，因此铜不能用作正极集流体。考虑到成本、工作范围内电化学稳定性等多种因素，铝是最合适的集流体材料。

参考文献

1 Blomgren, B.E. (1983) *Lithium Batteries*, Academic Press, New York.

2 Ue, M., Murakami, A., and Nakamura, S. (2002) *J. Electrochem. Soc.*, **149**, A1385.

3 Ue, M. (1994) *J. Electrochem. Soc.*, **141**, 3336.

4 Yoshio, M. and Kozawa, A. (1996) *Lithium-Ion Secondary Battery: Materials and Application*, 3rd edn, Nikkan Kougyo Shinbunsya.

5 Ue, M., Ida, K., and Mori, S. (1994) *J. Electrochem. Soc.*, **141**, 2989.

6 Ue, M., Takeda, M., Takehara, M., and Mori, S. (1997) *J. Electrochem. Soc.*, **144**, 2684.

7 Ue, M., Murakami, A., and Nakamura, S. (2002) *J. Electrochem. Soc.*, **149**, A1572.

8 Mori, S., Asahina, H., Suzuki, H., Yonei, A., and Yokoto, K. (1997) *J. Power Sources*, **68**, 59.

9 Kominato, A., Yasukawa, E., Sato, N., Ijuuin, T., Asahina, H., and Mori, S. (1997) *J. Power Sources*, **68**, 471.

10 Wang, Y., Nakamura, S., Ue, M., and Balbuena, P.B. (2001) *J. Am. Chem. Soc.*, **123**, 11708.

11 Wang, Y., Nakamura, S., Tasaki, K., and Balbuena, P.B. (2002) *J. Am. Chem. Soc.*, **124**, 4408.

12 Abe, K., Ushigoe, Y., Yoshitake, H., and Yoshio, M. (2006) *J. Power Sources*, **153**, 328.

13 Xiao, L., Ai, X., Cao, Y., and Yang, H. (2004) *Electrochim. Acta*, **49**, 4189.

14 Shima, K., Shizuka, K., Ue, M., Ota, H., Hatozaki, T., and Yamaki, J. (2006) *J. Power Sources*, **161**, 1264.

15 Bockris, J.O'M. and Reddy, A.K.N. (1970) Chapter 4, in *Modern Electrochemistry*, vol. **1**, Plenum, New York.

16 MacInnes, D.A. (1961) Chapter 4, in *The Principles of Electrochemistry*, Dover, New York.

17 Devynck, J., Mossina, R., Pingarron, J., and Tremillon, B. (1984) *J. Electrochem. Soc.*, **131**, 2274.

18 Scordilis-Kelly, C. and Carlin, R.T. (1994) *J. Electrochem. Soc.*, **141**, 873.

19 Matsumoto, H., Yanagida, M., Tanimoto, K., Kojima, T., Tamiya, Y., and Miyazaki, Y. (2000) *Molten Salts XII*, The Electrochemical Society, Pennington, p. 186.

20 Fuller, J., Carlin, R.T., and Osteryoung, R.A. (1997) *J. Electrochem. Soc.*, **144**, 3881.

21 Fuller, J., Osteryoung, R.A., and Carlin, R.T. (1995) *J. Electrochem. Soc.*, **142**, 3632.

22 Kim, D.W., Sivakkumar, S.R., MacFarlane, D.R., Forsyth, M., and Sun, Y.K. (2008) *J. Power Sources*, **180**, 591.

23 Cooper, E.I. and Angell, C.A. (1986) *Solid State Ionics*, **18–19**, 570.

24 MacFarlane, D.R., Meakin, P., Sun, J., Amini, N., and Forsyth, M. (1999) *J. Phys. Chem. B*, **103**, 4164.

25 Matsumoto, H., Kageyama, H., and Miyazaki, Y. (2002) *Chem. Commun.*, **16**, 1726.

26 Hajime, M. (2002) *Polym. Prep. Jpn.*, **51**, 2758.

27 Xu, K. (2004) *Chem. Rev.*, **104**, 4303.

28 Barker, J. and Gao, F. (1998) U.S. Patent 5712059.

29 Fujimoto, M., Shouji, Y., Nohma, T., and Nishio, K. (1997) *Denki Kagaku*, **65**, 949.

30 Simon, B. and Boeuve, J.P. (1997) U.S. Patent 5626981.

31 Holleck, G.L., Harris, P.B., Abraham, K.M., Buzby, J., and Brummer, S.B. (1982) Technical Report No. 6, Contract N00014-77-0155, EIC Laboratories, Newton, MA.

32 Abraham, K.M. and Brummer, S.B. (1983) *Lithium Batteries* (ed. J. Ganabo), Academic Press, New York.

33 Behl, W.K. and Chin, D.T. (1988) *J. Electrochem. Soc.*, **135**, 16.

34 Behl, W.K. and Chin, D.T. (1988) *J. Electrochem. Soc.*, **135**, 21.

35 Behl, W.K. (1989) *J. Electrochem. Soc.*, **136**, 1305.

36 Lee, Y.G. and Kim, K.M. (2008) *J. Korean Electrochem. Soc.*, **11**, 242.

37 Adachi, M., Tanaka, K., and Sekai, K. (1999) *J. Electrochem. Soc.*, **146**, 1256.

38 Chen, J., Buhrmester, C., and Dahn, J.R. (2005) *Electrochem. Solid State Lett.*, **8**, A59.

39 Moshurchak, L.M., Buhrmester, C., and Dahn, J.R. (2005) *J. Electrochem. Soc.*, **152**, A1279.

40 Yoshino, A. (2002) Proceedings of the 4th Hawaii Battery Conference, Jan 8–11, ARAD Enterprises, Hilo, HI, p. 102.

41 Tobishima, S., Ogino, Y., and Watanabe, Y. (2003) *J. Appl. Electrochem.*, **33**, 143.

42 Izatt, R.M., Bradshaw, J.S., Nielson, S.A., Lamb, J.D., and Christensen, J.J. (1985) *Chem. Rev.*, **85**, 271.

43 Salomon, M. (1990) *J. Solution Chem.*, **19**, 1225.

44 Lee, H.S., Yang, X.Q., McBreen, J., Choi, L.S., and Okamoto, Y. (1996) *J. Electrochem. Soc.*, **143**, 3825.

45 Lee, H.S., Sun, X., Yang, X.Q., McBreen, J., Callahan, J.H., and Choi, L.S. (2000) *J. Electrochem. Soc.*, **146**, 9.

46 Tasaki, K. and Nakamura, S. (2001) *J. Electrochem. Soc.*, **148**, A984.

47 Prakash, J. (2005) Battery Technology Symposium, KERI, Korea.

48 Lee, C.W., Joachin, H., Hui, Y., and Prakash, J. (2000) Rechargeable Lithium Batteries, The Electrochemical Society Proc. PV 2000-21, p. 297.

49 Lee, C.W., Venkatachalapathy, R., and Prakash, J. (2000) *Electrochem. Solid State Lett.*, **3** (2), 63.

50 Prakash, J., Lee, C.W., and Amine, K. (2002) U.S. Patent 6455200.

51 Lee, C.W., Venkatachalapathy, R., and Prakash, J. (2000) *Electrochem. Solid State Lett.*, **3** (2), 63.

52 Shu, Z.X., McMillan, R.S., Murray, J.J., and Davidson, J. (1996) *J. Electrochem. Soc.*, **143**, 2230.

53 Arai, J., Katayama, H., and Akahoshi, H. (2002) *J. Electrochem. Soc.*, **149**, A217.

54 Zhang, S.S., Xu, K., and Jow, T.R. (2002) *J. Electrochem. Soc.*, **149**, A586.

55 Barthel, J., Wuhr, M., Buestrich, R., and Gores, H.J. (1995) *J. Electrochem. Soc.*, **142**, 2527.

56 Barthel, J., Schmidt, M., and Gores, H.J. (1998) *J. Electrochem. Soc.*, **145**, L17.

57 Handa, M., Suzuki, M., Suzuki, J., Kanematsu, H., and Sasaki, Y. (1999) *Electrochem. Solid State Lett.*, **2**, 60.

58 Ishikawa, M., Sugimoto, T., Kikuta, M., Ishiko, E., and Kono, M. (2006) *J. Power Sources*, **162**, 658.

59 Sugimoto, T., Kikuta, M., Ishiko, E., Kono, M., and Ishikawa, M. (2008) *J. Power Sources*, **183**, 436.

60 Wright, P.V. (1975) *Br. Polym. J.*, **7**, 319.

61 Vashishta, P., Mundy, J.N., and Shenoy, G.K. (1979) *Fast Ion Transport in Solids*, North-Holland, Amsterdam.

62 MacCallum, J.R. and Vincent, C.A. (1987) *Polymer Electrolyte Reviews*, vol. 1, Elsevier Applied Science, London.; MacCallum, J.R. and Vincent, C.A. (1989) *Polymer Electrolyte Reviews*, vol. 2, Elsevier Applied Science, London.

63 Scrosati, B. (1993) *Applications of Electroactive Polymers*, Chapman and Hall, London.

64 Gray, F.M. (1997) *Polymer Electrolytes*, The Royal Society of Chemistry, Cambridge.

65 Song, J.Y., Wang, Y.Y., and Wan, C.C. (1999) *J. Power Sources*, **77**, 183.

66 Kim, D.W. and Park, J.K. (2000) *IEEK J.*, **27** (8), 803.

67 Gozdz, A.S., Tarascon, J.M., Gebizlioglu, O.S., Schmutz, C.N., Warren, P.C., and Shokoohi, F.K. (1995) PV 94-28 The Electrochemical Society Proceedings Series, Pennington, NJ, p. 400.

68 Kim, D.W. and Jeong, Y.B. (2004) *J. Power Sources*, **128**, 256.

69 Gee, M. and Olsen, I. (1996) U.S. Patent 5534365.

70 Narukawa, S. and Nakane, I. (2000) 10th IMLB, June 1, Como, Italy, Abstract 38.

71 Watanabe, M., Suzuki, Y., and Nishimoto, A. (2000) *Electrochim. Acta*, **45**, 1187.

72 Tominaga, Y. and Ohno, H. (2000) *Electrochim. Acta*, **45**, 3081.

73 Benrabah, D., Sylla, S., Alloin, F., Sanchez, J.Y., and Armand, M. (1995) *Electrochim. Acta*, **40**, 2259.

74 Cowie, J.M.G. and Spence, G.H. (1999) *Solid State Ionics*, **123**, 233.

75 Bayoudh, S., Pavizel, N., and Reibel, L. (2000) *Polym. Intern.*, **49**, 703.

76 Okamoto, Y., Yeh, T.F., Lee, H.S., and Skotheim, T.A. (1993) *J. Polym. Sci.*, **31**, 2573.

77 Noda, A. and Watanabe, M. (2000) *Electrochim. Acta*, **45**, 1265.

78 Sakaebe, H. and Matsumoto, H. (2003) *Electrochem. Commun.*, **5**, 594.

79 Mao, Z. and White, R.E. (1993) *J. Power Sources*, **43**, 181.

80 Tye, F.L. (1983) *J. Power Sources*, **9**, 89.

81 Caldwell, D.L.,Pouch, U.S. Patent 4,464,238 (1984).

82 Arora, P. and Zhang, Z. (2004) *Chem. Rev.*, **104**, 4419.

83 Yamamoto, T., Hara, T., Segawa, K., Honda, K., and Akashi, H. (2007) *J. Power Sources*, **174**, 1036.

84 Lee, S., Kim, J., Park, P., Shin, B., Hong, J., Kim, I., and Ahn, S. (2007) Lithium Mobile Power, San Diego.

85 Augustin, S., Hennige, V., Hoerpel, G., and Hying, C. (2002) *Desalination*, **146**, 23.

86 Kim, J., Han, W., and Min, J. Korea Patent 2007-0005341.

87 Zhang, S.S. and Xu, K. (2005) *J. Power Sources*, **140**, 361.

88 Augustin, S., Hennige, V., Hoerpel, G., and Hying, C. (2002) *Desalination*, **146**, 23.

89 Zhang, S.S. and Xu, K. (2005) *J. Power Sources*, **140**, 361.

90 Takemura, T., Aihara, S., Hamano, K., Kise, M., Nishimura, T., Urishibata, H., and Yoshiyasu, H. (2005) *J. Power Sources*, **146**, 779.

91 Park, J.K. (1988) Proceedings of the 33rd International Power Sources Symposium, 97, p. A0063366.

3.4　界面反应与特征

锂二次电池的性能与循环寿命的衰减常常是由于电池过充造成电解液在正极上的氧化分解以及电解液在负极上的还原分解，电池自放电，电极材料的溶解、相变以及集流体和电流引线的腐蚀等原因引起的。这些反应都来自于电极/集流体与电解液之间发生的界面反应。为了消除这些弊端，必须对在界面上发生的化学与电化学反应有基本的认识，从而找到有效的方法改善电池的性能。

不同的电极材料与电解液，其电极–电解液界面反应也会有所不同。本章节概括性地讲述了已经建立成熟的正极、负极材料与铝集流体发生的界面反应。

3.4.1　非水电解液的电化学分解

锂二次电池的电解液主要作为提供锂离子的媒介，在正极与负极间传输锂离子。由于高比表面积的活性材料能够提供更大的接触面积与电解液反应，因此电化学反应动力学得到加强。

锂二次电池的非水有机电解液主要由是锂盐和有机碳酸酯溶剂组成。为了了解电解液的界面反应行为，须首先弄清锂盐与碳酸酯溶剂的分解机理。由于 Li^+ 在碳酸酯溶剂分子有较强的溶剂化作用[1]，溶剂化的 Li^+ 比 AsF_6^-，PF_6^-，ClO_4^-，BF_4^- 和 $N(SO_2CF_3)^-$ 这一类的离子迁移率更低。迁移能力强的阴离子比 Li^+ 更早到达电极表面，应此更有可能参与电化学分解反应。在众多离子中，AsF_6^- 表现出更大的活性，更容易被分解。然而，当电位接近于 Li/Li^+ 电势时，其他不活泼的阴离子也开始分解[2]。

在碳酸丙烯酯（PC）电解液的还原反应中，还原电势在低于 + 1.0 V vs Li/Li^+ 电势下发生。然而四氢呋喃（THF）和甲基丙醇（THF）在电势低于 – 2.0 V 下被还原[3]。表 3.14 是用金电极和 THF/$LiClO_4$ 为电解液进行的循环伏安测试结果。碳酸亚乙酯（EC）、碳酸二亚乙基（DEC）、碳酸二甲酯（DMC）、PC 和碳酸亚乙烯酯（VC）电解液的还原电势高于1V vs Li/Li^+，特别是EC的还原电势在

表 3.14　溶剂还原的计算电势和实验电势的比较[5]（经电化学学会授权复制）

溶剂	计算值/V	实验值/V
EC	1.46	1.36
DEC	1.33	1.32
PC	1.24	1.00 ~ 1.60
DMC	0.86	1.32
VC	0.25	1.40

+1.46 V vs Li/Li$^+$。在大多情况下，这种结果与密度泛函理论（DFT）的理论估计相似[4]。这就说明，电解液的还原反应发生在一定的放电电势区间内。

图3.163显示的是碳酸酯溶剂单电子转移的还原反应。电子转移引起环碳酸酯分子发生开环反应[4]。

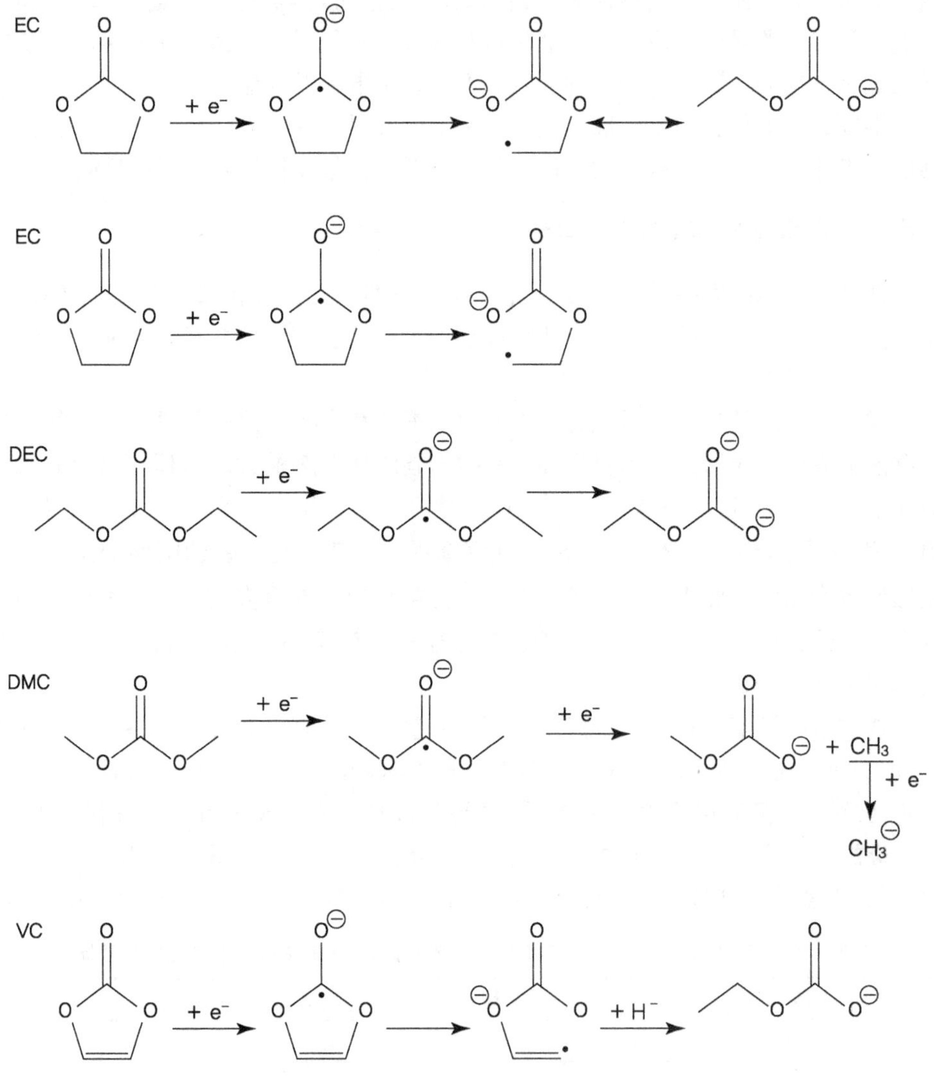

图3.163　非水有机溶剂单电子转移的还原反应[4]

除了单分子反应是由电子转移引起的，不同种类的碳酸酯分子的链式反应也能够产生多种高分子化合物。从 EC 的 DFT 结果可知，连续的电解液分解反应生成了 $Li^+(EC)_n$（$n = 1 \sim 4$）（见方案 3.1）。EC 电解液分解主要产物是 $(CH_2OCO_2Li)_2$，其他衍生物包括烷基锂碳酸盐类，$(CH_2CH_2OCO_2Li)_2$，$LiO(CH_2)_2CO_2(CH_2)_2OCO_2Li$，$Li(CH_2)_2OCO_2Li$ 和 Li_2CO_3 等[5]。

另一方面，碳酸酯溶剂的氧化分解反应开始于相当高的电势下，接近 +4.0 V vs Li/Li^+ 电势下。惰性电极体系下溶剂的氧化和还原反应电势如表 3.15 所示[6]。

表 3.15　**电解质溶剂的电化学稳定性（非活性电极）（经 ACS 授权改编，版权 2004 年）**

溶剂	盐/浓度/M	工作电极	E_a/V	E_c/V
PC	Et_4NBF_4/0.65	GC	6.6	
	无	Pt	5.0	~1.0
	Bu_4NPF_6	Ni		0.5
	$LiClO_4$/0.1	Au, Pt		1.0 ~ 1.2
	$LiClO_4$/0.5	多孔 Pt	4.0	
	$LiClO_4$	Pt	4.7	
	$LiClO_4$	Au	5.5	
	$LiAsF_6$	Pt	4.8	
EC	Et_4NBF_4/0.65	GC	6.2	
	Bu_4NPF_6	Ni		0.9
	$LiClO_4$/0.1	Au, Pt		1.63
DMC	Et_4NBF_4/0.65	GC	6.7	
	$LiClO_4$/0.1	Au, Pt		1.32
	$LiPF_6$/1.0	GC	6.3	
	LiF	GC	5.0	
DEC	Et_4NBF_4/0.65	GC	6.7	
	$LiClO_4$/0.1	Au, Pt		1.32
EMC	Et_4NBF_4/0.65	GC	6.7	
	$LiPF_6$/1.0	GC	6.7	
BL	$LiAsF_6$/0.5	Au, Ag		1.25

在上表可知，E_a 是氧化反应电势，E_c 是还原反应电势。

根据理论计算可知，每一种溶剂的氧化反应电势分别是 EC（5.58 V）、DEC（5.46 V）、DMC（5.62 V）和 VC（4.06 V）。在锂电池的 0 ~ 5 V 的工作电压内，某些有机溶剂会在电解液的热力学稳定范围外工作。电解液的氧化反应会发生在接近 4.0 V vs Li/Li$^+$（接近 1.0 V vs NHE）。在充电过程中，溶剂在正极和负极表面分别进行氧化和还原分解反应。有机溶剂实际的还原与氧化反应电势会随着电极体系的不同而有所不同。

包含有惰性金属电极与电解液的锂离子电池单元常被用来确定氧化反应电势。在 PC 和其他环状碳酸酯溶剂中，正极的电子转移发生在 4.2 V 附近。PC 的开链反应如图 3.164 所示。氧化分解产生的化合物被吸附在电极表面[7]。被吸附在电极表面的化合物同时也会部分溶解在电极表面或者在负极表面形成含有如 - COOR 和 - COOH 之类的有机物质的钝化层。

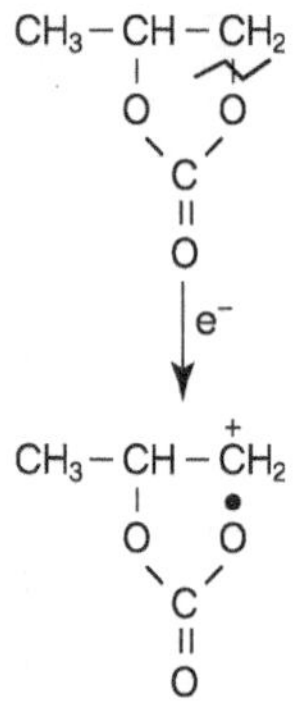

根据 DFT 的计算结果，当电子从有机溶剂转移到电极表面时，以自由基状态会发生连续的氧化分解反应[8]。当在线状碳酸盐（DMV，DEC 和 EMC）中形成包含有 C = O 的一个正电荷后，电荷通过 O-C$^+$ O-O 共振结构重新分配，如图 3.165 所示。

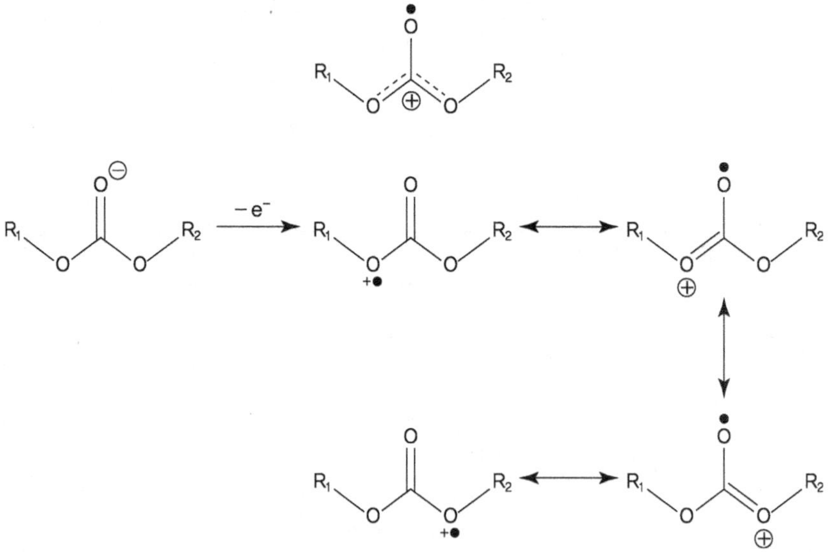

图 3.164 PC 电子转移的氧化反应[7]

图 3.165 线性碳酸盐中自由基的共振结构[8]

1. $nEC + Li^+ \rightarrow (EC)_a \cdots Li^+$

2. $(EC)_n \cdots Li^+ + e^- \rightarrow [(EC)^{e^-}] \cdots Li^+ \cdots (EC)_{n-1}$

3. $(EC)_n \cdots Li^+ + e^- \rightarrow (EC)_n \cdots Li$

4. $[(EC)^{e^-}] \cdots Li^+ \cdots (EC)_{n-1} \rightarrow H_2 \dot{C} CH_2(CO_3)^- Li^+ \cdots (EC)_{n-1}$

Path A. $2H_2 \dot{C} CH_2(CO_3)^- Li^+ \cdots (EC)_{n-1} \rightarrow (EC)_{n-1} \cdots Li^+(CO_3)^-(CH_2)_4(CO_3)^- Li^+ \cdots (EC)_{n-1} \downarrow$

Path B. $2H_2 \dot{C} CH_2(CO_3)^- Li^+ \cdots (EC)_{n-1} \rightarrow (EC)_{n-1} \cdots Li^+(CO_3)^-(CH_2)_2(CO_3)^- Li^+ \cdots (EC)_{n-1} \downarrow + C_2H_4 \uparrow$

Path C. $H_2 \dot{C} CH_2(CO_3)^- Li^+ \cdots (EC)_{n-1} + e^- \rightarrow (CO_3)^= Li^+ \cdots (EC)_{n-1} + C_2H_4 \uparrow$

Path G. $(EC)_n \cdots Li^+ + (CO_3)^= Li^+ \cdots (EC)_{n-1} \rightarrow (EC)_n \cdots Li^+(CO_3)^= Li^+ \cdots (EC)_{n-1} \downarrow$

Path F. $Li^+ \cdots (EC)_n + (CO_3)^= Li^+ \cdots (EC)_{n-1} \rightarrow (EC)_{n-1} \cdots Li^+(CO_3)^-(CH_2)_2(CO_3)^- Li^+ \cdots (EC)_{n-1} \downarrow + C_2H_4 \uparrow$

Path D. $(EC)_n \cdots Li^+ + H_2 \dot{C} CH_2(CO_3)^- Li^+ \cdots (EC)_n \cdots LiCH_2CH_2(CO_3)^- Li^+ \cdots (EC)_{n-1} \downarrow ?$

Path E. $[(EC)^{e^-}] \cdots Li^+ \cdots (EC)_{n-1} + H_2 \dot{C} CH_2(CO_3)^- Li^+ \cdots (EC)_{n-1} \rightarrow (EC)_{n-1} \cdots LiO(CH_2)_2(CO_3)^- Li^+ \cdots$

方案 3.1　EC/Li$^+$ 的还原分解机理

自由基基团中电子的运动由 C-O 键的 β 键的断裂引起分解。分解反应产生了 O-C$^+$=O 正离子并释放了 CO_2 气体（见图 3.166）。CO_2 气体的释放对锂离子电池的安全性能会有不利影响。线状的碳酸盐的氧化电势在 5.5～5.6 V vs Li/Li$^+$ 下。

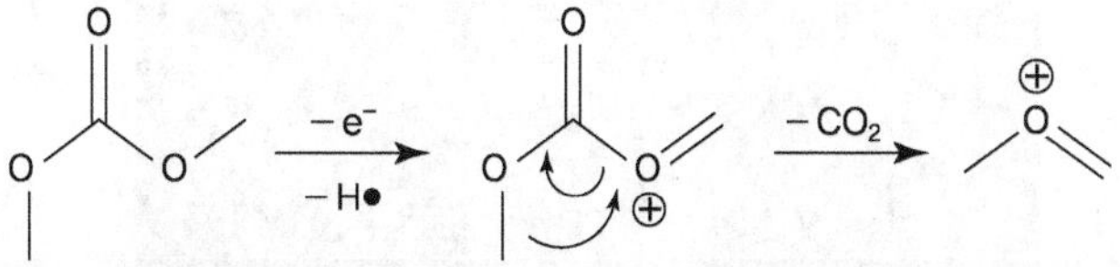

图 3.166　线性碳酸盐的氧化分解反应[8]

EC 和 PC 的环状碳酸酯有五圆环结构。质谱分析的结构表明 EC 的热分解产生了 CO_2 气体（见图 3.167）[9]。当 CO_2 释放出来时，氢离子被转移到另一碳原子上了。

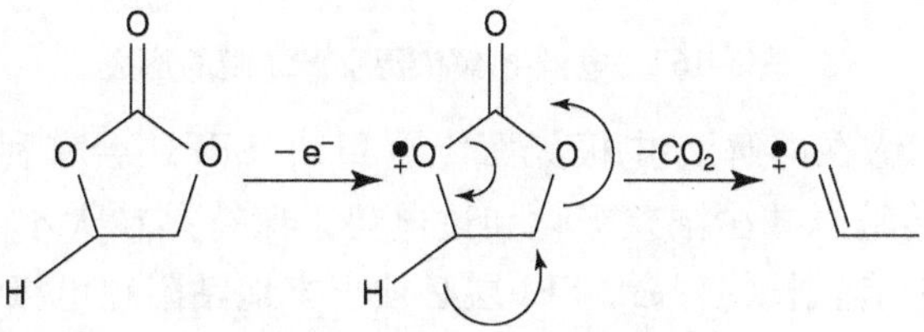

图 3.167　环状碳酸盐的氧化分解反应[8]

碳酸亚乙烯酯（VC）是一种典型的不饱和环状碳酸酯。当一个电子被转移到电极表面时，它就转化成了自由基状态（见图 3.168）。从这一点看，羟基官能团的 C-O 键变短，其他醚基基团的 C-O 键变长。这些氧化分解反应发生在 4.6 V vs

Li/Li^+。随着 CO 气体的释放，会形成二酮。

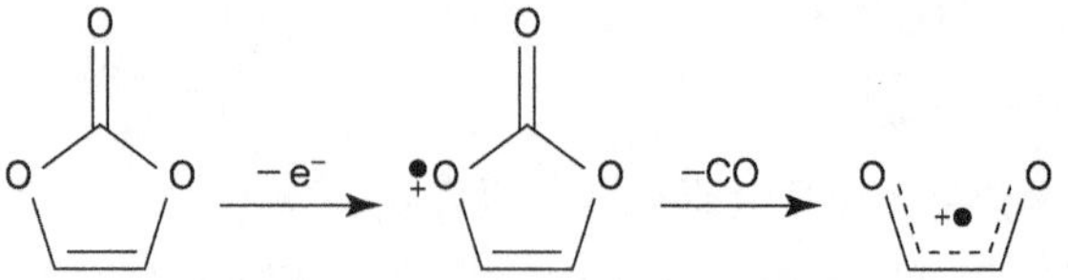

图 3.168　不饱和环状碳酸盐电子转移的氧化分解反应[8]

被分解的离子会进一步与 Li^+ 形成离子键合生成有机锂盐，或者自身发生聚合反应。

3.4.2　电极表面 SEI 膜的形成

在金属、碳材料或者氧化物电极表面，随着电解液的氧化还原分解反应，电解液产物形成了一新的沉积层。有些产物变成了永久的沉积物并在电极表面形成了一层钝化层。这层绝缘层被称为固体电解质界面（SEI 膜），这层膜具有低的电子电导率和高的离子传导率，并且它的行为与固体电解质相似（见图 3.169）[10,11]。SEI 层的这些孔洞允许 Li^+ 自由通过电极，而其他电解液组分无法进出。

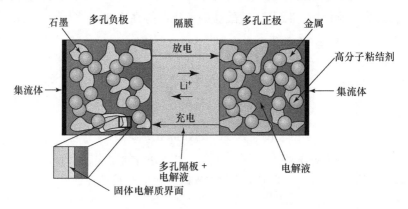

图 3.169　电极-电解液界面 SEI 膜的形成

SEI 膜除了能够在电解液-电极界面传导 Li^+，SEI 还会有利于 Li^+ 离子在均匀电流分布下进行传输，减少浓差极化和过电势，保持晶粒大小一致和化学成分一致。为了使锂电池有较长的寿命，SEI 层必须牢牢地粘附在电极表面并且拥有比较稳定的物理和化学性能。为了改善锂离子电池的循环性能、稳定性和循环寿命，必须对 SEI 层的形成机制有一个基本的认识。

由于锂的标准还原电势比溶剂的标准还原电势低得多，当电解液接触到金属锂时，可能会发生还原反应[2]。为了形成低可溶性、稳定的 SEI 层，选择合适的具有高标准还原电势和电荷密度的电解液组分是很重要的。

通过 SEI 膜的电化学反应以如下 3 个步骤进行（见图 3.170）：

1）通过电解液-SEI 膜层界面进行电子转移。

2）Li$^+$穿过 SEI 膜层。

3）电荷转移发生在 SEI 层活性材料界面。

一般来说，第 2 步是速率控制步骤。在这个步骤中，在锂金属表面的第一层 SEI 层上形成了额外的一层物质。这是由于当发生直接接触时，电解液的溶剂组分会先填充第一层 SEI 膜的孔洞，发生连续的还原反应，伴随电子从锂转移到溶剂。正极界面上氧化反应也以类似的形式发生。当电解液与电极活性材料表面接触时，SEI 膜会迅速生成，并被填满，逐渐减少了 SEI 物相的浓度。第一层 SEI 膜很薄并且填充率较低的。因为后来生成的组分与第一层组分共同存在，整个系统可以描绘为多孔、无序的一个系统。图 3.171 显示的是有嵌层式微相结构的 SEI 膜层[12]。

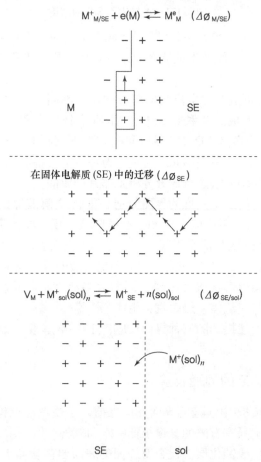

图 3.170　SEI 膜层内的 Li$^+$传输[10]（经电化学学会授权复制）

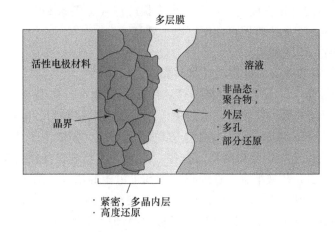

图 3.171   电极表面 SEI 的结构

在实际的锂离子电池单元中，SEI 层形成于早期的几个循环中。当电池的电化学性能趋于稳定时，SEI 膜的形成逐渐缓慢，其化学稳定性得以增强，同时也进一步限制了电解液的分解反应。

SEI 膜的成分与形成会随电极与电解液体系的不同而不同。SEI 膜层由厚的有机层和薄的无机层组成。各种的原位与非原位技术，例如 FTIR、XPS、AFM、DSC-TGA、DEMS、EDS 和 EQCM 已被用来检测 SEI 膜的成分。使用不同的方法，检测出的 SEI 层成分会有稍许不同。这是因为每一个设备对 SEI 膜的成分有不同的敏感度。因此用不同的方法进行成分分析是非常必要的。

锂二次电池常见的三个类型的界面分别是负极-电解液界面、正极-电解液界面和集流体-电解液界面。在负极表面 SEI 膜更容易形成，在正极表面形成的 SEI 不普遍并且更薄[6]。SEI 的生成是引起不可逆锂离子嵌入脱出（最初的库伦效率）以及影响负极与正极容量的最主要因素。电极-电解液的界面反应也会引起自放电。

SEI 膜在集流体-电解液表面形成。因为大多活性材料是多孔的，电解液穿过颗粒空隙以及直接与集流体接触时就会生成 SEI 膜。

本书阐述的是上述提到的三种界面反应：正极-电解液、负极-电解液和集流体-电解液。

3.4.3   负极-电解液的界面反应

在讨论锂金属负极-电解液的界面反应之前，必须考虑到锂表面自发生成的表面层。虽然手套箱中只有有限的含量很低的水和氧气，但是水、氧气和二氧化碳与锂金属的反应可以生成钝化层。锂金属外面的表面层包含有 Li_2CO_3 和 LiOH，接近锂金属的内层含有 Li_2O。该多孔膜对 SEI 膜层的形成没有太多影响[13]。

当负极材料是碳材料（例如：石墨）时，碳酸酯溶剂的分解反应会产生有机层，而无机层的产生则是锂盐分解导致的。为了深入了解充/放电的过程中 SEI 膜的形成机理，了解锂金属与电解液界面的化学反应（例如，没有电子参加反应）是很有必要的。跟化学反应不一样，外加一个电流或者电压的电化学反应会促进界面反应，促使反应动力学的发生，并且是钝化层形成与生长的催化剂。

3.4.3.1　锂金属-电解液的界面反应

锂金属与 PC 溶剂接触可以产生表面层。换句话说，就算没有电化学反应也可以由自发的化学反应引起 PC 的分解。表面层主要包含的物质是 Li_2CO_3[14,15]，非原位 FTIR 分析烷基碳酸锂盐（$ROCO_2Li$）是表面层的最主要物质[16]。与锂金属接触时，电解液的 HOMO 和 LUMO 发生变化。在锂金属中，电子自由地由价带转移到导带，然后由导带再转移到电解液 LUMO。锂金属表面会生成一正电荷，同时，电解液会释放出一个负电荷。这些化学反应使得锂金属表面生成了一表面层。当锂电池充电时，锂离子被还原，电子通过外电路转移到负极，此时价带的能级提高并且达到接近 LUMO 能级。电子从负极到电解液的转移更容易激发电解液的还原分解反应。

当锂金属和石墨被置于其他的有机溶剂，如 EC、DEC 或 EC + DEC 中时，也能形成表面层。以 EC 为例，化学电子转移发生在锂金属负极表面，在锂金属和锂-石墨界面形成钝化层。当 DEC 作为溶剂时，锂金属表面并不形成表面层。相反，锂离子会溶解出来进入到电解液，有机溶剂变成深棕色。对棕色溶液 FTIR 分析结果表明存在 $CH_3CH_2OCO_2$ 和 $CH_3CH_2CO_2Li$ 混合物[16]。通过认识上述电解液的还原分解反应，对电化学界面反应机制有了更加深入地理解。

从热力学角度来看，低的 LUMO 轨道能级的溶剂有更高的界面反应活性，因为其能够更好地接受从锂金属转移来的电子。很多的环状碳酸酯有类似的 LUMO 能级，双键或者原子替换会降低 LUMO 能级。包含有很多功能性基团的电解液添加剂常用于早期的 SEI 膜的形成和稳定化。这些添加剂相对较低的 LUMO 轨道能级允许电子在高的还原电势下进行转移，这样会生成更加稳定的 SEI 膜。

锂金属被置于 DMC 电解液中时，伴随着电子转移发生电解液的还原分解反应，如下描述。还原反应生成物在锂金属表面会形成了一钝化层[16]。

$$CH_3OCO_2CH_3 + e^- + Li^+ \rightarrow CH_3OCO_2Li\downarrow + CH_3 \text{ 或 } CH_3OLi\downarrow + CH_3OCO$$

正如图 3.172 所示，对单独合成的烷基碳酸锂和浸湿在 DMC 电解液中的锂金属表面分别进行 FTIR 分析。将谱图的分析结果与 Hartree-Fock 的计算谱图结果进行对比可知，钝化层由碳酸锂盐、草酸锂盐和甲基锂盐构成[17]。这些结果表明界面层是由锂金属与有机溶剂反应产生的，还原分解反应是从锂金属到有机溶剂电子转移开始的。

当锂金属与 DMC 接触时，电子从锂金属转移到 DMC，DMC 的酯键开始断裂。反应过程如下图的化学方程式所示。结果生成了不稳定的 $CH_3 \cdot$ 自由基和甲基碳酸

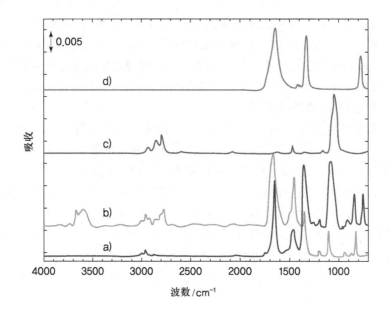

图 3.172 a）甲基碳酸锂；b）在 DMC 中通过锂金属的 SEI；
c）甲醇锂；d）草酸锂的 FTIR 光谱图

盐离子。当 $CH_3 \cdot$ 自由基相互接触时就会释放乙烷气体。

甲基碳酸盐离子与锂离子反应生成 CO_2 和 $LiOCH_3$，并伴随着气体的产生。同时酯基的酰基键断裂，产生了稳定的 CH_3O^- 离子和酰基自由基。虽然烷基碳酸锂被认为是热力学稳定的化合物，但是其与酰基自由基接触时可以产生草酸盐和 CH_3O 自由基，甚至产生甲醇盐[16]。

生成的烷基碳酸锂在 400 K 以下都是稳定的。在 400 K 开始发生以下热力学分解过程，该分解过程产生 CO_2 气体和 Li_2CO_3[18]。

$$CH_3OCOOLi \rightarrow CH_3OLi + CO_2 \quad 或 \quad 2CH_3OCOOLi \rightarrow CO_2 + CH_3OCH_3 + Li_2CO_3$$

在 1M $LiPF_6$/EC:DEC（2:1）电解液中，石墨负极也观察到类似的现象。根据图 3.173 所示的热力学分析结果可知，钝化层在 220℃ 时被分解，转化成 $Li_2CO_3^{[17]}$。

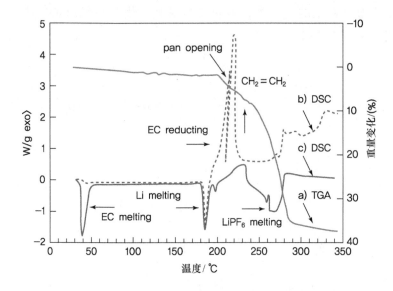

图 3.173 a）电解液中石墨的热分析曲线，
b）锂金属表面 EC 的 DSC 曲线，c）锂金属的表面 $LiPF_6$ DSC 曲线[18]

EC 进一步促进烷基碳酸锂的生成。从沉浸在 $LiAsF_6$/EC:DEC（1:1）电解液中的锂金属的 FTIR 光谱分析可知，$(CH_2OCO_2Li)_2$ 是 SEI 膜的主要成分[16]。随着如下双电子还原反应的进行，EC 电解液产生乙烯基碳酸氢钠锂盐 $(CH_2OCO_2Li)_2$ 和释放乙烯气体：

$$2CH_2CH_2 \xrightarrow{\ 2e^- \ Li^+\ } (CH_2OCO_2Li)_2\downarrow + CH_2=CH_2\uparrow$$

对合成的乙烯基碳酸氢钠锂盐和金属表面成分进行光谱分析。分析结果与理论计算结构进行对比进一步确认实际 SEI 膜中存在乙烯基碳酸氢钠锂盐[18]。含有乙烯基碳酸氢钠锂盐的 SEI 膜是由在对锂电位 1.8 ~ 1.9 V 电位下电解液的电化学还原反应引起的，并且显示出一个很大的还原峰。EC 普遍认为可以从锂金属接收电子并通过以下步骤被还原：

由于 $(CH_2OCO_2Li)_2$ 中 O···Li-O 之间强烈的相互作用，乙烯基碳酸氢钠锂盐是表面官能团中的主要成分。这种中间自由基离子与羟基相互配位，同时中性的乙烯

(4,4-苯酚磺酰氨基脲)

气体会被释放。乙烯基碳酸氢钠锂盐与 ppm 级的水相互反应，被转化成 Li_2CO_3。

$$2\ R\ O\ C\ OLi + H_2O \longrightarrow Li_2CO_3 + 2ROH + CO_2$$

根据实验的热力学分析结果，乙烯气体同样也是 EC 还原分解反应的产物。在所有有机溶剂的还原分解反应都有乙烯和其他气体的释放。当一个锂离子电池中电解液分解加速时，大量气体的快速释放会引起电池的膨胀。

$$LiF_6 \longrightarrow Li_2CO_3 + 2ROH + CO_2$$
$$PF_5 + H_2O \longrightarrow PF_3O + 2HF$$

微量的水以杂质的形式存在于电解液中或者吸附在电极表面将导致锂离子（如：BF_4^-、PF_6^-）的水解，产生 HF 气体[16]，会使烷基碳酸锂盐分解成 LiF。

$$R\ O\ C\ OLi \xrightarrow{HF} LiF + ROH + CO_2$$

作为一种不稳定的化合物，由于长时间与锂金属接触所引起的连续的还原反应，烷基碳酸锂盐可能会变成另外一种化合物。

上述电解液的还原反应生成的化合物在电极表面形成了 SEI 膜。将锂金属浸润在 1M 的 $LiBF_4$ - PC 或者 γ - 丁内酯中或者经过一圈电化学循环，通过 XPS 分析可以检测 SEI 膜的成分。在外层发现了烷基碳酸锂盐和其他的有机物质，在接近金属锂层则检测到存在如 Li_2O 和 Li_2CO_3 的无机物质。当 $LiBF_4$ 水解产生 HF 且 HF 吸附在 SEI 膜内层时，LiOH，Li_2O 和 Li_2CO_3 都转变成了 LiF。反应生成的锂基无机化合物与自发生成的 LiOH，Li_2O 和 Li_2CO_3 在锂金属表面上共同存在[19]。这就说明 SEI 是多层膜结构，如图 3.174 所示。

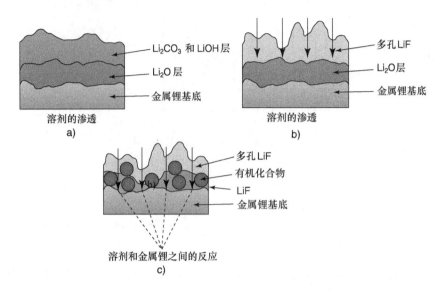

图 3.174　电解液与金属锂的反应：a）自发形成的钝化层，
b）由电解液分解产生的钝化层与 HF 之间的酸基反应，
c）锂金属与溶剂之间直接反应[19]（经电化学学会授权复制）

3.4.3.2　石墨（碳材料）的界面反应

与锂金属-电解液表面有机溶剂与锂盐的还原分解反应生成 SEI 膜相似，界面反应也发生在石墨与电解液界面上。但由于表面性质的不同，石墨与电解液表面上的界面反应与锂-电解液界面上的反应不同。

根据生产工艺的不同，不同种类的石墨在表面结构、化学组成、颗粒大小和形态、孔径尺寸与分布、开孔率、表面积以及杂质种类都有所不同。当碳材料用作负极时，一个不容忽视的事实是首次不可逆容量的衰减较大。在充电过程中，电子由石墨到电解液的转移引发了电解液的分解，而这种分解促使了 SEI 的生成，容量的衰减除了是由于锂离子在石墨中的嵌入反应引起，电子的消耗也是原因之一[6,19]。正因为如此，高的比表面积碳材料就会增大碳材料-电解液的反应界面，因此进一步导致首次不可逆容量的衰减[20]。

$LiBF_4 + H_2O \rightarrow 2HF + LiF + BOF$（体相溶液中）

$LiOH + HF \rightarrow LiF + H_2O$（锂表面上）

$Li_2O + 2HF \rightarrow 2LiF + H_2O$（锂表面上）

$Li_2CO_3 + 2HF \rightarrow 2LiF + H_2CO_3$（锂表面上）

理想情况下，在无溶剂状态下溶解在电解液中的锂离子会渗透 SEI 膜并嵌入碳材料中，因此抑制了有机溶剂引起的额外反应。然而，PC 会与锂离子一起嵌入石墨的结晶结构中，这样会破坏石墨的层状结构并引起材料脱落[21]。

随着电解液的分解反应的进行，在 1.7~0.5 V 以及接近 0.0 V 电势时石墨的表面上开始形成 SEI 膜[6,19]。SEI 膜生成的电势会随石墨晶格面、基面-端面比、温度、电解液溶剂种类、锂盐的浓度以及外加电荷密度的不同而不同。为了电池的性能最大化，这些因素都应该考虑到[21-24]。含有 SEI 层的石墨交流阻抗等效电路图的结果如图 3.175 所示[25]。

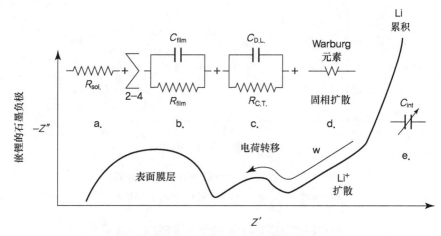

图 3.175　充电状态有 SEI 层石墨 SEI 膜充电态的阻抗与等效电路图[27]

（经 Elsevier 授权复制，版权 2000 年[27]）

高频区的半圆表示的是锂离子在表面层渗透的阻抗，中间的半圆表示表面层 - 石墨界面电荷转移的阻抗。低频区的 Warburg 特性是锂离子在石墨中扩散阻抗，低频率范围内的阻抗代表锂离子在体相中积累。阻抗图谱说明了石墨负极中锂离子嵌入的整个过程。

3.4.3.3　SEI 膜的厚度

测量电极与电解液界面的 SEI 膜的厚度是非常困难的。图 3.176 是用电化学方法测量 SEI 膜厚度的结果，使用电解液与惰性金属电极体系，测定 CV 曲线。正极电荷由金属表面的 SEI 层来提供。测试是在假设 SEI 是由单一的化合物（如锂碳酸乙烯酯）组成的前提下进行的[17]。

从图 3.176 可以看出，从 CV 的还原峰（1.7 V）可知，乙烯基碳酸氢钠锂盐导致了 0.01 C/cm^2 电量的还原。对于这种情况，可以了解到每一个 EC 分子都发生了双电子的转移。假定每个二聚物都有四个电子的转移，这就可以表示成 1.56×10^{16} 每二聚物/cm^2。如果乙烯基碳酸氢钠锂盐是在电极表面 3Å（直径）×20Å（长度）的圆柱形，这个数字就变成了 1.67×10^{14}（dimer/cm^2）/层，表面层的厚度为 300Å（=30 nm）。

最近技术的发展，可以用原位 AFM 技术直接测量 SEI 层的厚度，并且观察到在 SEI 层生成的电极表面的晶粒尺寸的变化[27]。从图 3.177 可以看出，通过观察在 AFM 图上的变化来确定 SEI 层的厚度。在这种情况下，在第一圈循环后 SEI 膜的厚度为 40 nm，第二圈循环后增长到 70 nm。

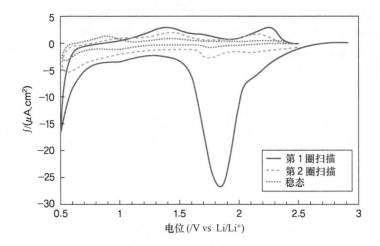

图 3.176   电解液/金电极的循环伏安法测量
SEI 层厚度[26]（经 ACS 授权复制，版权 2005 年[26]）

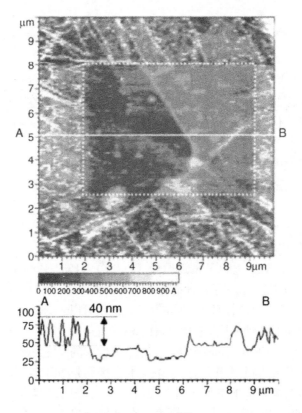

图 3.177   原位 AFM 法测量 SEI 层的厚度[28]（经电化学学会授权复制）

以上的测量结果与用其他不同方法测量出的 SEI 层厚度的结果相一致。在第一圈循环后 SEI 膜的厚度为 10 ~ 40 nm，第二圈循环后表面上又增加了类似厚度的表面层[28]。

3.4.3.4　添加剂的影响

因为 PC 会与锂离子一起嵌入石墨中并且在锂离子脱出过程中引起电极剥落，所以 PC 作为电解液的使用受到了限制。用 EC 代替 PC 生成 SEI 膜可以解决这些问题，但是低温下它的离子电导率会降低。防止石墨剥落的另一种方法就是在 PC 中加入少量的 VC 或者双草酸硼酸锂（LiBOB）。

如果 PC 单独作为溶剂，单电子转移反应引起的 LiBOB 的分解就可以生成 SEI 膜。包含有羟基和草酸锂盐的生成物形成了石墨表面的钝化层，这样就保护了在 PC-石墨界面反应中的石墨电极并且抑制了电极剥落[4]。

LiBOB 的加入加速了电解液的分解，在表面形成了 SEI 层。这些 SEI 层主要由硼和类似于 4，4-苯酚磺酰氨基脲的化合物（semicarbonate）组成。在 LiPF$_6$ 电解液中加入 1 ~ 5mol% 的 LiBOB 就可以解决石墨表面的早期剥落问题[29]。

　　VC 也是最常使用的一种添加剂。在 PC 中加入 1% VC 就可以改变碳电极的 SEI 特性，并且在首次循环过程中能够获得 67% 的可逆容量，接下来的循环可以获得 93% ~95% 的可逆容量[30]。与没有加入 VC 的电解液只有 12% 的首次可逆容量相比，添加 VC 则有显著提高。VC 的分解开始于对锂 1.2 V 电势，这个反应早于锂离子的嵌入反应。碳电极高电势下分解形成钝化膜的电位比 PC 和其他有机溶剂高。通过隔断 PC 和锂离子的嵌入路径就可以防止碳材料的剥落。

　　根据热分析和分光光谱分析，SEI 膜层的成分主要为聚合物，如 VC 多聚合物、VC 低聚合物、VC 开链聚合物之类的高分子聚合物和例如次亚乙烯基碳酸锂盐（CHOCO$_2$Li）$_2$、二烯五环碳酸氢钠锂盐（CH = HOCO$_2$Li）$_2$、（CH = HOLi）$_2$、羟酸锂盐（RCO$_2$Li）[4]。

　　如以下所示，EC/DMC 电解液的分解产生乙烯、CO 和甲烷气体，VC 分解产生乙炔和 CO 气体。

$$2EC + 2e^- + 2Li^+ \rightarrow (CH_2OCO_2Li)_2 + C_2H_4$$

$$EC + 2e^- + 2Li \rightarrow (CH_2OLi)_2 + CO$$

$$DMC + e^- + Li^+ \rightarrow CH_3OCO_2Li + CH_3$$

$$DMC + 2e^- + 2Li^+ \rightarrow 2CH_3OCO_2Li + CO$$

$$(CH_3) + 2H \rightarrow CH_4$$

$$2VC + 2e^- + 2Li^+ \rightarrow LiO_2COC = COCO_2Li + C_2H_2$$

$$2VC + 2e^- + 2Li^+ \rightarrow LiOC = C - C = COLi + 2CO$$

　　VC 优先 EC 在对锂电势为 1.0 V 分解，还能够将 EC 的还原电势从 0.7 V 提高 0.8 V，同时有助于开链反应。因此，SEI 膜能够在石墨表面有效形成，高温下电池的性能也得到了改善。

3.4.3.5　非碳负极与电解液间的界面反应

　　商品化石墨的一个缺点是 LiC$_6$ 形成之前的容量受限（理论容量 372 mAh/g）。一个以金属氧化物作正极的锂电池在电池过充时，锂金属将会沉积在石墨表面。同时，将会促进电解液的分解和电池内气体的释放。这些安全问题不利于它的实际应用。因此，需要找到代替的负极材料来解决问题，这种问题包括在首次充放电过程中不可逆容量的损失等。现在，Si/Sn/Sb-基金属、合金和碳基化合物都被考虑用作负极材料来替代碳材料。这些材料表现高的理论容量，甚至高达几千 mAh/g。然而，它们首次不可逆容量的损失很大并且在长期循环过程中，容量很难保持。

　　正在发展的不同种类含有 Si、Sn 和 Sb 的化合物与合金，关于它们作为负极材料体系的电解液界面化学和 SEI 膜分析的研究却较少。锂的合金化和去合金化是不可逆反应，伴随着很大程度的晶格体积变化，远比锂离子在碳材料中嵌入脱去反应更无序。与碳材料不同的是，合金物质与有机溶剂之间的反应有催化效应，催化效应随着合金成分的不同而不同。在合金电极内与锂反应引起的颗粒尺寸的极端变化，将会导致合金破裂。因此，对于电池性能来说确保保护 SEI 膜的机械灵活性是很重要的。

首次循环过程中的体积变化和颗粒粉化会引起电极-电解液界面反应面积增大，因此 Si/Sb-基合金易于自放电[31,32]。自放电涉及电极-电解液电子转移引起电解液的逐步分解以及锂离子从负极释放，甚至不施加任何电流和电压的情况下也会发生。

通过分析循环后的表面成分可知，金属与电解液之间的界面化学过程与石墨有很大的不同（见图 3.178）。Li_xCu_2Sb 的表面基团有 $-CH_2CH_3$、$-COO-$酯基、饱和酯-COOR 基（有烷基键）、以草酸锂盐 $Li_2(O_2C)_2$ 存在的 $-CO_2-$羟酸酯基、琥珀酸锂盐 $Li_2(O_2CCH_2)_2$、以 $LiOCH_3$ 存在的 $-C-O$ 酯基[33]。其他成分是无机材料，如 Li_2CO_3 和 $-P-F-$基团。虽然这其中有一些表面官能团与石墨表面上的官能团类似，但是还有额外的分解产物是通过合金的催化反应进行的。

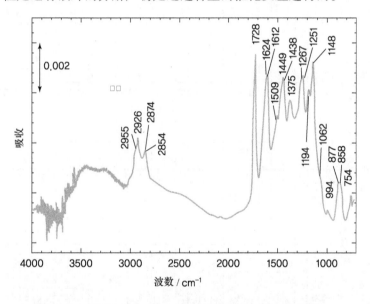

图 3.178　循环后 Cu_2Sb 电极表面 SEI 层的 FTIR 光谱图

XPS 分析结果显示循环后的 Sn-Sb-Cu-石墨合金负极表面上有 LiF、Li_2CO_3、Li_2O 和少量聚合物的存在[34]。

$Li_4Ti_5O_{12}$ 是一种典型的氧化物基负极材料。它是一种理想的零应变材料，有稳定的晶体结构，这种材料不受锂离子的嵌入脱出影响。该材料与有很大体积变化的金属和合金有很大不同。然而，应用这种材料就必须替换正极材料与电解液去适应 1.5 V 高工作电压。尽管有上述缺点，$Li_4Ti_5O_{12}$ 在改善锂离子电池的稳定性和安全性能方面有很好的前景。由于 $Li_4Ti_5O_{12}$ 工作电压比较高，比 $LiPF_6/EC/PC$ 电解液的还原分解电势高 0.9 V，因此，没有界面反应不会形成 SEI 膜。当含 LiBOB 的电解液在大约 1.75 V 分解时，可能会形成 SEI 膜。正如图 3.179 所示，$LiPF_6$ 的还原电势峰在 1.5 V，但是电解液中包含 LiBOB 时还原峰会增加到 1.75 V[35]。这就表明，使用 LiBOB 和其他的高于 1.5 V 分解的添加剂的条件下，在 $Li_4Ti_5O_{12}$ 表面可能会形成 SEI 膜。

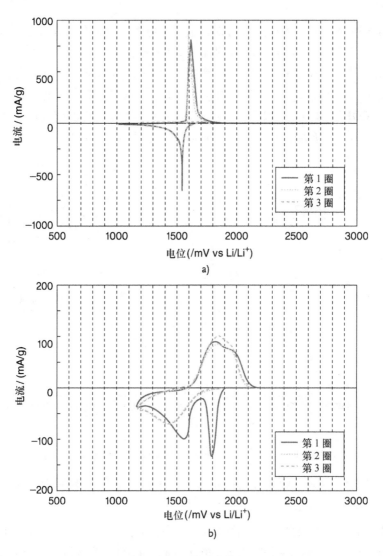

图 3.179　电解液中锂盐的还原分解 a) $LiPF_6$ 和
b) LiBOB[35]（经 Springer 允许转载，参考文献[35]）

3.4.4　正极-电解液的界面反应

现如今对负极-电解液表面的 SEI 膜的形成有着广泛的研究，而正极-电解液界面反应的研究却很少。这是因为在锂离子的整个嵌入脱出过程中，正极材料保持稳定的晶格结构。然而，电解液随着锂离子的嵌入会导致石墨电极的剥落。但是，电解液的氧化反应可能引起正极钝化层的形成。这与通过还原反应在锂金属与石墨表面形成 SEI 膜类似，唯一的不同就是电解液的氧化反应。为了控制和改善锂电池的性能，形成一层稳定的负极 SEI 膜是很重要的。

3.4.4.1　氧化物正极的本征表面层

在检测正极上的 SEI 的形成之前，为了区分由电化学和化学反应形成的表面层组分和 SEI 层组分，必须考虑到正极表面上存在的本征表面层（见图 3.180）。常规的正极材料，如 $Li_{1-x}Ni_{1+x}O_2$、$LiCoO_2$ 和 $LiMn_2O_4$ 都发现在其表面有 Li_2CO_3 的存在。Li_2CO_3 的形成是电极材料合成过程中与空气中的 CO_2 反应的结果所致[36]。它会在电解液中溶解，在负极表面形成本征层。$LiCO_3$ 根据以下反应式形成，厚度为 10 nm[37]。

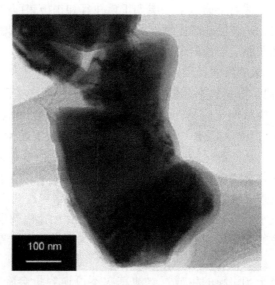

100 nm

图 3.180　正极表面自发层的 TEM 图[37]（经 Elsevier 授权复制，版权 2004 年[37]）

当正极电极表面覆盖一层绝缘的 Li_2CO_3 时，一些正极颗粒可能会是电绝缘的，这样会降低电池的输出和容量。

把正极表面放置在一个非水的纯溶剂中，表面的 Li_2CO_3 会保持稳定状态，但是在含有 HF 的电解液时，Li_2CO_3 开始溶解[38]。这是由于 $LiPF_6$ 和 $LiAsF_6$ 之类的锂盐的具有酸性特征，电解液中少量水反应会产生 HF 酸。

$$2HF + Li_2CO_3 \rightarrow 2LiF + H_2O + CO_2$$

3.4.4.2 氧化物正极的 SEI 膜

与石墨电极对比，正极的首次不可逆容量相对较小，EIS 分析证实了正极表面存在 SEI 膜[39]。以 $Li_{1-x}CoO_2$ 作为正极材料的锂电池在循环过程中正极表面厚度和电池内部阻抗逐渐增加[40]。氧化性很高的 Co^{4+} 在大约 4.5 V 时在 $Li_{1-x}CoO_2$ 正极表面形成。随着 PC 和 $Li_{1-x}CoO_2$ 颗粒混合，Co^{4+}-电解液之间发生电子转移。这个反应促进了 PC 的氧化分解并且形成了致密的聚合物表面层。图 3.181 显示的是存在 SEI 膜的负极-电解液界面的 Randles 等效电路。

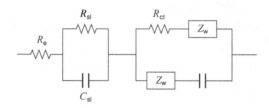

图 3.181　有 SEI 膜的负极-电解液界面的 Randles 等效电路

与负极相似，当锂离子通过第一层 SEI 膜并且和正极表面接触时，发生电子转移反应，在第一次 SEI 膜层外产生额外 SEI 层。重复的循环将增加了电池的内部电阻，可能影响电池性能、电池寿命以及热稳定性能。

3.4.4.3 氧化物正极的界面反应

$LiMn_2O_4$ 或其他正极材料不会引发电化学反应，并且这些正极材料与电解液接触后会发生化学反应从而很容易产生 SEI 膜[41,42]。氧化物和电解液接触后会改变氧化物的 HOMO 和 LUMO 能级，与负极类似。从电解液 HOMO 能级到氧化物的导带会发生电子转移，从而氧化物表面形成一个负电荷，而电解液表面形成正电荷。电解液氧化分解的化合物沉积在正极表面形成一层钝化膜。当锂电池充电时，锂离子从正极中脱嵌出来并通过外部电路传递至负极。价带能级会降低并接近于 HOMO 能级，这会使得电子更容易从电解液转移至正极，并加速电解液的氧化分解和 SEI 膜的形成。电解液的化学反应形成 SEI 膜主要为聚乙醚、碳酸烷基酯、LiF、$Li_x$$PF_y$ 和 $LixPF_yO_z$。

一般来说，由于 SEI 膜的生成，电池首次不可逆容量会降低 10%。另外，在充放电过程中，SEI 膜的生成还会使得电池内阻增大。随着循环的进行，电池内阻增加而容量持续减小。如图 3.182 所示，高频范围内的半圆对应着钝化膜和界面阻抗，而且界面内阻一直在增大直到电压升到 3.8 V，但内阻随之减小直到 4.3 V。这表明 SEI 膜的形成随着充电电压的变化而改变。

$LiMn_2O_4$ 表面的 SEI 膜比在石墨负极的表面更不稳定。$LiMn_2O_4$ 的稳定性会影响界面反应，并且会使 Mn^{3+} 在 $LiMn_2O_4$ 中发生歧化反应。倘若将 $LiMn_2O_4$ 置于纯的

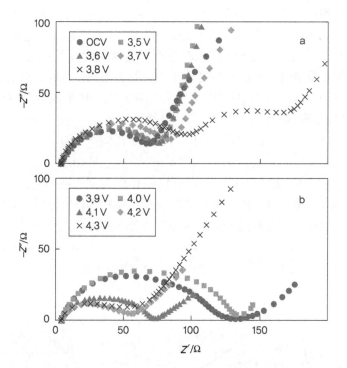

图 3.182　1M LiPF$_6$/EC + EMC 电解液中 Li/LiMn$_2$O$_4$ 充电电池的 Nyquist 图[42]

DMC 溶剂中，DMC 会被 LiMn$_2$O$_4$ 氧化，而部分 LiMn$_2$O$_4$ 被还原为 Mn$_2$O$_3$，反应式如下[43]：

$$LiMn_2O_4 + CH_3OCO_2CH_3 \rightarrow Mn_2O_3 + CH_3OCO_2Li + CH_3OLi$$

$$LiMn_2O_4 + CH_3OCO_2CH_3 \rightarrow Mn_2O_3 + [CH_3OCH_2] + [OLi] + CO_2$$

和 DMC 反应会生成中间产物，引发聚合反应从而生产烃氧基锂，而且 DMC 会被持续消耗。

$$[CH_3OCH_2] + [OLi]^- \rightarrow CH_3OCH_2OLi$$

$$CH_3OCH_2OLi + CH_3OCO_2CH_3 \rightarrow (CH_3O)_2(CH_3OCH_2O)COLi$$

当 LiMn$_2$O$_4$ 氧化电解液溶剂时，还原反应得到的 LiMn$_2^{3+}$O$_4^-$ 会分解生成 MnO 和 Li$_2$MnO$_3$、MnO、Li$_2$O 或 -MnO$_2$。由于 SEI 膜的多孔性，-MnO 可能会溶解到电解液中，反应式如下。实际中，温度高于 60℃ 时可以看到 -MnO 的溶解。

$$LiMn(III)Mn(IV)O_4 + e^- \rightarrow LiMn(III)_2O_4^-$$

$$\rightarrow 0.5Li_2O + 1.5\lambda - Mn(II) + 0.5Mn(II)O$$

除了化学反应导致 SEI 膜形成以及正极上的界面反应外，电化学反应对电池的性能也有很大的影响。正如上文所述，PC 会发生开环氧化反应[40]，并且在 4.1 V 时会发生电化学氧化。它会以含有羧基、二羧基酸酐、-CH$_2$-、-CH$_3$ 官能团的有机物形式沉积在 LiCoO$_2$ 的表面[44]。这个作用在 LiMn$_2$O$_4$ 中表现得更加明显。在 3.8 ~ 4.3 V 范围内锂电池的循环会严重降低电池的可逆容量。这是由于电解液的氧化分解会在正极表面生成 SEI 膜从而使得电池内阻增大[45]。正如下面的方程所示，当发生氧化分解时，电解液传递电子至电极参与氧化分解，会引起自放电的发生，并且锂离子会嵌入 LiMn$_2$O$_4$ 中从而使得电荷平衡。电解液的分解产物会沉积在 LiMn$_2$O$_4$ 的表面形成 SEI 膜。

$$E1 \rightarrow e^- + E1^+ \rightarrow e^- + 反应产物$$
$$Li_xMn_2O_4 + yLi^+ + ye^- \rightarrow Li_{x+y}Mn_2O_4$$

在 LiMn$_2$O$_4$ 表面生成 SEI 膜的类似反应同样也会发生在 Li$_{1-x}$Ni$_{1+x}$O$_2$ 和 LiCoO$_2$ 中。如图 3.183 所示，SEI 膜中含有聚碳酸酯、ROCO$_2$Li、ROLi、LiF 和 P-F/As-F 官能团。金属氧化物和有机溶剂间的界面反应如下面方程式所示[46]。

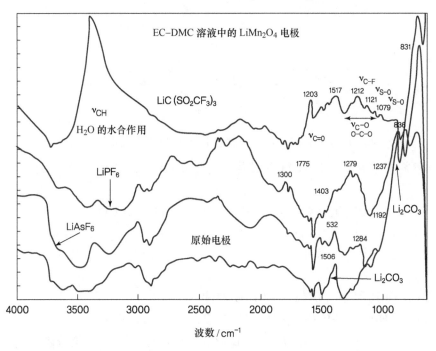

图 3.183　LiMn$_2$O$_4$ 正极表面钝化层的 FTIR 光谱图[39]

在下面的方程式中，EC 发生亲核反应生成碳酸烷基锂，并且碳酸烷基锂会发生聚合反应生成聚碳酸酯[6]。

在 SEI 膜中常发现 LiF 的存在，因为微量的水会与 LiPF$_6$ 反应生成 HF，而 HF 会与电解液或电极表面的锂离子发生反应生成 LiF，反应式如下：

$$LiCoO_2 + 2x\ HF \rightarrow 2x\ LiF + Li_{1-2x}CoO_2$$

由于 LiF 是绝缘物，LiF 浓度上升会导致正极电阻随之增加。除了 SEI 膜的形成外，在 $LiMn_2O_4$ 中的 Mn^{3+} 也会发生歧化反应[47]。

$$2Mn^{3+}（固态）\rightarrow Mn^{4+}（固态）+ \quad Mn^{2+}（溶液）$$

电解质盐和溶剂都必须认真挑选，因为歧化反应和电解质酸度密切相关。对于锂盐来说，由于锰歧化导致分解程度如下[48]：

$$LiCF_3SO_3 < LiPF_6 < LiClO_4 < LiAsF_6 < LiBF_4$$

除了歧化反应，由于电子从电解液中转移至 $LiMn_2O_4$。$LiMn_2O_4$ 中 $Mn^{3+}/^{4+}$ 会还原为 Mn^{2+}。随后会发生 Mn^{2+} 溶解。这不仅影响正极的结构而且还对负极的性能有很大的影响，因为 Mn^{2+} 会穿过电解液然后以金属 Mn 的形式吸附在负极中。

$$Mn^{2+} + 2LiC_6 \rightarrow Mn + 2Li^+ + 2C_6$$

电解液的氧化分解和各种不同反应的电势会随电解液的成分和正极类型的不同而有所不同。当使用 PC 时，$LiNiO_2$ 会在 4.2 V 时释放出气体，而 $LiCoO_2$ 和 $LiMn_2O_4$ 则在 4.8 V 时才开始释放气体。而当使用 PC/DMC 溶剂时，只有 $LiNiO_2$ 在 4.2 V 时会释放出 CO_2[49]。

锂嵌入和脱嵌会使得正极结构稳定，这个会在 $Li_{1-x}Ni_{1+x}O_2$ 中观察到。由于 Li 和 Ni 层中阳离子和原子混排，非化学计量比的 $Li_{1-x}Ni_{1+x}O_2$ 以半层状态存在。当电压充至 4.2 V（或有超过 0.6 的锂离子嵌入），阳离子混排就会在 $Li_{1-x}Ni_{1+x}O_2$ 正极中发生（会生成 Ni^{2+}），而且正极会释放出不稳定氧化物从而导致电解液发生氧化分解。SEI 膜是由有机物质组成，如二羰基酐和聚酯[37]。从图 3.184 中我们可以看到，首次不可逆容量的衰减会发生不可逆的结构变化以及 SEI 膜的形成。

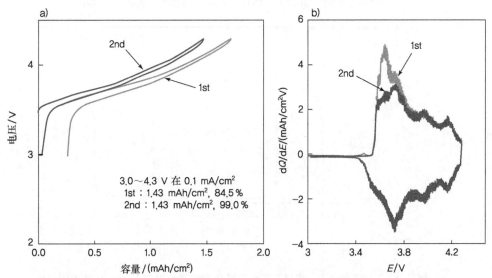

图 3.184　电荷密度为 0.1 mA/cm² 和 OCV 为 3.0～4.3 V 的 Li/LiNiO₂ 电池的

a）首次充放电电容-电势图，b）微分电容-电势图[50]

在首次循环中活性的阳离子混排会导致 $Ni^{3+}/^{4+}$ 浓度降低，Ni^{2+} 浓度上升，而且氧气的持续释放会维持电荷平衡。氧气的放出反过来会产生热量，并可能会引起其他物质的着火（如电解质、粘结剂和有机物质）。由于这些界面反应是由电子转移或氧气转移引起，正极中 Ni 电子结构的变化与电解液的氧化分解和 SEI 的形成直接相关。因此，在 $Li_{1-x}Ni_{1+x}O_2$ 中观察到的首次不可逆容量衰减可以追溯为正极的结构变化以及电解液的界面反应[51]。

为了对锂电池中电极界面更准确的理解，我们需要关注作为集流体的金属箔片的表面。由于正极集流体由金属 Al 制成，容易被氧化，所以金属表面通常会包覆一层 Al_2O_3。如图 3.185 所示，商业用金属 Al 表面会涂覆一层聚酰胺或其他物质来防止金属氧化[37]。

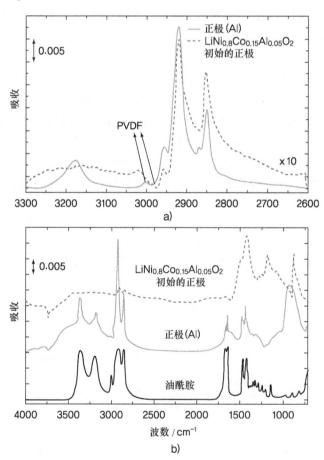

图 3.185　a）在 Al 集流体包覆层和正极表面的光谱图中观察到的 C-H 基团的对比；

b）正极，Al 集流体和油酸酰胺的参考光谱图对比

当对 SEI 膜进行 FTIR 检测和有机分析时，需预先对集流体的涂覆层和粘结剂聚合物进行分析，从而得到关于 SEI 成分更精确的信息。

3.4.4.4 磷酸盐正极的界面反应

$LiFePO_4$ 作为一种新的正极材料正在研究中，由于 $LiFePO_4$ 的低电导率，常会包覆一层碳。而且低工作电压导致其与其他金属氧化物的界面性质有所不同。尽管 Li_2CO_3 会本征地出现在其他正极材料的表面中，但在 $LiFePO_4$ 中并没有发现它的存在。这表明磷酸盐官能团不会在空气中发生反应[50-54]。相反地，在合成过程中生成锂铁氧（$Li_xFe_yO_z$），会很少量（<2wt%）地存在于 $LiFePO_4$ 表面[50,53]。这种在表面的锂铁氧在首次充电时会释放出锂，并增加了 $LiFePO_4$ 的充电容量。由于上述反应为不可逆反应，并使氧化铁活性降低，从而只能从 $LiFePO_4$ 得到放电容量。因此，首次不可逆充电容量会大大降低。同时，用溶胶-凝胶法合成的 $LiFePO_4$ 可能会被表面的杂质（如 FeP 和 Li_3PO_4）污染，这些杂质可能是在热处理过程中生成的[55]。化合物的类型和浓度会随合成方法的不同而有所不同，从而影响 $LiFePO_4$ 的电化学循环性能。

电解液中的微量水可能会产生氢氟酸，并阻碍 $LiFePO_4$ 电极性能的发挥，正如其他锂金属氧化物的例子一样。例如，$LiPF_6$ 和水反应发生分解生成 HF，而且 HF 和 $LiFePO_4$ 接触，Fe 会被溶出。Fe 的溶解不仅会降低 $LiFePO_4$ 的不可逆容量，而且 Fe 可能会吸附在负极表面从而导致负极不可逆容量的损失[56]。

如图 3.186 所示，对电化学反应过程中的 $LiFePO_4$ 表面进行 FTIR 检测，检测表明 SEI 膜由 $-OCOCO-$、$-CO_2M$（M 为金属）有机官能团和少量的 $-PF_x$ 和 CO_3^{2-} 无机盐组成[57]。从与氧基正极相比相对较弱的有机键来看，我们可以认为是薄的 SEI 膜可能是低浓度的有机化合物。进行 XPS 分析，我们发现 SEI 膜中有机化合物包含 CH，C=O，C-O 官能团，以及含有 Li-F，P-F 和 O-P-F 键的磷化合物[58]。电子在负极和电解液中的转移在 $LiFePO_4$ 的低工作电压（2.5/3.0~4.0V）中很不活泼，从而导致 $LiFePO_4$ 表面的电解液很少发生氧化分解。除了结构稳定外，基于上述的界面结构和性能，$LiFePO_4$ 还存在稳定的循环性能。

3.4.5 集流体-电解液的界面反应

使用活性材料制造锂电池的负极和正极，铝（Al）和铜（Cu）金属箔集流体必须由大量活性材料、粘结剂、碳组成的混合物覆盖。当锂电池充电时，涂覆了负极活性材料的金属铜接近很低的电势（接近金属锂的电势）。尽管化学稳定，但长时间的重复充放电会导致产生物理裂纹[59]。

另一方面，金属铝在高电势下会发生化学腐蚀。这在长期循环中会变得更加严重，并导致电池内阻的增加。

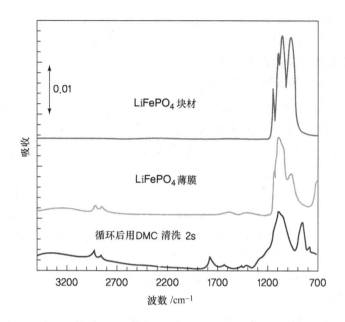

图 3.186　块状 LiFePO₄和薄膜 LiFePO₄在 DMC 洗涤后 2.5～4.0 V
电压范围内循环后表面的 FTIR 光谱图对比

3.4.5.1　铝的本征层

由于金属铝氧化电势为 1.39 $V^{[60]}$，是热力学不稳定物质，它的表面通常覆盖一层热力学稳定的 Al_2O_3、羟基氧化物和氢氧化物[61,62]。由于这一层本征层，金属铝变得稳定并能抑制腐蚀。在 1.0 M LiClO₄/EC/DME 电解液中，金属铝的氧化稳定电位的上限为 4.2 $V^{[63]}$。

活性材料的主体形式为多孔物质，而且虽然金属铝表面为 Al_2O_3 层，其存在多孔特性。当涂覆在金属铝上的正极置于电解液中，电解液会从正极颗粒间的孔中穿过，并和金属直接接触，从而形成金属-电解液界面。当锂电池充电时，负极和集流体必须维持在高电势中。另外，长时间的重复循环（高电势下累积充电）可能会导致金属铝的腐蚀。铝-电解液界面反应和电池安全直接相关。譬如，点蚀会破坏铝，并减弱电极和集流体间的接触。这不仅会缩短负极的寿命，而且会导致短路的发生。

3.4.5.2　铝的腐蚀

铝的腐蚀受电解液成分的影响。PC/DEC 溶剂比 EC/DMC 混合溶剂腐蚀要小，但是锂盐对腐蚀有更大的影响[64]。和其他的锂盐相比，二（三氟甲基磺酸酰）亚胺锂（LiN（SO₂CF₃）₂）有更加优异的离子电导率、循环特性、热力学稳定性和水解稳定性。但是，它会加速铝箔的腐蚀同时会使铝表面产生 LiF 和 Li₂CO₃这样的碳酸盐化合物。在一个较宽正极工作电压窗口范围内（2.5～4.5 V）使用线性伏安扫描可以判断铝的腐蚀情况和氧化稳定性。图 3.187 显示了铝在不同的酰亚胺基电解液的稳定性。

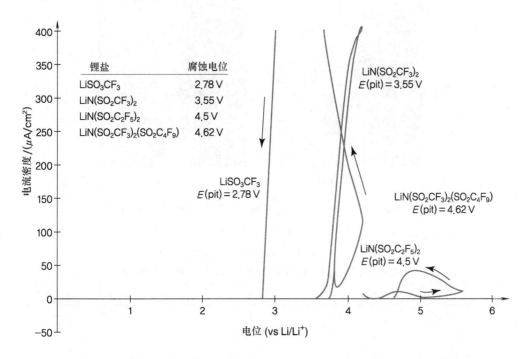

图 3.187　用线性扫描伏安法获得的在 1.0 EC-PC 溶剂中
各种磺酸盐和磺酰胺基锂盐的腐蚀电位[65]
（经 Elsevier 授权复制，版权 1997 年）

从上面的图 3.187，可以看出铝的抗氧化腐蚀的稳定性可以按如下升序排列[65]：

$LiCF_3SO_3 < LiN(SO_2CF_3)_2 < LiClO_4 < LiPF_6 < LiBF_4$

酰亚胺基的锂盐如 $LiCF_3SO_3$ 和 $LiN(SO_2CF_3)_2$ 会在电压低于 3.8 V 时诱引铝的腐蚀，而 $Li(C_4F_9SO_2)CF_3SO_2N$ 会生成了一层钝化膜[66]。

至于酰亚胺基的电解液，$N(SO_2CF_3)_2^-$ 阴离子在电压达到 4.5 V 时仍然能保持稳定不会被氧化，同时会和从铝金属上脱离的 Al^{3+} 结合生成 $Al[N(CF_3SO_2)_2]$ 化合物。如图 3.188 所示，$Al[N(CF_3SO_2)_2]$ 被铝表面吸收，同时部分沉积物会在电解液中溶解并且通过产生凹点造成腐蚀[67]。

除了和酰亚胺基的电解液化合物反应，表 3.16 列出了在铝表面发生的其他的氧化反应[60]。

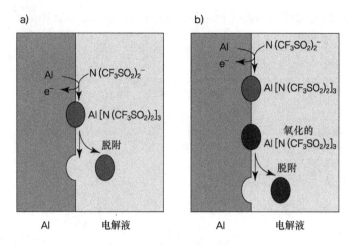

图 3.188　铝在 LiN（CF_3SO_2）$_2$/PC 电解液中可能的腐蚀机理[67]

（经 ACS 授权复制，版权 2004 年[6,67]）

表 3.16　有机电解液溶液中阳极可能发生的
反应和预期的质量变化（经 ACS 授权复制，版权 2002 年）

阳极反应	质量变化/（g F^{-1}）
$Al \rightarrow Al^{3+} + 3e^-$	-9
$2Al + 3H_2O \rightarrow Al_2O_3 + 6H^+ + 6e^-$	$+8$
$Al + 3H_2O \rightarrow Al(OH)_3 + 3H + 3e^-$	$+17$
$Al(OH)_3 + HF \rightarrow AlOF + 2H_2O$	$+12$
$Al + 3HF \rightarrow AlF_3 + 3H^+ + 3e^-$	$+19$
$Al + 3F^- \rightarrow AlF_3 + 3e^- \{ Al + (CF_3SO_2)_2 N^- \rightarrow AlF_3 + 3e^- + [(CF_{1.5}SO_2) 2N^-] \}$	$+19$
$Al + 3(CF_3SO_2)_2 N^- \rightarrow Al[(CF_3SO_2)_2N]_3 + 3e^-$	$+283$

注：1F = 96485 库仑。

3.4.5.3　铝表面钝化层的形成

如图 3.189 所示，$LiPF_6$ 和 $LiBF_4$ 在铝表面形成了钝化膜，而酰亚胺基的锂盐会诱导腐蚀。在这两种情况下，沉积物都是在铝的表面产生的[60,67,68]。尤其是 $LiBF_4$会产生更加稳定的钝化膜，而且在高温和几百 ppm 水含量的不利情况下仍有循环特性[69,70]。$LiBF_4$ 产生了钝化膜，而 $LiN(CF_3SO_2)_2$ 造成了点腐蚀，但是这些特性可以组合来形成 $LiN(CF_3SO_2)_2$。如图 3.189 所示，随着钝化膜的形成，腐蚀得到了抑制，内阻得到了改善[71]。

在被腐蚀的金属表面发现了有 $-SO_2-$、TFSI 的 $-CF_3$ 基团和 $-OH$ 基团。钝化膜的成分有 $-CH_2CH_3-$、$-OH$、羰基、酯基和 B-F 基团。有机物如 CH_3CH_2—

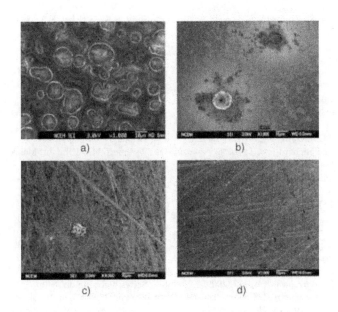

图 3.189 不同成分的 LiBF$_4$ 和 LiTFSI 盐对腐蚀和钝化层形成的影响：
a) 1.0 M LiTFSI/EC + DMC 电解液，b) LiTFSI：LiBF$_4$ = 8:2，c) LiTFSI：LiBF$_4$ = 5:5 和
d) 1 M LiBF$_4$/EC + DMC 电解液[45]（经 Elesvier 授权复制，版权 2004 年）

CO$_2$M、—COOR 和草酸锂（Li$_2$C$_2$O$_4$），同时还检测到 LiOH 和有 B-F 基的无机物。由于这些表面化合物与正极 SEI 膜的成分类似，因此，钝化层的形成也有相似的形成机理。LiBOB 也可以产生钝化膜，但是其成分仍是未知的[72]。

上述由锂盐带来的界面反应的变化只能应用于没有包覆正极的铝箔上。对于像涂覆了 LiMn$_2$O$_4$ 和 LiFePO$_4$ 的正极，在含有 LiPF$_6$ 的电解液中，氧化反应发生在对锂电位为 5.0 ~ 6.5 V 的高电压下，最后导致了腐蚀[73]。

参考文献

1 Winter, M., Besenhard, J.O., Spahr, M.E., and Novak, P., (1998) *Adv. Mater.*, **10**, 725.

2 Peled, E., Golodnitsky, D., Menachem, C., and Bar Tow, D., (1998) *J. Electrochem. Soc.*, **145**, 3483.

3 Campbell, S.A., Bowes, C., and McMillan, R.S., (1990) *J. Electroanal. Chem.*, **284**, 195.

4 Zhang, X., Kostecki, R., Richardson, T.J., Pugh, J.K., and Ross, P.N., Jr., (2001) *J. Electrochem. Soc.*, **148**, A1341.

5 Wang, Y., Nakamura, S., Ue, M., and Balbuena, P.B., (2001) *J. Am. Chem. Soc.*, **123**, 11708.

6 Xu, K., (2004) *Chem. Rev.*, **104**, 4303.

7 Kanamura, K., Toriyama, S., Shiraishi, S., and Takehara, Z., (1995) *J. Electrochem. Soc.*, **142**, 1383.

8 Zhang, X., Pugh, J.K., and Ross, P.N., Jr., (2001) *J. Electrochem. Soc.*, **148**, E183.

9 Thompson, J.B., Brown, P., and Djerassi, C., (1966) *Tetrahedron*, **1**, 241.

10 Peled, E., (1979) *J. Electrochem. Soc.*, **126**, 2047.

11 Gabano, J.P., (1983) *Lithium Batteries*, Academic Press, New York, p. 43.

12 Peled, E., Golodnitsky, D., and Ardel, G., (1997) *J. Electrochem. Soc.*, **144**, L208.

13 Kanamura, K., Shiraishi, S., and Takehara, Z., (1995) *Chem. Lett.*, **24**, 209.

14 Selim, R., and Bro, P., (1974) *J. Electrochem. Soc.*, **121**, 1467.

15 Day, A.N. and Sullivan, B.P., (1970) *J. Electrochem. Soc.*, **117**, 222.

16 Aurbach, D., Markovsky, B., Shechter, A., and Ein-Eli, Y., (1996) *J. Electrochem. Soc.*, **143**, 3809.

17 Zhuang, G.V., Yang, H., Ross, P.N., Jr., Xu, K., and Richard Jow, T., (2006) *Electrochem. Solid State Lett.*, **9**, A64.

18 Du Pasquier, A., Disma, F., Bowmer, T., Gozdz, A.S., Amatucci, G., and Tarascon, J.M., (1998) *J. Electrochem. Soc.*, **145**, 472.

19 Kanamura, K., Tamura, H., Shiraishi, S., and Takehara, Z., (1995) *J. Electrochem. Soc.*, **142**, 340.

20 Fong, R., Sacken, U., and Dahn, J.R., (1990) *J. Electrochem. Soc.*, **137**, 2009.

21 Peled, E., Menachem, C., Bar-Tow, D., and Melman, A., (1996) *J. Electrochem. Soc.*, **143**, L4.

22 Besenhard, J.O., Winter, M., Yang, J., and Biberacher, W., (1993) *J. Power Sources*, **54**, 228.

23 Guyomard, D., and Tarascon, J.M., (1993) US Patent 5192629.

24 Shu, Z.X., McMillan, R.S., and Murray, J., (1993) *J. Electrochem. Soc.*, **140**, 922.

25 Dahn, J.R. et al. (1994) *Lithium Batteries: New Materials, Development and Perspectives*, Elsevier, p. 22.

26 Zhuang, G.V., Xu, K., Yang, H., Richard Jow, T., and Ross, P.N., Jr., (2005) *J. Phys. Chem. Soc.*, **109**, 17567.

27 Aurbach, D., (2000) *J. Power Sources*, **89**, 206.

28 Jeong, S.K., Inaba, M., Abe, T., and Ogumi, Z., (2001) *J. Electrochem. Soc.*, **148**, A989.

29 Xu, K., Lee, U., Zhang, S., Wood, M., and Richard Jow, T., (2003) *Electrochem. Solid State Lett.*, **6**, A144.

30 Xu, K., Zhang, S., and Richard Jow, T., (2005) *Electrochem. Solid State Lett.*, **8**, A365.

31 Ota, H., Sakata, Y., Inoue, A., and Yamaguchi, S., (2004) *J. Electrochem. Soc.*, **151**, A1659.

32 Song, S.W., Striebel, K.A., Reade, R.P., Roberts, G.A., and Cairns, E.J., (2003) *J. Electrochem. Soc.*, **150**, A121.

33 Song, S.W., Reade, R.P., Cairns, E.J., Vaughey, J.T., Thackeray, M.M., and Striebel, K.A., (2004) *J. Electrochem. Soc.*, **151**, A1012.

34 Ulus, A., Rosenberg, Y., Burstein, L., and Peled, E., (2002) *J. Electrochem. Soc.*, **149**, A635.

35 Wachtleri, M., Wohlfahrt-Mehrensi, M., Bele, S.S., Panitz, J.C., and Wietelmann, U., (2006) *J. Appl. Electrochem.*, **36**, 1199.

36 Aurbach, D., Levi, M.D., Levi, E., Markovsky, B., Salitra, G., Teller, H., Heider, U., and Hilarius F V., (1997) Batteries for Portable Applications and Electric Vehicles, PV 97-18, The Electrochemical Society Proceedings Series, Pennington, NJ, p. 941.

37 Zhuang, G.V., Chen, G., Shim, J., Song, X., Ross, P.N., and Richardson, T.J., (2004) *J. Power Sources*, **134**, 293.

38 Song, S.W., Zhuang, G.V., and Ross, P.N., (2004) *J. Electrochem. Soc.*, **151**, A1161.

39 Aurbach, D., Gamolsky, K., Markosky, B., Salitra, G., Gofer, Y., Heider, U., Oesten, R., and Schmidt, M., (2000) *J. Electrochem. Soc.*, **147**, 1322.

40 Thomas, M.G.S.R., Bruce, P.G., and Goodenough, J.B., (1985) *J. Electrochem. Soc.*, **132**, 1521.

41 Levi, M.D., Salitra, G., Markovsky, B., Teller, H., Aurbach, D., Heider, U., and Heider, L., (1999) *J. Electrochem. Soc.*, **146**, 1279.

42 Zhang, S.S., Xu, K., and Jow, T.R., (2002) *J. Electrochem. Soc.*, **149**, A1521.

43 Eriksson, T., Andersson, A.M., Bishop, A.G., Gejke, C., Gustafsson, T., and Thomas, J.O., (2002) *J. Electrochem. Soc.*, **149**, A69.

44 Matsuo, Y., Kostecki, R., and McLarnon, F., (2001) *J. Electrochem. Soc.*, **148**, A687.

45 Kanamura, K., Toriyama, S., Shiraishi, S., Ohashi, M., and Takehara, Z., (1996) *J. Electroanal. Chem.*, **419**, 77.

46 Guyomard, D., and Tarascon, J.M., (1992) *J. Electrochem. Soc.*, **140**, 3071.

47 Aurbach, D., Gamolsky, K., Markosky, B., Salitra, G., Gofer, Y., Heider, U., Oesten, R., and Schmidt, M., (2000) *J. Electrochem. Soc.*, **147**, 1322.

48 Hunter, J.C., (1981) *J. Solid State Chem.*, **39**, 142.

49 Jang, D.H. and Oh, S.M., (2002) *J. Electrochem. Soc.*, **144**, 3342.

50 Zhang, S.S., Xu, K., and Jow, T.R., (2002) *Electrochem. Solid State Lett.*, **5**, A92.

51 Imhof, R. and Novak, P., (1999) *J. Electrochem. Soc.*, **146**, 1702.

52 Song, S.W., Reade, R.P., Kostecki, R., and Striebel, K.A., (2006) *J. Electrochem. Soc.*, **153**, A12.

53 Herstedt, M., Stjerndahl, M., Nyten, A., Gustafsson, T., Rensmo, H., Siegbahn, H., Ravet, N., Armand, M., Thomas, J.O., and Edstrom, K., (2003) *Electrochem. Solid State Lett.*, **6**, A202.

54 Striebel, K., Shim, J., Sierra, A., Yang, H., Song, X., Kostecki, R., and McCarthy, K., (2005) *J. Power Sources*, **146**, 33.

55 Rho, Y.H., Nazar, L.F., Perry, L., and Ryan, D., (2007) *J. Electrochem. Soc.*, **154**, A283.

56 Koltypin, M., Aurbach, D., Nazar, L., and Ellis, B., (2007) *Electrochem. Solid State Lett.*, **10**, A40.

57 Song, S.W., Reade, R.P., Kostecki, R., and Striebel, K.A., (2004) Private Report.

58 Herstedt, M., Stjerndahl, M., Nyten, A., Gustafsson, T., Rensmo, H., Siegbahn, H., Ravet, N., Armand, M., Thomas, J.O., and Edstrom, K., (2003) *Electrochem. Solid State Lett.*, **6**, A202.

59 Koltypin, M., Aurbach, D., Nazar, L., and Ellis, B., (2007) *Electrochem. Solid State Lett.*, **10**, A40.

60 Morita, M., Shibata, T., Yoshimoto, N., and Ishikaw, M., (2002) *Electrochim. Acta*, **47**, 2787.

61 Lide, D.R. (2005) *CRC Handbook of Chemistry and Physics*, CRC Press, Boca Raton, FL.

62 Lopez, S., Petit, J.P., Dunlop, H.M., Butruille, J.R., and Tourillon, G.J., (1998) *J. Electrochem. Soc.*, **145**, 823.

63 Chen, Y., Devine, T.M., Evans, J.W., Monteiro, O.R., and Brown, I.G., (1999) *J. Electrochem. Soc.*, **146**, 1310.

64 Zhang, S. and Jow, T.R., (2002) *J. Power Sources*, **109**, 458.

65 Krause, L.J., Lamanna, W., Summerfield, J., Engle, M., Korba, G., Loch, R., and Atanasoski, R., (1997) *J. Power Sources*, **68**, 320.

66 Zhang, S.S., and Jow, T.R., (2002) *J. Power Sources*, **109**, 458.

67 Yang, H., Kwon, K., Devine, T.M., and Evans, J.E., (2000) *J. Electrochem. Soc.*, **147**, 4399.

68 Kanamura, K., Umegaki, T., Shiraishi, S., Ohashi, M., and Takehara, Z., (2002) *J. Electrochem. Soc.*, **149**, A185.

69 Wang, X., Yasukawa, E., and Mori, S., (2000) *Electrochim. Acta*, **45**, 2677.

70 Zhang, S.S., Xu, K., and Jow, T.R., (2002) *J. Electrochem. Soc.*, **149**, A586.

71 Song, S.W., Richardson, T.J., Zhuang, G.V., Devine, T.M., and Evans, J.W., (2004) *Electrochim. Acta*, **49**, 1483.

72 Zhang, X. and Devine, T.M., (2006) *J. Electrochem. Soc.*, **153**, B365.

73 Zhang, X., Winget, B., Doeff, M., Evans, J.W., and Devine, T.M., (2005) *J. Electrochem. Soc.*, **152**, B448.

第4章 电化学分析与材料性能分析

4.1 电化学分析

4.1.1 开路电压

开路电压[1-3]是电池处于平衡且两电极间没有任何电势差条件下的电压测量值。换言之，就是在没有电流流过时稳定电极的电压。该值反映了在热力学平衡条件下的 Gibbs 自由能。而闭路电压（CCV）测试的是电极连接外电路并有电流通过时的电压值。为了精确描述电极的热力学状态，需要将开路电压与化学成分关联起来。

开路电压提供了电极材料电压、内部短路发生情况和初始界面化学反应的信息。通过测试充放电循环过程中的电极开路电压，我们可以考察充放电的可逆性。开路电压随时间的变化为我们研究电化学反应提供了信息，例如研究电极材料的电荷转移和自放电现象等。

图 4.1 显示了一个由以单壁碳纳米管（SWCNT）和锂金属为电极，以 1M LiPF$_6$/EC:DEC（体积比 1:1）为电解液，组成的电池单元的开路电压。电压测试区间为 0~3 V，测试时先施加 50 mA/g 的恒电流 1h，接着 1h 不施加任何电流，交

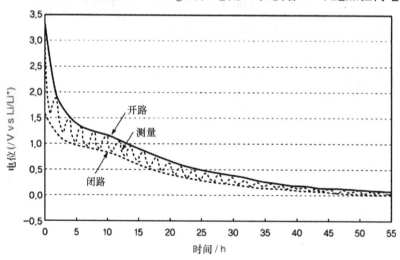

图 4.1 一个 SWCNT/Li 电池的开路电压和闭路电压

替进行。1h 恒电流内所测得的闭路电压用粗虚线表示，而零电流下的开路电压值则用实线表示。

4.1.2　线性扫描伏安法

线性扫描伏安法是一种电化学分析方法，以速率 v（V/s）在给定电压范围内对电池的电压进行扫描，结果以电流-电压曲线的形式表示。当电池在测试电压范围内发生氧化或还原反应时，可以观察到电流的显著变化。我们可以通过测试这些点对应的电流和电压值来预测和分析电池内所发生的反应。基于这些特征，线性扫描伏安法被广泛用于评价电解液的电化学稳定性。

图 4.2 是一个线性扫描伏安法的实例，它显示了在恒定电压扫描速率下电流随外加电压的变化。电池由锂金属和铂电极组成，以 1M $LiPF_6$/DMC 为电解液。可以看到电压在 4.5 V 以下时电流只有细微变化，在 4.6~5.2 V 范围内电流变化显著，并从 5.2 V 处迅速上升。这表明电池内的氧化还原反应在电压高于 4.6 V 时发生，电解液在 4.6 V 以下显示出稳定的电化学性能。

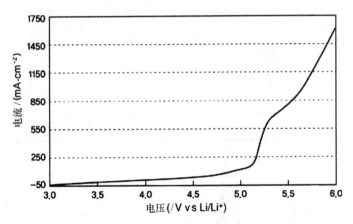

图 4.2　Li/（1M $LiPF_6$/DMC）/Pt 电池在线性扫描伏安法下所得的电流-电压曲线

4.1.3　循环伏安法

循环伏安法[1, 2]是一种电化学分析方法，在给定的电压范围内以恒定的电压扫描速率对电池的电压进行扫描。类似于线性扫描伏安法，循环伏安法在恒定的扫描速率下施加电压来观察电流的变化。但是循环伏安的每次循环都是重复同样的实验，循环伏安所得的电流-电压曲线与线性扫描伏安法所得的线性曲线有所不同。循环伏安可为电池内所发生的氧化还原反应提供的信息包括电压、电量、可逆性和持续性（可逆电化学反应的持续性）。扫描速率大小取决于实验目的，要对电化学反应进行详细分析时建议使用尽量低的扫描速率。

图4.3是一个典型的循环伏安图，显示了电流随外加电压的变化。当扫描方向为（＋）时，阳极电流引发氧化反应，而（－）方向则为还原反应。图4.4给出了天然石墨负极在0～3 V范围内的循环伏安结果。电池由"天然石墨/［1M LiPF$_6$／（PC：EC：DEC）］/锂"组成。阴极电流表示锂嵌入引发的电化学反应，阳极电流则对应锂的脱出。

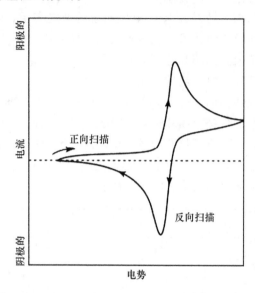

图4.3　循环伏安的电流-电压曲线

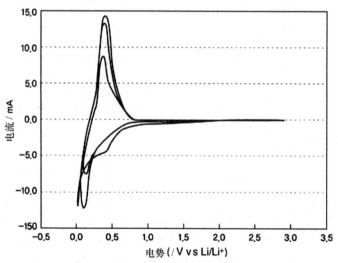

图4.4　"天然石墨/［1M LiPF$_6$／（PC：EC：DEC）］/锂"
电池循环伏安所得的电流-电压曲线

4.1.4　恒电流法

恒电流法[1,2]是在恒定电流条件下通过测试电压随时间的变化而得到电池的性能特征。该方法可以得到的电化学性能包括容量、可逆性、电阻和扩散速率。根据结束条件的不同，恒电流法可以分为两类。

4.1.4.1　电压截止控制法

连续充放电实验是在一个给定的电压范围内和恒定电流条件下，测定电压随时间的变化。它是一种电化学分析方法，测定在连续充放电且电压随时间变化的情况下的电量。

图 4.5 显示了电压随时间的变化，下限和上限分别设置为 0 V 和 3 V。从图上我们可以看出每一个循环后电压有微小的变化，这表明电极材料发生了有锂离子参与的可逆反应。图 4.6 列出了每个充放电循环的充放电容量，以此可以计算每个充放电步骤的库伦效率。

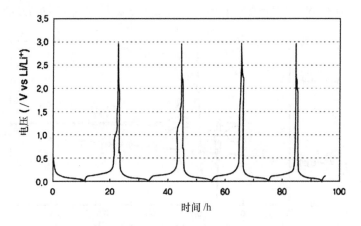

图 4.5　"石墨/锂"二次电池的电压控制恒电流充放电曲线

微分电容曲线是基于恒电流测试所得的时间和电压值绘制的 dQ/dV 与电压的关系图。微分电容曲线的单位也可用下面的方程式表示为 dt/dV。

$$\frac{dQ}{dV} = \frac{dQ}{dt}\frac{dt}{dV} = I\frac{dt}{dV}$$

图 4.7 为一个由石墨和锂金属组成的电池进行电压截止控制恒流测试所得的微分电容曲线（dQ/dV），数据来自于图 4.5 中的首次循环。这样我们就可以精确测定电化学反应的电压值。

除了有一个恒定的过电位外，微分电容曲线与循环伏安曲线类似。在循环伏安中，为了区分电化学反应类型，必须降低扫描速率。从微分电容曲线上可更简便读取电化学反应的电压。

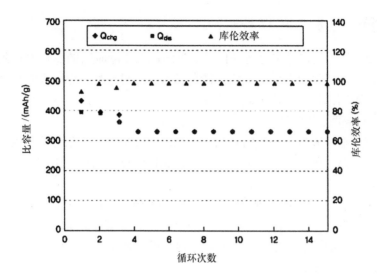

图 4.6　"石墨/锂"电池电压截止控制恒电流充放电测试所得的充放电容量和库伦效率

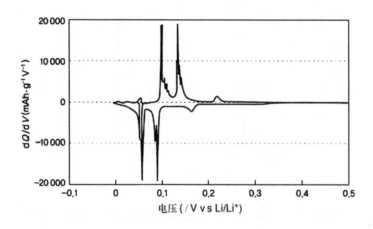

图 4.7　石墨/锂电池的微分电容曲线

4.1.4.2　恒容截止控制法

恒容截止控制是一种通过控制电荷数测试负极特征的恒流方法。与正极材料不同，当负极材料被充电至近似于金属锂的电压时，锂的嵌入和金属锂的析出可能会同时发生。鉴于电压曲线的相对平坦，不宜使用电压截止控制方法，因为电压的细微变化就会引起电荷的显著改变。为了解决这个问题，可将电池充电至所需电量，然后进行电压控制放电。

4.1.5　恒压法

恒压法[1-3]是一种比恒流法更简单的，可使电池的氧化还原反应达到电化学平衡的方法。

4.1.5.1　恒压充电

参与脱嵌的材料的表面和内部存在着离子浓度梯度，其大小取决于所施加的电流。与电极表面不同，电极内部的充电并不完全。如果只是用恒流法充至额定容量，当表面电势超过额定电压时可能损坏电极材料。为了避免这个问题，先在额定电压范围内恒流充电然后恒压充电，该方法可最大化电池的储能能力。

4.1.5.2　电势阶跃测试

电势阶跃测试是一种基于恒电压控制并通过逐步提高或降低电池电压的方法，需要为每一步设置充电截止电流和时间。使用该方法我们可以得到开路电压和电压暂态信号，它们可以用来推导差分电容曲线和扩散速率。

图 4.8 显示了由电势阶跃测试所得的差分容量曲线。电流随电压增加的变化如图 4.8a 所示，图 4.8b 为电荷对电势的微分图。表 4.1 比较了循环伏安、恒流充放电和电势阶跃测试的特征。

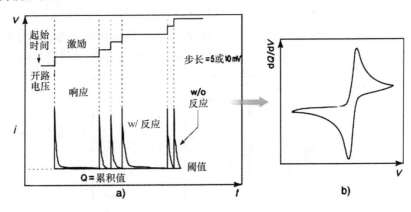

图 4.8　电势阶跃测试所得的电流-时间和差分容量-电压曲线

表 4.1　循环伏安、恒流充/放电和电势阶跃测试的特征比较

信息	循环伏安 *I-V*	恒电流充/放电 d*Q*/d*V-V*	电势阶跃测试 d*Q*/d*V-V*
测试	电压以恒定速率变化的条件下测试电流	恒电流充放电条件下测试微分容量，将其作为时间的函数	电压作为一个步骤函数变化时的微分容量
峰性质	由于欧姆极化，峰值会随扫描速率变化偏移	由于电流和电阻恒定，峰值位移恒定	—
分析的清晰度	区分明显	复杂	区分明显
过电势效应	关联的	恒定	—

4.1.6 恒电流间歇滴定法和恒电位间歇滴定法

4.1.6.1 恒电流间歇滴定法

恒电流间歇滴定法（GITT）是一种恒电流方法，在充放电过程中，每一步阶跃施加一恒定电流，然后测定由截止电流所引起的开路电压变化[3,4]。对电极材料施加一个恒定电流后，锂离子会嵌入颗粒或从中脱出，引起电极表面和内部的浓度差。通过测试电压随时间的变化，我们可以计算出浓度的变化率，这样我们就可以计算锂离子的扩散系数。

图4.9显示了在一个 GITT 实验中电流和电压随时间的变化。当电流施加或截止时，电压的急剧升高或降低可解释为由 iR 降所引起。电压随时间的变化与锂离子扩散有关。使用下列方程式可以得到基于 GITT 的锂离子扩散系数：

$$D^{\text{GITT}} = \frac{4}{\pi\tau}\left(\frac{m_{\text{B}}V_{\text{M}}}{M_{\text{B}}S}\right)^2\left(\frac{\Delta E_{\text{S}}}{\Delta E_{\text{t}}}\right)^2$$

式中，τ 是施加恒定电流的时间；m_{B} 是电极材料的质量；V_{M} 是电极材料的摩尔体积；M_{B} 是电极材料的摩尔质量；S 是电极-电解液的界面面积；ΔE_{S} 是每步阶跃的电压变化；ΔE_{t} 是恒流条件下总电压的变化；$m_{\text{B}}V_{\text{M}}/M_{\text{B}}$ 是电极材料的体积。

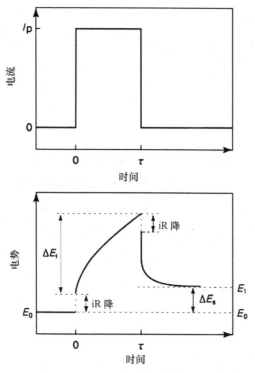

图4.9　GITT 实验中的电流与电压的变化[5]（经 Elsevier 授权改编，版权2005年[5]）

4.1.6.2　恒电位间歇滴定法

在恒电位间歇滴定法（PITT）中，每一步电势阶跃施加一恒定电压以测试电流的变化，然后据此计算扩散系数[3,6-8]。由此可以得到表面处的离子浓度。当电流降低至设定值，各阶跃步骤的测试终止，然后施加新的电势阶跃以测试下一阶跃的电流变化。图 4.10 显示了在锂二次电池中正极材料 $LiMn_2O_4$ 电流随电势的变化。

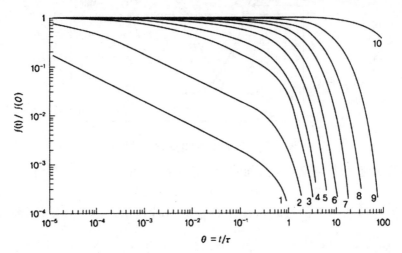

图 4.10　PITT 实验中的电流随时间的变化[7]（经 Elsevier 授权改编，版权 2004 年[7]）

PITT 结果可通过研究电流-时间曲线的线性行为进行理解。如果活性材料为球形，可按下面的方程式用过渡时间（t_T）计算扩散系数[6]：

$$D^{PITT} = \left(\frac{(I\sqrt{t})\max \sqrt{\pi}r_1}{\Delta Q} \right)^2$$

式中，I 表示电流；t 是测试时间；r_1 是活性材料的半径；τ 是扩散时间；$\Delta Q = \int_{t=0}^{\infty} I(t)$ 是每一阶跃步骤的电量。

4.1.7　交流阻抗分析

4.1.7.1　原理

交流阻抗是一种通过检测交流电压下的电流响应从而得到电阻、电容和电感大小的电化学方法。如式（4.1）所示，交流电压随着时间周期性变化。从图 4.11 我们可以看到电压和电流之间存在相位差。

$$V(t) = V_m \sin(\omega t) \tag{4.1}$$

$$\omega = 2\pi\upsilon(\upsilon:频率) \tag{4.2}$$

式中，V_m 是最大电压值；ω 是角频率。

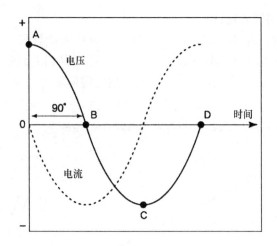

图 4.11 交流电压和电流之间的相位差

电流响应（I）与交流电压间的相位差为 θ，可由式（4.3）得到。

$$I(t) = I_m \sin(\omega t - \theta) \tag{4.3}$$

交流电压和电流的振幅可用复数指数函数表示，如式（4.4）和式（4.5）所示。

$$V(t) = V_m \exp(j\omega t) \tag{4.4}$$

$$I(t) = I_m \exp[j(\omega t - \theta)] \tag{4.5}$$

$$j = \sqrt{-1} = \exp(j\pi/2)$$

阻抗（Z）由式（4.6）定义，其振幅可用式（4.7）表示。

$$Z(\omega) = \frac{V(t)}{I(t)} \tag{4.6}$$

$$|Z(\omega)| = \frac{V_m}{I_m} \tag{4.7}$$

基于式（4.6）中的定义，阻抗可以分为实部（Z'）和虚部（Z''）。实部即为电阻，虚部为电抗，包括电容和电感。

$$Z = a + jt$$
$$= Z' + Z'' \tag{4.8}$$

采用相位差，上述阻抗的实部和虚部可用式（4.9）和式（4.10）表示。相位差（θ）用式（4.11）表示。阻抗振幅用式（4.12）表示。

$$Z' = |Z|\cos(\theta) \tag{4.9}$$

$$Z'' = |Z|\sin(\theta) \tag{4.10}$$

$$\theta = \tan^{-1}(Z''/Z') \tag{4.11}$$

$$|Z| = \sqrt{(Z'^2/Z''^2)} \tag{4.12}$$

基于欧拉公式[exp（jθ）=cos（θ）+jsin（θ）]，可以将上述直角坐标可以转化为极坐标，转化关系表示在图4.12中。

$$Z(\omega) = |Z|\exp(j\theta) \tag{4.13}$$

图4.12是复平面内的相量图，也就是Nyquist图或Cole-Cole图。图4.13显示了Z'和Z''随频率的变化。

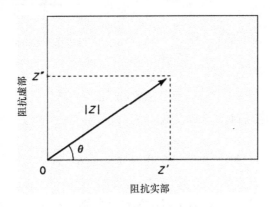

图4.12　阻抗的复平面图

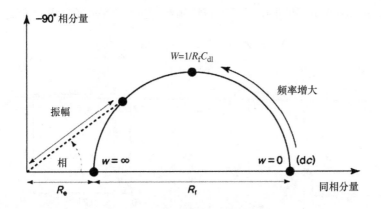

图4.13　阻抗随频率的变化

4.1.7.2　等效电路模型

电流在物质内的流动与电阻和电容有关。在只有电阻存在的情况下，$\theta = 0$，阻抗用实部（$Z(\omega) = Z'(\omega)$）表示。如式（4.14）所示，它与频率无关（见图4.14和图4.15）。

$$Z(t) = V(t)/I(t) = R \tag{4.14}$$

在只有电容存在的情况下，静电容量（Q）用式（4.15）表示。代入式（4.1），可表示为式（4.16）。

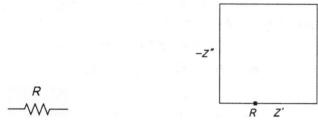

图 4.14　电阻元件　　　　　图 4.15　纯电阻电路的 Nyquist 谱图

$$Q = CV \tag{4.15}$$

$$Q = CV_{\mathrm{m}}\sin(\omega t) \tag{4.16}$$

由于电流表示电荷随时间的变化，它可以用式（4.17）表示，其中 I_{m} 是最大电流。

$$I(t) = \mathrm{d}Q/\mathrm{d}t = CV_{\mathrm{m}}\omega\cos(\omega t)$$

$$= I_{\mathrm{m}}\cos(\omega t) \tag{4.17}$$

从上述方程式，我们可以看出电压和电流分别服从正弦和余弦函数。这意味着它们之间的相位差为 $\pi/2$。

电容（见图 4.16 和图 4.17）的容抗用 X_{C} 表示，用式（4.18）定义。

$$X_{\mathrm{C}} = Z = \frac{V_{\mathrm{m}}}{I_{\mathrm{m}}} = \frac{1}{(\omega C)} = \frac{1}{(2\pi\nu C)} \tag{4.18}$$

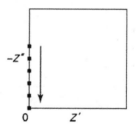

图 4.16　电容（C）元件　　　　　图 4.17　纯电容电路的 Nyquist 谱图

电感由电流穿过线圈所产生的磁场产生（见图 4.18 和图 4.19）。它用 L 表示，单位为亨利（Henry）。电压和电流与电感的关系可用式（4.19）和式（4.20）表示。感抗 X_{L} 用式（4.21）表示。

$$V(t) = L(\mathrm{d}I(t)/\mathrm{d}t) \tag{4.19}$$

$$I(t) = (1/L)\int V(t)\,\mathrm{d}t = (V_{\mathrm{m}}/\omega L)\sin(\omega t - \pi/2) \tag{4.20}$$

$$X_{\mathrm{L}} = Z = V_{\mathrm{m}}/I_{\mathrm{m}} = \omega L \tag{4.21}$$

如式（4.20）所示，电流落后电压 $\pi/2$。

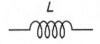

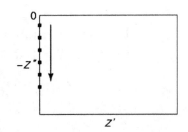

图 4.18　电感元件　　　　　图 4.19　纯电感电路的 Nyquist 谱图

如果上述电容（X_C）和电感（X_L）串联，其等效电路可表示为图 4.20，对应的 Nyquist 图如图 4.21 所示。

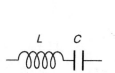

图 4.20　电感-电容串联的等效电路图　　　图 4.21　电感-电容串联电路的 Nyquist 谱图

在一个由电阻、电容和电感组成的系统内，总阻抗 X 可用式（4.22）表示，其中 X_C 和 X_L 属于虚部（见图 4.22 和图 4.23）。也就是说，虚部 Z'' 对应容抗和感抗。

$$X = Z = R + jX_L - jX_C = R + j(X_L - X_C) = R + j\left(\omega L - \frac{1}{\omega C}\right) \quad (4.22)$$

如果电感可以忽略，式（4.22）可以简化为式（4.23）。

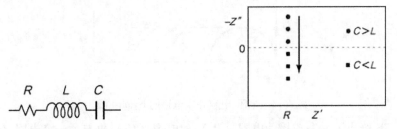

图 4.22　电阻-电感-电容（RLC）电路　　图 4.23　电阻-电感-电容（RLC）电路的 Nyquist 图

$$Z = R - \frac{j}{\omega C} \quad (4.23)$$

并联连接的电阻和电容（见图 4.24）的阻抗可用式（4.24）和式（4.25）表示。

$$Y = Z^{-1} = G + j\omega C = Y + jY$$
$$(Y = 1/Z, G = 1/R, Y' = G = 1/R, Y'' = \omega C) \qquad (4.24)$$

$$Z = \frac{1}{Y} = \frac{R}{RY} = \frac{R}{1 + j\omega RC} \qquad (4.25)$$

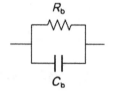

图 4.24 电阻-电容并联（$R_b - C_b$）等效电路图

将式（4.25）乘以共轭复函数（$1 - j\omega RC$），可得到式（4.26）。阻抗的实部和虚部用式（4.27）和式（4.28）表示。

$$Z = R\frac{1}{1 + j\omega RC} = R\frac{1 - j\omega RC}{1 + \omega^2 R^2 C^2} \qquad (4.26)$$

$$Z' = \frac{R}{1 + \omega^2 R^2 C^2} \qquad (4.27)$$

$$Z'' = \frac{-\omega^{R^2}C}{1 + \omega^2 R^2 C^2} \qquad (4.28)$$

在式（4.28）中，当 $\omega_{max}RC = 1$ 时，Z''_{max} 为最大值 $R/2$，对应的 Nyquist 图如图 4.25 所示。

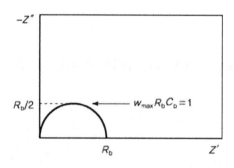

图 4.25 电阻-电容并联电路的 Nyquist 图

图 4.26 给出了并联连接的电阻（R_b）和电容（C_b）再与另一个电阻（R_s）串联的等效电路。从图 4.27 的 Nyquist 图中我们可以看到电容半圆移动了 R_s。图 4.28 是一个 Li/PAN-SPE/Li 电池的 Nyquist 图，对应于一个（$R_1 - C$）串联后与 R_2 并联的等效电路。

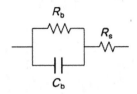

图 4.26　电阻-电容并联（R_b – C_b）再与电阻（R_s）串联的等效电路

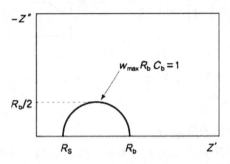

图 4.27　电阻-电容并联（R_b – C_b）再与电阻（R_s）串联的 Nyquist 图

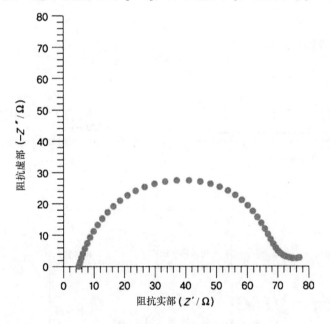

图 4.28　Li/PAN-SPE/Li 电池的 Nyquist 图

　　图 4.29 所示的等效电路图是电阻 R_b 和电容 C_b 并联连接，再与电容 C_e 串联的电路。图 4.30 中的 Nyquist 图显示了一个对应高频区电容的半圆和对应低频区串联电容的纯虚部直线。

　　当图 4.29 所示等效电路中的 C_b 减小时，图 4.30 中的半圆开始扭曲。对于可

忽略的 C_b 值，电路特征类似于 $R_b - C_e$ 等效电路。

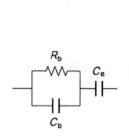

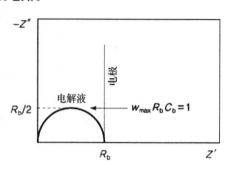

图 4.29　电容 + （电阻-电容）的
等效电路

图 4.30　电容 + （电阻-电容）的
等效电路的 Nyquist 图

4.1.7.3　电极特征分析的应用

图 4.31 为一个单独的锂二次电池多孔电极，它的等效电路如图 4.32 所示。图 4.33 为对应的 Nyquist 图，由高频区、扩散控制的中频区（Warburg 阻抗）和电荷饱和的低频区组成。

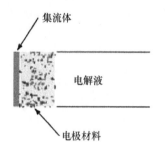

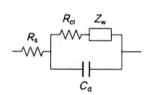

图 4.31　一个锂二次电池电极

图 4.32　一个锂二次电池电极的等效电路

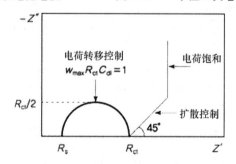

图 4.33　一个锂二次电池电极的等效电路的 Nyquist 图

图 4.34 和图 4.35 分别为"碳/电解液/锂"电池和"LiCoO$_2$/电解液/锂"电池的阻抗图谱。由于阻抗特征包括测试（工作）电极和锂对电极，它们与上面所

解释的理论图谱有差异。考虑到工作电极和对电极之间存在着电流，因此不可能直接区分这些结果。测试交流阻抗时，即使对换工作电极和对电极，结果仍然是一样的。

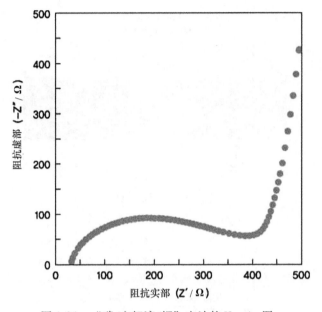

图 4.34　"碳/电解液/锂"电池的 Nyquist 图

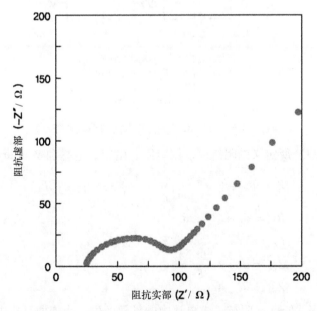

图 4.35　"LiCoO$_2$/电解液/锂"电池的 Nyquist 图

4.1.7.4 应用分析（1）：Al/LiCoO₂/电解液/碳/Cu 电池

上述电池如图 4.36 所示，其等效电路如图 4.37 所示。在该系统中，在电极-电解液界面生成了双电层。假设存在电荷转移反应，可以进行如下阻抗分析。

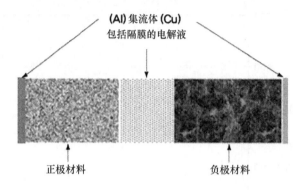

图 4.36   电池组成

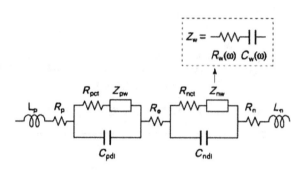

C：双电层电容，$2f$：电荷转移反应
R：由电解液，集流体等引起的电阻
L：由电池结构引起的电感
n，p，e：正极，负极，电解液

图 4.37   "LiCoO₂/碳" 电池的等效电路

如式（4.29）所定义的阻抗可以用电阻、电容、电感和 Warburg 阻抗表示。

$$Z = R_S + \left(\sum_i^{n,p} \frac{1}{j\omega C_{dl(i)} + (1/Z_{\omega(i)})} + j\omega L_S \right)$$

$$R_S = R_p + R_e + R_n$$

$$L_S = L_p + L_n \tag{4.29}$$

$$Z_{pw} = R_{pw} + C_{pw}$$

$$Z_{nw} = R_{nw} + C_{nw}$$

这里，Z_w 是 Warburg 阻抗，由电池内的扩散产生。当界面反应由电荷转移和一维扩散所主导时，正极的 Z_{pw} 是一个与频率有关的函数。如式（4.30）、式（4.31）

和式（4.32）所示，它用电阻 R_f 和电容 C_f 的串联表示。

$$Z_{pw} = \frac{S_P}{\sqrt{\omega}} - j\frac{S_P}{\sqrt{\omega}} \qquad (4.30)$$

$$R_f(\omega) = R_P + \frac{S_P}{\sqrt{\omega}} \qquad (4.31)$$

$$C_f(\omega) = \frac{1}{S_P\sqrt{\omega}} \qquad (4.32)$$

式中，S_P 是一个与扩散系数有关的函数。

$$S_P = \frac{\beta}{\sqrt{2}nFA\sqrt{D}} \qquad (4.33)$$

式中，A 表示面积；n 是电子数；F 是法拉第常数；D 是扩散系数；β 等于 $\partial E/\partial C$。

负极的阻抗分析类似于正极，其阻抗定义为式（4.34）。将式（4.34）置于复平面内即得到图 4.38 的 Cole-Cole 图。

$$Z = R_s + \cfrac{1}{j\omega C_p + \cfrac{1}{R_p + \cfrac{S_P}{\sqrt{\omega}} - \cfrac{jS_P}{\sqrt{\omega}}}} + \cfrac{1}{j\omega C_n + \cfrac{1}{R_n + \cfrac{S_n}{\sqrt{\omega}} - \cfrac{jS_n}{\sqrt{\omega}}}} + j\omega L_S \qquad (4.34)$$

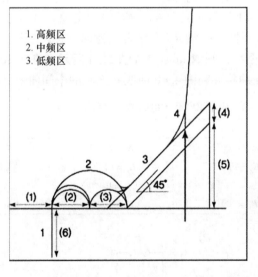

图 4.38　锂离子电池的 Cole-Cole 图

1. 高频区

该频率范围内阻抗与电子在某频率下的运动有关，Warburg 阻抗和 RC 并联电路被忽略。离子运动是不可能的，阻抗可用式（4.35）表示。

$$Z \approx R_S + j\omega L_S \qquad (4.35)$$

2. 中频区

在该频率下 Warburg 阻抗和电感可被忽略，阻抗用式（4.36）表示。

$$Z = R_S + \cfrac{1}{j\omega C_p + \cfrac{1}{R_p}} + \cfrac{1}{j\omega C_n + \cfrac{1}{R_n}} \qquad (4.36)$$

上面的方程式对应两个 RC 并联电路与电阻（R_S）串联的等效电路，当 $C_p R_p$（$\equiv \tau_p$）$= C_n R_n$（$\equiv \tau_n$）（$\tau : 1/\omega_{max}$，对应弛豫时间）时，可以略去含 ω 的项。为了绘制 Nyquist 图，也可以用式（4.37）表示。Nyquist 图上显示了一个半径为（$R_p + R_n$）/2 的半圆。

$$\left(R - R_S - \frac{\theta}{2}\right)^2 + X^2 = \left(\frac{\theta}{2}\right)^2 (\theta = R_p + R_n) \qquad (4.37)$$

由于负极和正极所使用的材料不同，电极有不同的弛豫时间。当 $\tau_p \gg \tau_n$ 时，较小 τ 所对应的圆弧出现在高频区且两圆弧是分开的。τ_p 和 τ_n 的大小对电极和电解液界面信息的输出有很大影响。考虑到不完整的半圆和分散的弛豫时间，可以用式（4.38）中的非理想化组件来表示。

$$Z = R_S + \sum_i^{n,p} \frac{R_i}{1 + j(\omega\tau_i)^{1-h_i}} (h = 2\alpha/\pi) \qquad (4.38)$$

图 4.39、表 4.2 和图 4.40 分别对应两并联 RC 等效电路、建立模型的参数和 Nyquist 图。如果电阻和电容一样，则两 RC 电路表现为单一 RC 电路，形成图 4.40 中的曲线 a。如果一侧电容很小，则 Nyquist 图如曲线 d 所示。在多数情况下，电池显示的是一条介于图 4.40 曲线 a 和图 4.40 曲线 d 之间的中间曲线。

表 4.2 两个 RC 等效电路的建模参数

A	B	C	D
$R_b = 100\Omega$	$R_b = 100\Omega$	$R_b = 100\Omega$	$R_b = 100\Omega$
$C_g = 10^{-6}F$	$C_g = 10^{-7}F$	$C_g = 10^{-8}F$	$C_g = 10^{-11}F$
$C_{dl} = 10^{-6}F$	$C_{dl} = 10^{-6}F$	$C_{dl} = 10^{-6}F$	$C_{dl} = 10^{-6}F$
$R_b = 100\Omega$	$R_b = 100\Omega$	$R_b = 100\Omega$	$R_b = 100\Omega$

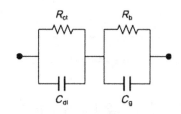

图 4.39 两个 RC 等效电路的串联

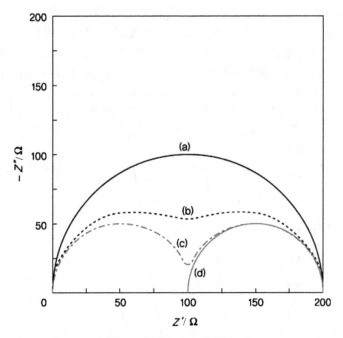

图 4.40　两个 RC 等效电路的串联的 Nyquist 图

3. Warburg 阻抗为主的低频区

在该区域内，除了 $\omega^{-1/2}$ 以外的所有其他项都可省略。

$$Z = R - jX$$
$$R = R_s + \theta + S_p\omega^{-1/2}\ (\theta = R_p + R_n) \tag{4.39}$$
$$X = S_p\omega^{-1/2} + 2S_p^2C_p$$

略去其他项后，图形在复平面的低频区形成一条斜率为 45° 的直线。该区域由离子扩散主导。

$$X = R - R_s - \theta + 2S_p^2C_p \tag{4.40}$$

4. 超低频区

复平面内的阻抗曲线在低频区有快速上升的趋势并可表示如下。如式（4.33）所示，β 代表电极电势随浓度的变化（$= \partial E/\partial C$）。

$$X = |Z_f|\sin\beta$$
$$= \frac{1}{\omega C_L}\quad (\beta:常数)$$
$$R = |Z_f|\cos\beta \tag{4.41}$$
$$= R_L$$

4.1.7.5 应用分析（2）：Al/LiCoO₂/电解液/MCMB/Cu 电池

图 4.41 是一个由 LiCoO₂电极（LiCoO₂：导电剂（高纯炭黑）：PVDF = 94∶4∶4 质量百分比）、MCMB 电极（MCMB-20-28∶PVDF = 92∶8 质量百分比）和电解液组成的全电池的 Nyquist 图。图形表明使用液态和聚合物电解质有不同的结果。

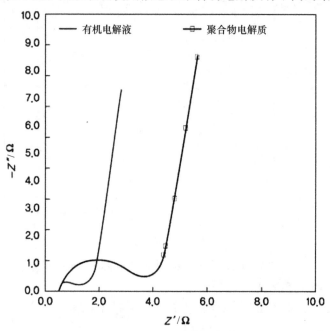

图 4.41　Al/LiCoO₂/电解液/MCMB/Cu 锂离子电池的 Nyquist 图

中频区显示了一个不完整的半圆和由不同电阻和电容数值的电极相组合的特征。聚合物电解质显示了比液态电解质更高的电阻。

4.1.7.6 相对介电常数

相对介电常数（ε_r）是溶剂的一个重要特征参数，规定真空介电常数（ε_0）为 8.854×10^{-12} F/m。如式（4.42）所示，ε_0是一个常数，它决定了距离为 r 的电荷 q_1 和 q_2 之间的作用力。

$$f_{vac} = \frac{q_1 q_2}{4\pi\varepsilon_0 r^2} \tag{4.42}$$

在液态电介质中，由于与周围溶质和溶剂分子的相互作用，两粒子间的作用力比真空状态下低。方程式（4.43）所定义的相对介电常数的值大于 1。

$$f = \frac{f_{vac}}{\varepsilon_r} \qquad \varepsilon_r = \frac{f_{vac}}{f} \tag{4.43}$$

基于以上定义，真空状态下 $\varepsilon_r = 1$，液体中 $\varepsilon_r > 1$。ε_r在极性溶剂中一般大于 15 ~ 20，而在非极性溶剂中则较小。

为了测定介电常数，可建立如图 4.42 所示的电池。电池包括两个电极（A：与介电体物质的接触面积），它们之间放置有介电物质（间隔为 L）。

等效电路如图 4.43 所示，总阻抗用式（4.44）表示。图 4.44 为对应的 Nyquist 图，其中当 Z' 为 $R_b/2$ 时，Z'' 最大。在该点处，根据 $w_{max}R_bC_b = 1$ 可以得到 R_b 和 C_b。

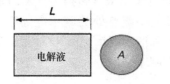

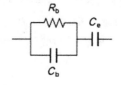

图 4.42　介电常数测定用的电化学电池　　　图 4.43　介电常数测定用的
　　　　　（A 是电极面积）　　　　　　　　　　　电池的等效电路

$$Z_{total} = R_b \cdot \frac{1}{1 + (\omega R_b C_b)^2} - j\left(\frac{\omega R_b^2 C_b}{1 + (\omega R_b C_b)^2} - \frac{1}{\omega C_e}\right) \qquad (4.44)$$

式中，ω 为 $2\pi f$；R_b 为体电阻；C_b 为体电容；C_e 为界面电容。

相对介电常数是介电体条件下的电容测试值与真空条件下的电容测试值的比值［式（4.45）］。将 C_b 用式（4.46）定义，则可以通过交流阻抗分析得到 ε_r。

$$\varepsilon_r = \frac{C_b}{C_0} \qquad (4.45)$$

$$C_b = \frac{\varepsilon_r \varepsilon_0 A}{l} \qquad (4.46)$$

$$\varepsilon_r = \frac{C}{C_0} = \frac{C_b l}{\varepsilon_0 A} \quad (\varepsilon_0 = 8.854 \times 10^{-14} \text{F/cm}) \qquad (4.47)$$

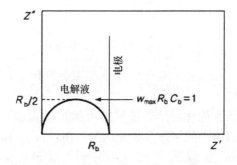

图 4.44　介电常数测量所用电化学电池的 Nyquist 图

4.1.7.7　离子电导率

如式（4.48）所示，离子电导率（S/cm）可由上面的 R_b 导出。

$$\sigma = \frac{l}{R_b A} = \sum n_i z_i u_i \tag{4.48}$$

式中，l 是样品在离子运动方向上的长度；A 是样品允许离子穿过的面积；n_i 是组分 i 的单位体积摩尔数；z_i 是组分 i 的电荷数；μ_i 是组分 i 的淌度。

由于离子电导率与浓度相关，我们需要考虑摩尔离子电导率，它等于离子电导率除以浓度。在式（4.49）中，系数 1000 将摩尔浓度转换为分米制单位。离子淌度（μ）与浓度成反比，在无限稀释时最大。该点处的摩尔电导率 [Λ_0（Scm^2/mol）] 和通常溶剂的摩尔电导率可以用 Λ_0 和浓度表示，用 Λ/Λ_0 表示活度（α）。

$$\Lambda = \frac{1000\sigma}{M} \tag{4.49}$$

$$\Lambda = n_+ \Lambda_+ + n_- \Lambda_- \tag{4.50}$$

$$\Lambda_0 = n_+ \Lambda_{0+} + n_- \Lambda_{0-} \tag{4.51}$$

$$\Lambda = \Lambda_0 - (A\Lambda_0 + B) C^{1/2} \tag{4.52}$$

$$a \cong \frac{\Lambda}{\Lambda_0} \tag{4.53}$$

式中，n_+ 为阳离子摩尔数；n_- 为阴离子摩尔数；Λ_+ 为阳离子摩尔电导率；Λ_- 为阴离子摩尔电导率；Λ_{0+} 是阳离子的极限摩尔电导率；Λ_{0-} 是阴离子的极限摩尔电导率；A 和 B 是常数。

式（4.52）是考虑了弛豫和电泳效应所导出的 Onsager 方程式，它显示了浓度对摩尔离子电导率的影响。迁移数（t_i）是离子对电导率的贡献，也就是由离子所负载的电荷百分数。在锂二次电池中，理想的锂离子迁移数为 1，电荷迁移不应该由其他阳离子或阴离子引发。在 1:1 型的电解液（例如 NaCl、HCl、KOH）内的离子浓度是均匀的，t_+ 可以如下定义：

$$t_i = \frac{\Lambda_i C_i}{\sum \Lambda_i C_i} \tag{4.54}$$

$$t_+ = \frac{\Lambda_+}{\Lambda_+ + \Lambda_-}（1:1\text{ 型电解液}） \tag{4.55}$$

$$t_+ = 1 - t_-（1:1\text{ 型电解液}） \tag{4.56}$$

4.1.7.8 扩散系数

扩散系数表示物质在固体、液体或气体中的扩散程度，单位为 m^2/s。离子或分子在水溶液和非水溶液中的扩散系数分别为 ~10^{-9} m^2/s 和 10^{-10} m^2/s。这些数值可以由 Nernst-Einstein 方程式 [式（4.57）] 和 Stokes-Einstein 方程式 [式（4.58）] 导出。可以使用 GITT，PITT 和 AC 阻抗分析这些电化学方法得到电极材料的扩散系数。

$$D_i = \frac{\Lambda_i RT}{(n_i F)^2},（\Lambda_i:\text{摩尔离子电导率}, F:\text{faraday 常数}） \tag{4.57}$$

$$D_i = \frac{kT}{6\pi r_i \eta}, (r_i: 溶剂化离子有效半径, \eta: 黏度) \tag{4.58}$$

同样地，从图 4.43 中得到频率（f_T）后，可以由式（4.59）得出扩散常数。

$$\tilde{D}_{Li^+} = \frac{\pi f_T r^2}{1.94} \tag{4.59}$$

4.1.8　EQCM 分析

EQCM（电化学石英晶体微天平）分析是对电极在电化学反应过程的质量变化进行原位监测。该方法的原理是累积质量随着共振频率成比例变化[13, 14]。图 4.45 为一套 EQCM 装置。

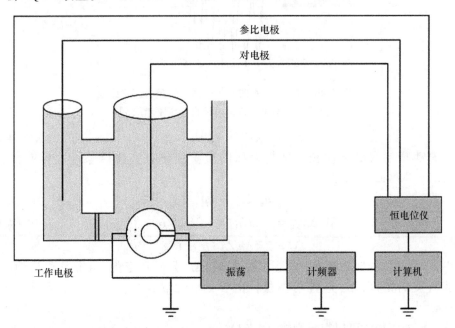

图 4.45　一套 EQCM 装置（经美国化学学会许可改编自参考文献[14]）

使用 EQCM 的数据得到吸附材料的当量，我们就可以估计材料的种类。电极上的氧化还原反应会导致材料溶出、电解液分解和表面膜的形成。由于这些反应过程中电极表面的质量会发生变化，所以 EQCM 是一个合适的分析方法。

EQCM 中所使用的压电石英晶体在受到机械压力或张力时会通过改变偶极矩诱发弹性应变和剪切应变。扰动势产生平行于表面的振动，这些振动所产生的横向声波可以在厚度方向上穿透晶体。波长（λ）由式（4.60）得出。

$$\lambda = 2t_q \Rightarrow \lambda/2 = t_q \tag{4.60}$$

电化学反应在晶体上生成一层新的表面膜，其厚度为 t_r。波长如式（4.61）所示，其变化如图4.46所示。

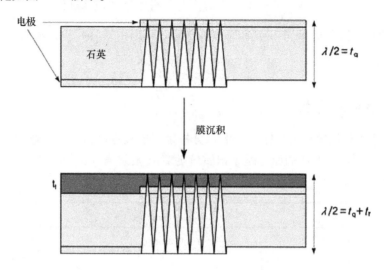

图4.46　有/无成膜时石英晶体内的横向声波比较
（经美国化学学会许可改编自参考文献[13]）

$$\lambda/2 = t_q + t_r \tag{4.61}$$

振动频率取决于波长，且与表面的质量变化有直接联系，这样就得到式
（4.62），即 Sauerbrey 方程。

$$f_0 = v_{tr}/2t_q = (\mu_q^{1/2}/\rho_q^{1/2})/2t_q$$
$$\Delta f/f_0 = -\Delta t/t_8 = -2f_0\Delta t/v_{tr} \tag{4.62}$$
$$\Delta f = 2f_0^2 \Delta m/A\,(\mu_q\rho_q)^{1/2}$$

式中，f是晶体的振动频率；f_0是共振频率；Δm是质量变化；A是压电活性面积；
ρ_q是石英的密度；μ_q是剪切模量；由于 $\Delta t = \Delta m/\rho_q A$，$\Delta t$ 可以表示为面密度
$\Delta m/A$[12,13]。

上面的方程式可以简化为式（4.63）。

$$-\Delta f = C \cdot \Delta m \tag{4.63}$$

式中，C是石英晶体常数[15]。质量单位当量（mpe）是每摩尔电子转移时的质量，
如式（4.64）所示。

$$\mathrm{mpe} = \frac{\Delta f F}{CQ} \tag{4.64}$$

利用式（4.63）和式（4.64），我们可以得到如式（4.65）所示的瞬时 mpe。

$$瞬时\ \mathrm{mpe}(W'/z) = -F\left(\frac{\Delta m}{Q}\right)$$
$$= -\left(\frac{F}{i}\right)\left(\frac{\Delta m}{\Delta E}\right)\left(\frac{\Delta E}{\Delta t}\right) \tag{4.65}$$

式中，W' 是瞬时摩尔质量；z 是原子数；F 是法拉第常数；Δm 是质量变化；ΔQ 是转移至电极的电荷数；i 是在给定的电压范围内所通过的电流；$\Delta m/\Delta E$ 是质量与电压变化的比值；$\Delta E/\Delta t$ 是循环伏安的扫描速率[16]。

如果电化学反应的电荷转移是由电极质量的增加引起，则 mpe 值成为吸附在电极表面材料的质量。通过 E 或 t 的函数导出 mpe，我们可以确定电化学反应各阶段的产物及性质。

该分析方法已被广泛用于锂电池中电极-电解液作用的研究中。例如，研究包括锂负极与电解液反应生成表面膜过程中的质量变化[15]。

研究还包括铝集流体的腐蚀。腐蚀反应会导致电极材料脱入电解液中或使反应产物吸附至电极表面。EQCM 可用于研究这些质量变化[16]。

$$2H_2O + 2PF_6^- \rightarrow 2POF_3 + 4H^+ + 6F^- \tag{1}$$

$$2LiMn_2O_4 + 4H^+ \rightarrow 3\lambda - MnO_2 + Mn^{2+} + 2H_2O \tag{2}$$

如图 4.47 所示，EQCM 被用来检测 $LiMn_2O_4$ 极片的 mpe 随时间的变化，可以看出在循环过程中部分 Mn 会溶出。同时进行 OCV 开路电压检测可以鉴别不同的化学反应。MnO_2 的溶出会引起质量的减小[17]。

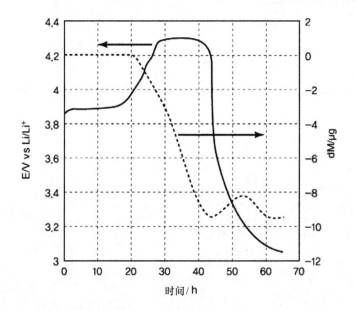

图 4.47　$LiMn_2O_4$ 极片在 50℃ 下 1MLiPF$_6$/PC/EC（1∶1）电解液中的 OCV 和
mpe 随储存时间的变化[17]（经美国化学学会许可改编）

参考文献

1 Beak, W.K. and Park, S.M. (2003) *Electrochemistry*, CheongMonGak.

2 Wang, J. (2006) *Analytical Electrochemistry*, 3rd edn, Wiley-VCH Verlag GmbH.

3 Pyun, S.I. (2001) *Introduction to Material Electrochemistry*, SigmaPress.

4 Jung, K.N. and Pyun, S.I. (2007) *Electrochim. Acta*, **52**, 5453.

5 Deiss, E. (2005) *Electrochim. Acta*, **50**, 2927.

6 Kim, S.W. and Pyun, S.I. (2002) *J. Electroanal. Chem.*, **528**, 114.

7 Vorotyntsev, M.A., Levi, M.D., and Aurbach, D. (2004) *J. Electroanal. Chem.*, **572**, 299.

8 Deiss, E. (2002) *Electrochim. Acta*, **47**, 4027.

9 Orazem, M.E. and Trobollet, B. (2008) *Electrochemical Impedance Spectroscopy*, John Wiley & Sons, Inc.

10 Scully, J.R., Silverman, D.C., and Kendig, M.W. (1993) *Electrochemical Impedance: Analysis and Interpretation*, ASTM International.

11 Barsoukov, E. and Macdonald, J.R. (2005) *Impedance Spectroscopy*, 2nd edn, Wiley–Interscience.

12 White, R.E., Bockris, J.O'M., and Conway, B.E. (1999) *Modern Aspects of Electrochemistry*, Kluwer Academic/ Plenum Publishers, p. 32, Chapter 2.

13 Buttry, D.A. and Ward, M.D. (1992) *Chem. Rev.*, **92**, 1355.

14 Bard, A.J. (1991) *Electroanalytical Chemistry*, Marcel Dekker, New York.

15 Aurbach, D. and Mashkovich, M. (1998) *J. Electrochem. Soc.*, **145**, 2629.

16 Song, S.W., Richardson, T.J., Zhuang, G.V., Devine, T.M., and Evans, J.W. (2004) *Electrochim. Acta*, **49**, 1483.

17 Uchida, I., Mohamedi, M., Dokko, K., Nishizawa, M., Itoh, T., and Umeda, M. (2001) *J. Power Sources*, **97–98**, 518.

4.2　材料性能分析

4.2.1　X 射线衍射分析

4.2.1.1　X 射线衍射分析原理

X 射线衍射（X-ray Diffration，XRD）分析是一种通过观察由规则排列的原子组成的晶面对 X 射线的散射图谱来确定固体样品的物相和晶体结构的方法。

在固态晶体内部，晶格间距一般为几 Å。X 射线束为一种波长为 1 Å 量级的电磁波，该波长类似于原子尺寸。当该射线束射向固体晶面时，每个原子散射的 X 射线彼此相干涉从而产生一个衍射图谱。假设 d（Å）为原子晶面间隔，θ 是入射光和反射平面之间的夹角，则 $2d\sin\theta$ 对应散射波的光程差，当它等于波长（λ）的整数（n）倍时会发生衍射现象，这就是所谓的布拉格（Bragg）法则，可表示如下：

$$n\lambda = 2d\sin\theta \tag{4.66}$$

Bragg 法则可用来推导面间距（d），面间距指产生衍射峰为 2θ 的晶面间距（见图 4.48）[1-3]。通过分析衍射图谱中所有峰的位置，我们可以预测晶体内的晶面分布从而了解更多有关结构的信息。

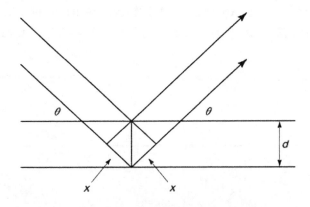

图 4.48　衍射的 Bragg 法则

通常说来，通过 XRD 分析可以得到以下信息：

1）晶相鉴定：可以通过确定空间群和晶胞来决定晶体结构。样品的晶相可以使用峰位置和峰强度进行检测，可以参考由粉末衍射标准联合委员会（Joint Committee on Powder Diffraction Standards，JCPDS）和国际衍射数据中心（International Center for Diffraction Data，ICDD）收集的衍射图谱信息库。JCPDS 卡片包括已知物质的晶相、空间群、单胞、衍射峰等信息，还可以进行杂质的定量分析。对于一个实际样品，少量的杂质可能与主相物质的图谱重叠。由于 XRD 的杂质检测极限为

2 wt%，因此很难用 XRD 分析检测更低的含量。对于纳米结构材料或薄膜样品，择优取向的晶面所对应衍射峰的尺寸往往大于其他峰。

2) 结晶度：结晶度高的物质的衍射图谱显示尖锐的峰（窄的半高宽），而无定形的液态或玻璃态物质则显示出分布较宽的峰。聚合物由于其样品内存在部分的晶体，其衍射图谱显示出半晶质的特征。因此可以通过粉末 XRD 衍射峰的峰型和峰强度推导出材料的结晶度。

3) 晶粒尺寸：颗粒大小可由 Scherrer 公式得到，该方程式基于 X 射线峰的线宽效应。对于平均粒径为 0.2 ~ 20 μm 的粉末样品，我们可以清楚地观察到其高度结晶的一次颗粒的衍射线。当一次颗粒的尺寸降低至 0.2 μm 直至几十纳米时，衍射线的宽度变大。如果颗粒尺寸进一步降低至 20Å 时，衍射图谱显示出非晶态特征。如式（4.67）所示，Scherrer 公式通过上面的现象计算颗粒的平均尺寸。

$$t = k\lambda/B\cos\theta \qquad (4.67)$$

式中，t 是颗粒尺寸；k 是峰形函数（一般为 0.9）；λ 是 X 射线波长；B 是半高宽（以弧度表示）；θ 是入射角。

此外，我们可以检测颗粒的随机应变和非均匀畸变。晶体的局域化畸变会改变晶面间距，从而增加衍射线的宽度。由于该效应随着衍射角的增大而越发显著，通过研究角度与衍射宽度的相关性可以确定晶体的非匀质性。

如图 4.49 所示，一套 XRD 设备由 X 射线源、测角仪、过滤器、样品台和收集 X 射线的探测器组成。当对靶丝施加高压时 X 射线靶会产生 X 射线，通常用 Cu 做靶丝材料。

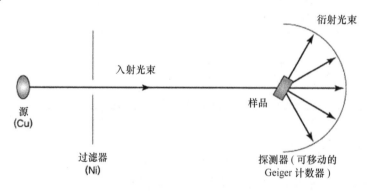

图 4.49　XRD 设备

高速运动的电子与原子发生撞击时，核附近内壳中的电子会跃迁并产生空位，这些空位会被来自外层的电子占据。电子从高能级轨道向低能级轨道运动时会产生对应轨道间能量差的一种被称为 X 射线的电磁波。由 L 层的电子填充 K 层空位所产生的 X 射线即为 K_α，而由 M 层电子所产生的则为 K_β。Cu-K_α 射线通常被用作 X 射线衍射源，K_β 射线可被过滤。要除去 K_β 射线，可用原子数低 1-2 的材料作为过滤器。例如经 Ni 过滤的 Cu-K$_\alpha$通常用作 XRD 中的光源，因为 Ni 膜对 Cu 的 K$_\beta$射线有强烈的吸附性。

4.2.1.2　Rietveld 精修

Rietveld 精修是一种通过将粉末样品的衍射图谱与计算所得的图谱进行比较，并通过将它们的差异最小化来确定晶体结构的方法。由于固体样品具有晶体空间群的对称性，因此衍射峰有确定的 2θ 位置。固体样品的晶体结构可以通过峰强度、峰形、宽度和峰位置来确定。过去晶体结构的分析局限于单晶样品，但是在引入 Rietveld 精修后，我们现在可以对粉末样品的局部结构进行详细的研究。虽然 Rietveld精修比单晶 X 射线衍射的精度稍低，但是对于非单晶或非单相物质尤其有用[3]。

Rietveld 精修使用最小二乘法对粉末衍射图谱中 Bragg 角为 2θ 的峰的检测强度 I_{obs} 和计算强度 I_{cal} 进行比较。计算基于不同因素，包括单胞的晶格常数、原子位置 (x, y, z) 和占位、热参数、基线和峰形（见表4.3）。由图 4.50 可以看出，检测衍射图谱与计算衍射图谱重叠，它们之间的差异用最底下的曲线表示[4]。衍射图谱下端的垂线对应 Miller 指数 hkl 的峰位置。衍射数据的精修参数包括比例因子、零点、背景、单胞的晶格常数 (a, b, c)、原子位置 (x, y, z)、热参数 (B)、峰型、半峰宽和占有率。这里，占有率是各原子占据对应位置的可能性，1 等同于 100%。当原子位置被第二种原子填充，占有率就会发生变化，晶体结构发生畸变。

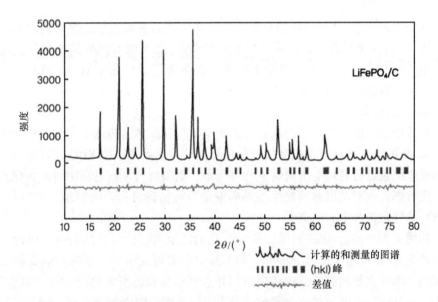

图 4.50　LiFePO$_4$的 Rietveld 精修[4]

表 4.3　Rietveld 精修所得到的 LiFePO₄晶体结构信息

原子	位置	g	x	y	z	B/Å²
Li (1)	4a	1	0	0	0	1
Fe (1)	4c	1	0.28 223 (12)	1/4	0.9748 (4)	0.6
P (1)	4c	1	0.0955 (2)	1/4	0.4177 (5)	0.6
O (1)	4c	1	0.0948 (6)	1/4	0.7440 (2)	1
O (2)	4c	1	0.4565 (7)	1/4	0.2074 (11)	1
O (3)	8d	1	0.1661 (5)	0.0472 (7)	0.2835 (7)	1

注：空间群：Pnma, $a = 10.3234$ (8) Å, $b = 6.0047$ (3) Å, $c = 4.6927$ (3) Å, $R_{wp} = 8.85$。

峰形可以用不同函数表示，例如 Gaussian、Lorentzian、Pearson 和 Pseudo-Voigt 函数，其中 Pseudo-Voigt 函数应用最广泛。精修通过最小化 R_{wp}（加权剩余差方因子 R）进行，R_{wp} 是检测图谱与计算图谱间的差异，定义如下：

$$R_{wp} = [W_i(Y_i(obs) - (1/c)Y_i(cal)^2)]/[W_i(Y_i(obs))^2]^{1/2} \tag{4.68}$$

式中，Y_i 是扫描图谱在第 i 步的强度；c 是比例因子；W_i 是加权因子。

当使用最小二乘法所得的 R_{wp} 值小于 10 时，即可认为 Rietveld 精修的结果是可靠的。

如表 4.3 所示，Rietveld 精修显示了晶体结构的重要信息。晶体内每个原子的位置用 x，y，z 坐标确定，还可以得到占有率 g。热参数 B 随着原子的热活性而增加，原子数越小 B 值越大。表格下方的 R 值为精修后的最小值。R 值越小表明检测和计算衍射图谱间的差异越小。

4.2.1.3　原位 XRD

在锂二次电池中锂离子的脱嵌会引起电极材料晶体结构的变化，这些变化可以通过 XRD 图谱中峰位置或强度的变化进行追踪。使用非原位 XRD 进行观察，在电化学反应结束后需要将电极材料清洗并干燥，电极材料在该过程中可能转化为热力学稳定状态，从而难以对所发生的结构变化进行精确分析。而原位 XRD 可以对晶体结构的变化进行实时监测。

如图 4.51 所示，要进行原位实验，我们需要为原位分析准备一个电池。需要指出的是 XRD 被用于体样分析[5]，而实验中所测得的电压是由颗粒表面的反应所引起的，因此颗粒的表面反应传到内部并达到平衡状态所需的时间必须减至最小。此外，穿过颗粒的电流密度必须均匀分布，电池的内阻必须最小化，循环过程中必须保证电解液的持续供应[6]。还需要一个透明的窗口以让 XRD 射线通过。为了保证液态电解质的彻底密封，通常使用具有高机械强度和绝缘性能好的铍窗。

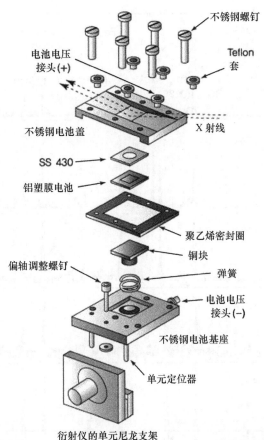

图 4.51　一个原位 XRD 电池示意图[5]（经电化学学会授权复制）

使用医用刀片将电极材料直接涂覆至铍窗得到原位电池[7]。由于 Be 的氧化电势大于 4.2 V[7]，因此很难对容易氧化的正极材料进行分析。使用 Bellcore 电池可以解决这个问题，在 Bellcore 电池中电极间留有气隙以防止 Be 与电解液直接接触[5,8]。

使用原位电池可得到 $LiCoO_2$ 和 $LiNiO_2$ 完全脱锂后的 CoO_2 和 NiO_2 的 XRD 图谱，晶体结构随着不同脱锂量的变化可通过图 4.52 和图 4.53 中的 XRD 图谱进行鉴定和分析。

作为另外一个例子，合金型 Sn 基电极材料通过喷镀沉积在玻璃板上，图 4.54 为其原位 XRD 分析的结果[10]，充放电过程中随时间和电压变化的 XRD 图谱呈现在底部，对应结果显示在上部。

如图 4.55 所示，另一种方法是使用允许 X 射线束穿过的电池。虽然需要同步辐射 X 射线源，但电池制造相对简单，并可通过调整入射角来调整 X 射线的穿透

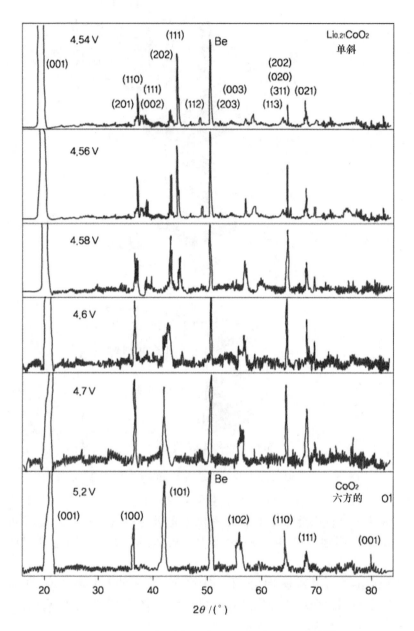

图 4.52 $LiCoO_2$ 中不同 Li 脱出量的原位 XRD 图谱[5]

深度[11, 12]。XRD 图谱上可能会显示 Cu 或 Al 集流体的峰，但这可以通过减小集流体厚度来解决。这个问题没有出现在商业化的集流体上，因其厚度为 $10 \sim 25\mu m$。

图 4.56 显示了一个 PLIon™ 电池的原位同步辐射的衍射结果。随着锂从 $LiMn_2O_4$ 尖晶石正极中脱出发生氧化反应，在 3.3 V 和 3.95 V 之间形成一个新的中

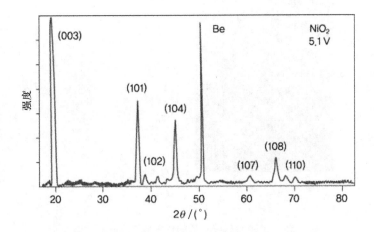

图 4.53　$LiNiO_2$ 脱 Li 产生的 NiO_2 的原位 XRD 图谱[15]

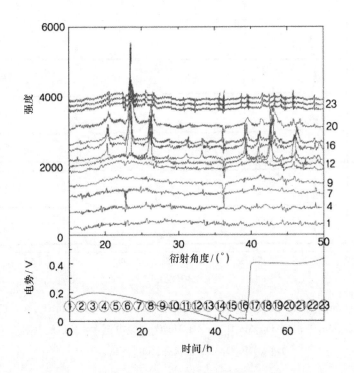

图 4.54　Sn 基负极材料的原位 XRD 图谱[10]

间相。随着锂的嵌入发生还原反应，该中间相消失。通过对这些反应的分析可以发现中间相的晶体结构为双六角型[13]。在图 4.56 中，a~f 为 $LiMn_2O_4$ 衍射谱图随充放电进行而发生的变化。

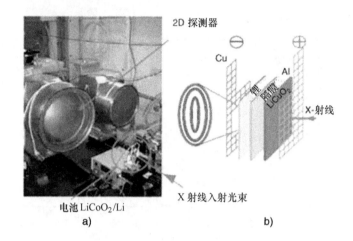

图 4.55　允许 X 射线穿透的铝塑膜 PLIon 原位电池[9]

（经 Elsevier 授权复制于参考文献[9]，版权 2002 年）

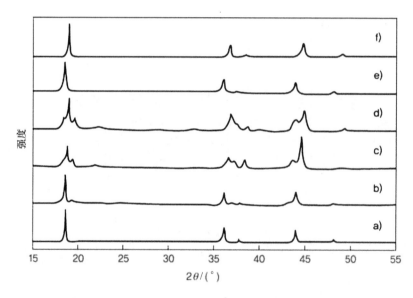

图 4.56　$LiMn_2O_4$ 中不同 Li 脱出／嵌入量的原位 XRD 图谱：a）$LiMn_2O_4$，b）$Li_{0.8}Mn_2O_4$，

c）$Li_{0.5}Mn_2O_4$，d）$Li_{0.1}Mn_2O_4$，e）$LiMn_2O_4$（充电至 4.8 V 后放电到 3.0 V），

f）$Li_{0.8}Mn_2O_4$（初始状态：$Li_{1.05}Mn_{1.95}O_4$）[13]

4.2.2　红外光谱和拉曼光谱

根据能量和频率可以将电磁辐射分为不同类型，如图 4.57 所示。红外光和可见光对应分子的振动能[14]。红外光谱（FTIR）和拉曼（RAMAN）光谱是常用的

电磁辐射检测技术。

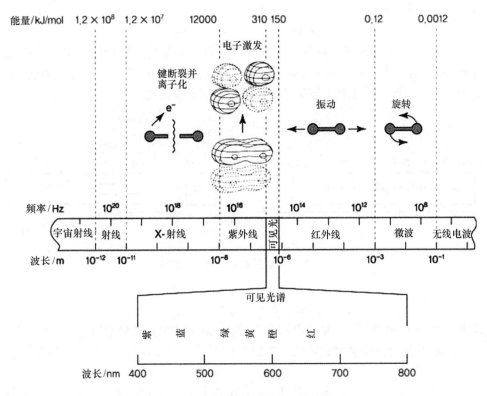

图 4.57　不同能量和频率的电磁辐射类型

4.2.2.1　红外光谱

　　带有共价键的化合物吸收电磁波谱中红外线区域的电磁波，共价键会受到红外线的影响发生拉伸或弯曲。当分子振动频率与红外频率一致时发生红外吸收[15,16]。吸收的红外能量引起能级间的跃迁，过程如图 4.58 所描绘。

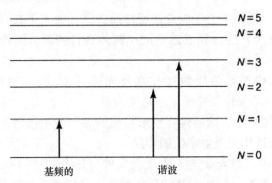

图 4.58　红外吸收引起的分子振动能级跃迁

当处于基态（$n=0$）的分子被激发（$n=1$），会发生基本跃迁且振幅增加。基本跃迁的波长表示如下：

$$v(0 \rightarrow 1) = v_0/c[1 - 2X_a] \qquad (4.69)$$

v（$0 \rightarrow 1$）表示从基态向第一激发态的跃迁，X_a 是发生跃迁的几率，v_0 是基态的波长，c 是光速。由于吸收较弱，向更高激发态（$n=2,3,4$）的谐波跃迁在光谱中不明显。振动跃迁概率与跃迁偶极距的二次方成正比。

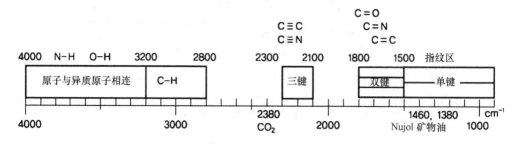

图 4.59　红外谱能观测的官能团

$$M_{vv'} = \Psi(v)\mu\Psi(v')d\tau \qquad (4.70)$$

式中，$\Psi(v)$ 和 $\Psi(v')$ 是始态和终态的振动波函数；μ 是偶极矩。

IR 吸收只会因振动模式或偶极矩的变化而发生。吸收带（或峰）的强度定义如下：

$$I_{IR} = (\delta\mu/\delta q)^2 \qquad (4.71)$$

式中，μ 是偶极矩；q 是简正坐标。

红外吸收光谱在 $4000 \sim 400\ cm^{-1}$ 的中红外区（见图 4.59）可以观察到不同有机官能团的不同吸收谱。吸收带波数或强度的变化代表了化合物化学结构或周围化学环境的变化。红外光谱可以通过不同的方法得到，包括透射、反射、漫反射和内反射[17]。

1）透射模式只适用于透明板或透明样品，其入射光不被吸收的情形。将粉末样品和 KBr 进行混合，压片制成透明的小圆片进行测试。红外辐射的吸收可用透射率和吸收率来表示。

2）反射模式也被称为反射吸收红外光谱（RAIRS）或红外反射吸收光谱（IRAS）。用于金属单晶样品并采用小角度入射。

3）在漫反射模式中，入射角在粉末粗糙的表面发生散射，将散射光收集得到吸收光谱。该方法适用于透射率低的样品。

4）在内反射中，当光线进入内反射元件（Internal Reflection Elements，IRE）（例如金刚石，锗和 ZnSe）中时连续反射发生。将样品涂覆至 IRE 上，由于样品在红外区的低反射系数，光线被样品吸收。IRE 的反射率降低引发衰减全反射（Attenuated Total Reflection，ATR）。由于对于每个内部反射红外光主要在样品表面被吸收，因此可以进行表面分析。

对锂离子电池进行 FTIR 分析可以得到以下信息：

1）液态和聚合物电解液的成分和局部结构；

2）无机电极材料的局部结构；

3）非原位和原位分析结合确定电极表面的 SEI 膜成分。

图 4.60 是一个 FTIR 分析的非原位内部反射光谱实例，它给出了在电极表面 1M $LiPF_6/EC:EMC$（3:7）电解液还原所形成的 SEI 膜的成分分析结果。通过比较基准样品和电极表面的光谱可以发现 SEI 膜含有二碳酸乙烯基锂（$CH_2OCOLi)_2$[18]。碳酸烷基锂（$LiOCO_2R$）在 SEI 膜中的存在以及是否转化为酐（ROCOR′）或羧酸盐（$R-CO_2-$）存在很大的争议。但是在红外谱中，可以明显观察到碳酸乙烯基锂的峰，计算所得的频率与测试频率一致。对应的分子结构见图 4.61。

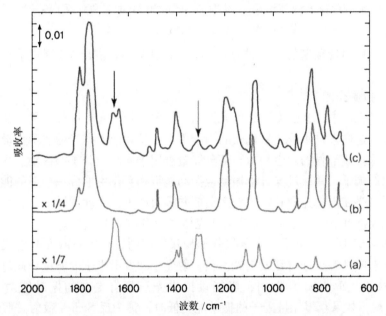

图 4.60　a）合成的碳酸乙烯基锂，b）EC 溶剂和 c）在 0.5~2.5 V 循环后的
Ni 电极表面的 FTIR 图谱[18]（经 ACS 授权改编，2005 年）

电解液随着电极表面的氧化还原反应发生分解生成 SEI 膜。原位 FTIR 是获取有关膜的信息的最有效方法。图 4.62 显示了在一个原位 FTIR 电池上通过差示归一化界面傅里叶变换所得的红外光谱（SNIF-TIRS）。通过分析在不同电压下 PC 分解得到的 IR 谱可获得更多有关 SEI 膜形成的机理[19]。

在图 4.62b 中，4.2 V 处观察到的 1731 cm^{-1} 峰对应羰基，而 1413 cm^{-1} 和

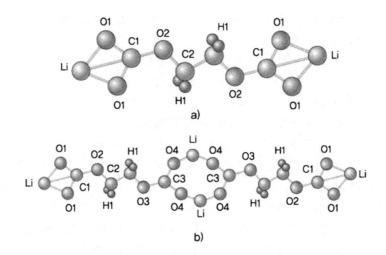

图 4.61　a）碳酸乙烯基锂和 b）二聚物（不同化学形式的 C 和 O 原子编号为 1～4）的分子结构[18]（经 ACS 授权改编，2005 年）

$1221 cm^{-1}$ 峰则对应羧基的 C-O 伸缩振动。从这我们可以看出 PC 氧化生成羧基开始于 4.2 V。

4.2.2.2　拉曼光谱

在拉曼光谱中，光强度比红外光谱弱，但单波长激光可以很容易聚焦于样品的特定表面，这样来自水或二氧化碳的干涉更小。拉曼散射是光的非弹性散射，能量比入射光低。该散射的发生是由于部分能量被用于样品内分子的振动。入射光子诱发一个电偶极子，并通过与分子振动或振动能级相互作用形成一个新的能级。由于电偶极子最终在入射光的频率内与之谐振并吸收或失去振动或转动能，因此可以观察到斯托克斯（Stokes）谱线或反斯托克斯（反 Stokes）谱线。

如图 4.63 所示，电子在光子与分子相互作用的过程中被激发至虚能态。当电子从虚能态向基态跃迁时释放出光。当入射光子和发射光子的能量相同时，该现象被称为瑞利（Rayleigh）散射；当能量损失光子具有更高的振动能时，则称为 Stokes 散射；如果获得能量光子的振动能更低时，称为反 Stokes 散射。假设电场强度 $E = E_0 cos 2\pi n_0 t$（n_0：入射电磁波的频率（Hz）），电偶极矩 $M = \alpha E$（α：极化率，$\alpha = \alpha_0 + \dfrac{\partial \alpha}{\partial Q} dQ = Q_0 cos(2\pi n_m t)$）。电场中分子的偶极距可以表示为式（4.72），它由 Rayleigh 散射和 Raman 散射组成。

$$M = \alpha_0 E_0 cos(2\pi n_m t) + \left(\frac{\partial \alpha}{\partial Q} \frac{Q_0 E_0}{2}\right)\{cos[2\pi(n_0 - n_m)t] + cos[2\pi(n_0 + n_m)t]\}$$

$$(4.72)$$

以 Rayleigh 散射为基准，比它波长长（频率更低）的称为 Stokes 线，比它波

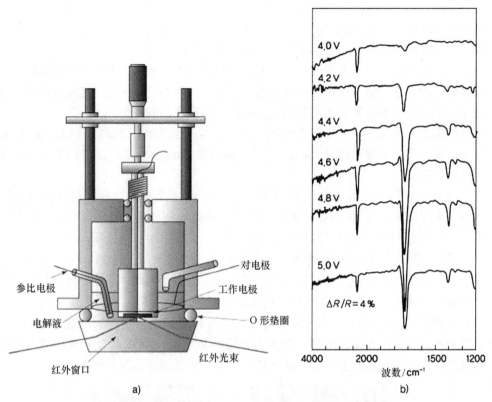

a)　　　　　　　　　　　　　　　b)

图 4.62　a）原位 IR 电池和 b）由 1M LiClO$_4$/PC 电解液和 Ni 电极构成的锂电池中

PC 分解引起的原位 IR 光谱变化[19]（经 ECS 授权复制）

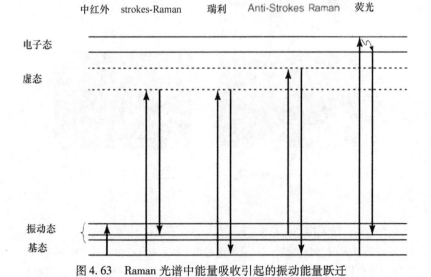

图 4.63　Raman 光谱中能量吸收引起的振动能量跃迁

长短的称为反 Stokes 线。由于在室温下大多数化合物以基态的形式存在，所以通常是与 Stokes 线的光发生相互作用，Raman 位移是 Rayleigh 线和 Stokes 线之间的差异。Raman 光谱用 Raman 位移频率和 Raman 线强度表示。

Raman 光谱被用来观测近红外、中红外和远红外区域的分子振动并提供样品结构和成分的信息，该方法可与红外光谱互相补充。红外光谱通过跃迁偶极矩测量振动能，Raman 光谱则是基于不同的选择法则，即极化率的变化。

用激光束照射样品使分子吸收达到最大，这样就可以获得随谐振 Raman 散射引起的发色体分子振动的强 Raman 光谱。强谐振 Raman 光谱有助于微量和低浓度样品的分析。

激光显微 Raman 光谱仪配有光学显微镜、激光发生器、单色仪和高灵敏度 CCD（电荷耦合探测器）。将一束激光照射至样品的一部分，我们可以在短时间内得到一个高分辨率的光谱并进行详细观察。

另一种形式的 Raman 光谱是高光谱图像，可以从数以千计的 Raman 光谱中提取信息。由于特定区域的不同成分用不同的颜色表示，因此样品的异质性用肉眼即可辨别。图 4.64 显示了采用不同颜色表示的 $LiNi_{0.8}Co_{0.15}Al_{0.05}O_2$、石墨和乙炔黑的高光谱图像。从图上可以很容易发现当电极随时间恶化时所引起的成分变化[22]。石墨和乙炔黑存在于电极内部，表面为 $LiNi_{0.8}Co_{0.15}Al_{0.05}O_2$ 的电池表现出最大的容量衰减。这表明循环性能受颗粒间连接性以及与碳是否均匀混合的影响。

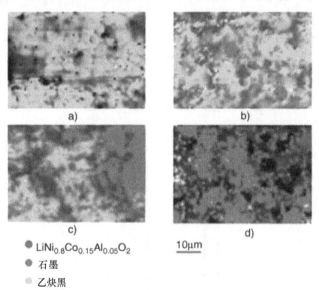

- $LiNi_{0.8}Co_{0.15}Al_{0.05}O_2$
- 石墨
- 乙炔黑

10μm

图 4.64　由 $LiNi_{0.8}Co_{0.15}Al_{0.05}O_2$-石墨-乙炔黑组成的
正极的 Raman 显微图像。a）充放电前的正极，b）输出损失 10% 的正极，
c）输出损失 34% 的正极和 d）输出损失 52% 的正极（经 ECS 授权复制）

共聚焦显微镜沿样品的 z 轴进行点照射，只需较小的样品面积即可在样品深度方向进行检测。除了 250 nm 的侧边和深度分辨率，该方法还可提供几微米空间的高分辨率。基于共焦时的自动 XYZ 平台，可以得到不同深度剖面的图谱。我们还可以分析样品的局部结构、成分分布和不同相结构。

对于锂二次电池来说，可以分析正极的锂金属氧化物和碳的结构。近来，共聚焦显微镜被用于检测非原位电极循环前后随电压变化的结构变化。图 4.65 所示的正极由 $LiNi_{0.8}Co_{0.15}Al_{0.05}O_2$、乙炔黑和石墨炭组成。根据不同部分获得的 Raman 光谱的不同，我们可以知道正极内部不同位置的物质分布不均匀。

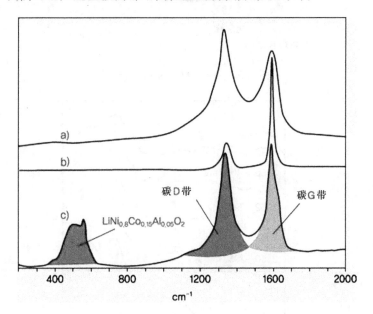

图 4.65　由 $LiNi_{0.8}Co_{0.15}Al_{0.05}O_2$-石墨炭-乙炔黑组成的正极的 Raman 谱。

表面主要由 a）乙炔黑，b）石墨和 c）$LiNi_{0.8}Co_{0.15}Al_{0.05}O_2$ 组成[22]

如图 4.66 所示，与 FTIR 类似，原位 Raman 光谱可用来对电极表面处的反应进行有效的检测[23]。使用原位 Raman 电池，可以得到不同电压下的 $LiCoO_2$ 电极的 Raman 谱。如图 4.67 所示，高电压会导致 $LiCoO_2$ 中 A_{1g} 模式的强度变弱。由于 A_{1g} 模式对应 c 轴的振动[24]，所以结果表明 $Li_{1-x}CoO_2$ 颗粒在晶格平面取向的变化。

4.2.3　固态核磁共振光谱

核磁共振（Nuclear Magnetic Resonance，NMR）可观察到重叠原子核在外磁场中自旋能级的分裂以及在射频频率范围内由于核自旋谐振吸收引起的能量跃迁。

Zeeman 在 19 世纪末发现在外磁场中光谱线会发生进一步分裂；1924 年 Pauli 提出带电粒子具有自旋角动量，会诱发磁矩；Zaviosky 在 1944 年使用 $CrCl_3$ 观察到

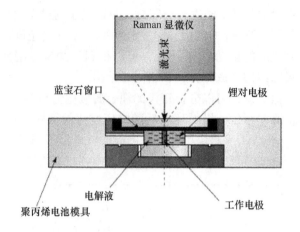

图 4.66 一个原位 Raman 电池[23]

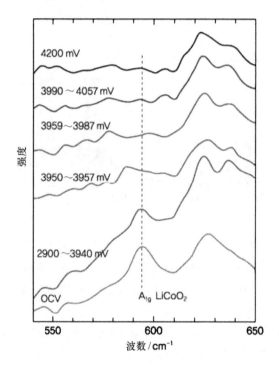

图 4.67 LiCoO$_2$ 的 A$_{1g}$ 模式随电压变化的 Raman 光谱变化[23]

电子顺磁共振；Block 和 Purcell 在 1946 年首次观察到 NMR 信号；Pauli 在理论上提出的自旋特性后来被证明为 Dirac 量子化下的量子性质。

外磁场和核磁矩间的反应所引起的能级分裂是一种 Zeeman 效应，它与外磁场的强度成正比。最终的 NMR 能级由较小的磁矩间的相互作用决定，它提供了有关分子结构的详细信息。

NMR 光谱所检测到的谐振频率是磁矩间相互作用的集合，它对核键和化学结构非常敏感，并给出了周围分子结构的重要信息。通过分析峰形或共振跃迁后的弛豫变化可以得到分子动力学信息。

核的磁矩 μ 由下面的方程式表示：

$$\mu = \gamma P = \gamma \hbar [I(I+I)]^{1/2} \tag{4.73}$$

式中，核的角动量与 P 的大小成正比，比例常数 γ 是旋磁比，根据核的不同有不同的取值。I 是由内部组成决定的核自旋量子数。原子序数为奇数，同时原子量为偶数的元素，例如 ^2D（$I=1$）和 ^6Li（$I=1$），I 值取整数 1、2、3；而原子量为奇数的元素，例如 ^1H（$I=1/2$），^{13}C（$I=1/2$），^7Li（$I=3/2$），I 取半整数值 1/2、3/2 等。z 轴分量可取 $-I$，$-I+1$，…，$I-1$，I，在（$2I+1$）方向发生量子化。

假设 z 轴为磁场的方向，Zeeman 效应可表示如下［式（4.74）］。式中，m_I 表示核自旋量子数的 z 轴分量[25,26]。Zeeman 效应是核磁矩与外加磁场间的作用，它随核的种类而变化。磁矩可按升序排列。

$$U = -\mu \cdot B = -\mu_z B = -\gamma P_z B = -\gamma \hbar m_I B \tag{4.74}$$

$$H_{Total} = H_{Zeeman} + H_{Quadrupolar} + H_{Fermi\ contact} + H_{Dipolar} + H_{CSA} + H_{J\text{-}coupling} \tag{4.75}$$

核自旋之间的交互作用非常复杂，可提供大量分子内部结构的信息［式（4.75）］。要精确阐述 NMR 光谱的结果就需要对这些作用有一个基本的了解。

上面所提到的交互作用使 H_{Zeeman} 可高达数百兆赫，但是交互作用并不是由磁矩引起的。解释固态 NMR 分析结果时必须考虑 $H_{Quadrupolar}$，因为它对 NMR 共振频率有影响。当核自旋量子数大于 1 时，原子核表现出非对称结构。带电非球形核受磁场和固体样品晶格内的四极相互作用以及核取向的影响，一般在数兆赫的范围内。在使用 ^6Li（$I=1$）和 ^7Li（$I=3/2$）NMR 分析样品时必须考虑到这些交互作用。$H_{Fermi\ contact}$ 是存在于核内的电子自旋与核自旋的交互作用，出现在顺磁性物质中。$H_{Dipolar}$ 是核自旋和邻核自旋间的偶极相互作用，它通常高达几十千赫且有方向性。H_{CSA} 是包括化学位移的交互作用，化学位移在 NMR 光谱中普遍使用。它表示电子云屏蔽外加磁场的趋势，该值具有方向性并随电子云取向和结构而变化。$H_{J\text{-}coupling}$ 是通过电子对产生的两核自旋之间的直接和间接交互作用。与偶极相互作用不同，J-耦合没有方向性且只有数百赫，这在固态 NMR 实验中通常被认为不重要，但可提供与邻位原子的连接性有关的有用信息。

在分子活性高的液态样品中，有方向性的自旋交互作用相互抵消，分子取向的详细信息丢失，但是可以进行高分辨率分析。在固态样品中，交互作用随分子取向的变化而累积，可以观察到高达数百千赫的宽峰。这些峰包含大量的信息，但分析过程太过复杂。

当取向方向与磁场间的角度为 θ，H_{CSA} 和 $H_{Dipolar}$ 的交互作用与（$1-3\cos^2\theta$）成

正比。在液态下由于显著的分子布朗（Brownian）运动，通常可将其平均化并消去，从而得到高分辨率结果。对于粉末形态，各粉末颗粒沿各方向均匀分布，核自旋交互作用形成宽分布。通过分析 θ 和交互作用数量级之间的关系，在魔角 54.74°处，$(1 - 3\cos^2\theta)$ 被消去。这可以通过将角度设置为 54.74°，然后进行魔角旋转（Magic Angle Spinning，MAS）证实。即使在固体样品内，也可以通过将有方向性的核自旋交互作用抵消得到高分辨率结果。高分辨率固态 NMR 光谱具有一些优势，但会失去有关核自旋间交互作用的详细信息。鉴于核自旋交互作用有多种选择性检测和分析方法，根据样品和所需信息选择一种合适的方法是很重要的。

　　锂电池的 NMR 涉及不同组分的结构和成分的分析，例如电解液、粘结剂和电极材料，还可以观察充放电过程中电极成分的结构变化。图 4.68 显示了 $LiNi_{0.8}Co_{0.15}Al_{0.05}O_2$ 充电过程中不同锂脱出量的 NMR 光谱[27]。

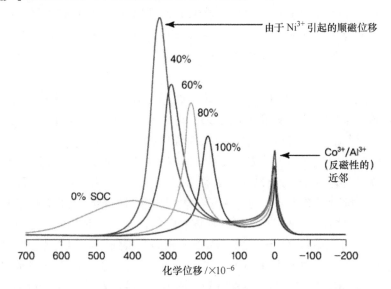

图 4.68　$LiNi_{0.8}Co_{0.15}Al_{0.05}O_2$ 不同充电状态的 ^7Li MAS NMR 光谱的变化

　　Fermi 接触和偶极交互作用由顺磁性的 Ni^{3+} 引起，随着峰位置的迁移可以看到一个宽的分布。随着充电过程中锂离子含量的减少，Ni 从氧化态的 Ni^{3+} 转化为反磁性的 Ni^{4+}，交互作用变弱，引起峰宽变窄和峰位置的反磁位移。如图 4.68 所示，在充电过程中随着锂离子的脱出，峰尺寸变小。图 4.69 显示了 $LiCuO_2$ 的 NMR 光谱变化，随着温度升高锂离子的扩散变得更容易[28]。

　　锂离子在 $LiCuO_2$ 晶体结构内自由扩散，扩散在高温下变得活跃。当核自旋交互作用被平均和消去时，峰宽度变小，这样我们可以得到活化能和扩散系数。

　　NMR 光谱的应用不止局限于上面所提到的正极材料的例子，它也已被成功用于负极材料内锂离子状态、电解液成分和离子扩散的研究。

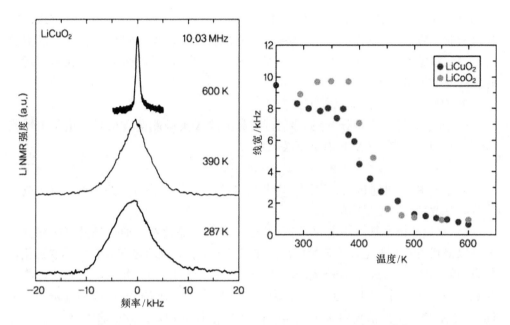

图 4.69　LiCuO$_2$ 的 ^{7}Li 静态 NMR 光谱和峰宽随温度的变化[28]

（经 Elsevier 授权复制，2005 年）

4.2.4　X 射线光电子能谱

对样品的表面分析需要特殊的技术，样品表面可以观察到的表层厚度根据分析方法的不同而不同。

X 射线光电能谱（X-ray Photoelectron Spectroscopy，XPS）尤其适用于厚度小于 100Å 的薄表层，它也被称为化学分析电子能谱（Electron Spectroscopy for Chemical Analysis，ESCA）。图 4.70 说明了 XPS 的原理，当具有特定能量（hv）的 X 射线照射到样品上时，表面元素发射出光电子。

根据 X 射线的特定能量，通过测量光电子的动能可以得到发射电子的电子束缚能（E_B）。该束缚能是元素的特性，可用于推导元素类型[29, 30]。通过测试束缚能可以进行定量分析且可根据束缚能的变化确定原子的束缚状态。

一个 XPS 系统由样品处理室、测量室和信号处理室组成。样品处理室的功能包括抽气、表面

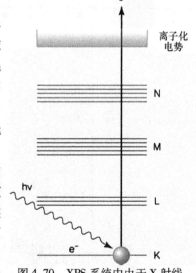

图 4.70　XPS 系统中由于 X 射线吸收引起的壳层电子释放

Ar 离子刻蚀、温度控制和 Au 沉积。测量室将一道弱 X 射线聚焦至从样品处理室转移过来的样品上，释放的光电子被转移至能量分析仪。为了防止发射电子发生散射，测试室保持 10^{-9} Torr 的压力。信号处理室测量光电子的强度并生成与束缚能有关的光电子能谱。

由 XPS 可得的信息概括如下：

1）元素分析（定量分析）：照射到样品上的 X 射线能量（E_x）与电子束缚能（E_B）和光电子动能（E_k）有如下关系：

$$E_B = E_x - E_k \qquad (4.76)$$

由于 E_x 和 E_k 可通过测试得到，因此可以通过计算 E_B 获得有关元素种类、电极成分以及微量杂质元素等信息。

2）定量分析：某一特定的元素可以以几种氧化态存在，通过该元素的峰分辨率可以得到该元素氧化态的定量信息。在该过程中，必须考虑包含特定元素的化合物束缚能和峰形（Lorentzian-Gaussian 比值）。峰开裂后，可以根据峰面积比计算氧化数的相对量。图 4.71 显示了不同温度下 $LiMn_2O_4$ 中 Mn 的 2p 谱峰的分辨率。不同 Mn 化合物的束缚能见表 4.4。Mn^{3+} 和 Mn^{4+} 的峰面积对应它们各自的浓度。Mn 的平均氧化数可由 Mn^{3+}/Mn^{4+} 的比率确定[31]；用 Shirley 法消除非线性背景[32]。

3）深度剖析：通过 Ar 离子刻蚀可以分析从表面到中心的元素浓度变化。这样我们可以鉴别表面和深层间元素分布的差异。图 4.72 是一个确定石墨表面 SEI 膜厚度和成分的深度剖析实例[33]。元素的浓度变化通过 Ar 溅射时间（从表面向内部刻蚀）表示。

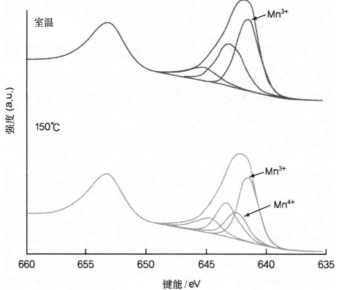

图 4.71　Mn 化合物的 Mn 2p$_{3/2}$ XPS 谱峰分辨率[30]

表 4.4　不同 Mn 化合物的 Mn 2p$_{3/2}$束缚能　　　　（单位：eV）

Mn	MnO	Mn$_2$O$_3$	MnO$_2$
—	—	641.5	642.4
639.2	641.0	641.9	642.5
—	641.7	641.8	642.4
638.2	640.9	641.8	642.5
—	641.0	641.7	642.2

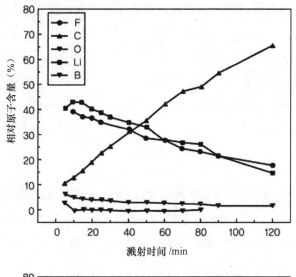

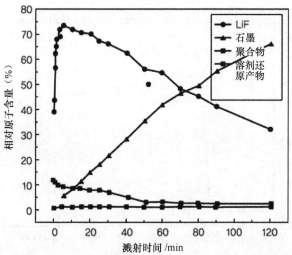

图 4.72　石墨在 1M LiPF$_6$/EC：DMC 中循环两圈后的深度剖析图。

a）元素和 b）溶剂还原产物、聚合物和 LiF，在石墨表面随 Ar 溅射时间的浓度变化[33]

（经 Elsevier 授权复制参考文献 [33]）

4.2.5 X 射线吸收光谱

XAS 是一种根据物质中某一特定元素吸收的光电子能量来确定吸收系数的方法。吸收系数 (μ) 可以通过下列方程式中的出射和入射辐射强度得到：

$$\mu = \ln(I_0/I) \tag{4.77}$$

式中，I_0 是入射辐射强度；I 是透过的辐射强度。

原子吸收高能光子后，壳层电子释放出来，原子变成离子。释放的光电子以图 4.73 所示的球面波的形式运动。该波被临近原子散射，发生相长干涉或相消干涉。

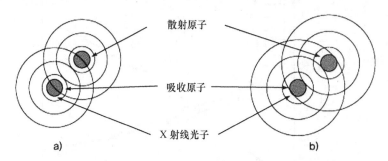

散射原子

吸收原子

X 射线光子

a)   b)

图 4.73 光子和邻位原子间的 a) 相长干涉和 b) 相消干涉

如图 4.74 所示，射出的光电子的吸收系数随入射 X 射线的辐射能量而变化。XAS 谱可以分为 X 射线吸收近边结构（XANES）和 X 射线吸收精细结构（EXAFS）区域。

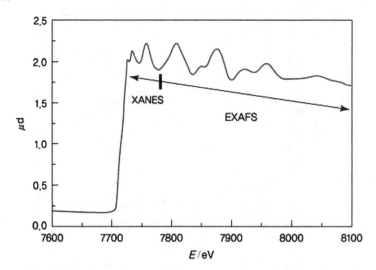

图 4.74 Co 的 K 层吸收边，箭头分别代表 XANES 和 EXAFS 区域

吸收系数在边缘范围内急剧增加。XANES 区域是从边前到大约 40 eV 的低能范围。剩下的高能范围就是所谓的 EXAFS 区域。由于 XANES 中的电子跃迁可以用从核到 Fermi 能级的轨道方程式描述，我们可以得到有关电子和吸收原子的三维结构信息。例如，1s→np 的跃迁对应 K 边。在大于 1200 eV 的吸收边缘处，根据光子能量，EXAFS 吸收系数以正弦曲线的形式变化，这可以提供关于配位数、原子间距和无序程度等详细信息[34-36]。以前这些信息只能针对单晶物质，近年来随着 XAS 技术的发展，我们可以确定粉末样品的晶体结构，而不受其结晶度和形式的限制。此外，通过分析组成物质的所有元素的光谱可以全面测定晶体结构。

4.2.5.1　X 射线吸收近边结构

X 射线吸收近边结构（XANES）的精细结构来自于从核发射出的光电子跃迁至 Fermi 能级附近的部分填充轨道函数。尽管释放出来的光电子的能量较低不足以抵消原子的影响，长的平均自由程仍会引起重叠散射。边缘形状提供了被激活原子附近配位体对称性的信息。此外，原子氧化态的变化可以从核与空穴相互作用引起的边缘位移反映出来。

XANES 的物理机理可用 Fermi 黄金定律解释。由于微扰引起的从初始状态向最终状态跃迁的概率表示如下[34]：

$$\mu = (4\pi^2 \omega e^2/c) N_a / \langle \psi_i / z / \psi_f \rangle / \rho(E_f) \qquad (4.78)$$

式中，μ 与最终状态的密度 $\rho(E_f)$ 成正比；z 是一个 X 射线光子。根据偶极子假设，跃迁服从 $\Delta l = \pm 1$ 和 $\Delta j = \pm 0$ 或 $1^{[37]}$。大多数第一周期过渡金属元素的 K 层发生从 1s 到 4p 的跃迁。如果存在反对称性，发生弱四极（$l = \pm 2$）跃迁，则可以看到一个小的边前吸收峰。当 p 轨道与 T_d、C_{2v}、C_{4v} 或 D_{2d} 对称结合时发生 1s→3d 跃迁，与 O_h 对称结合时发生四极跃迁。这通常在具有不对称取向和空 d 轨道的过渡金属中可以观察到。这些发现可以解释 XANES 谱中的晶体场分裂效应。当 p 与 d 轨道结合生成共价键时，它们以边前吸收峰的形式反映在 XANES 谱上。从 XANES 上获得的局部结构受键角、氧化数的变化和几何取向的影响。图 4.75 中的例子给出了 $LiFePO_4$ 中 P（磷）的 K 边非原位 XANES 谱以及 x 在两相反应中定量分析（$x LiFePO_4 + (1-x) FePO_4$）$^{[38]}$。

4.2.5.2　扩展 X 射线吸收精细结构

扩展 X 射线吸收精细结构（EXAFS）来自于周围原子引起的激发态电子的背散射。如图 4.73 所示，EXAFS 信号振动来自于核发出的波与近邻原子背散射波之间的干涉作用。波的频率和宽度分别对应于原子间距和邻位原子数。从吸收系数中扣除背底的 EXAFS 谱可由下列方程给出，μ 和 μ_0 间的差异对吸收原子的局部结构有影响。

$$\chi(k) = [\mu(E) - \mu_0(E)]/\mu_0(E) \qquad (4.79)$$

式中，μ 是有邻位原子存在的条件下的吸收系数；μ_0 则是没有邻位原子时的背景吸

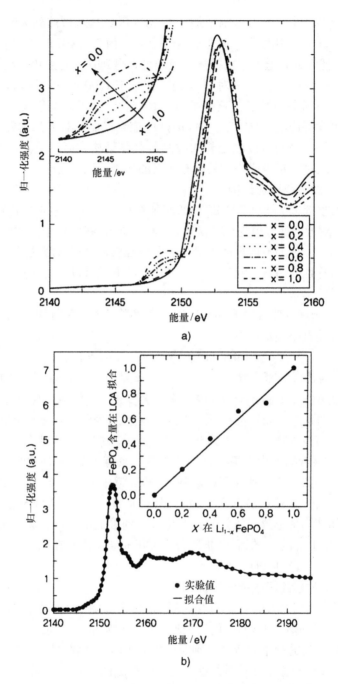

图 4.75　a）$Li_{1-x}FePO_4$ 中 P（磷）的 K 边非原位 XANES 谱随
x 值的变化；b）通过 P 的 K 边 XANES 谱拟合确定 x

收系数。

要得到 EXAFS，需先从 XAS 谱中去除前背景，然后用三次样条函数分离背景中的低频振荡。图 4.76 描述了 EXAFS 的分离过程。

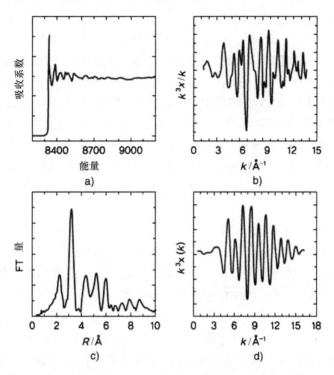

图 4.76　EXAFS 分析：a）测量谱；b）k^3-加权 EXAFS 振荡谱；
c）Fourier 变换谱；d）逆 Fourier 变换谱

根据式（4.80），将能量转化为一个波矢以获取基于 EXAFS 的结构信息。

$$k = \sqrt{2m(E - E_0)}/(2\pi/h)^2 (\approx \sqrt{0.263}(E - E_0)，\text{单位 eV}) \qquad (4.80)$$

式中，m 是电子质量；E_0 是核壳层内激发态原子的阈值。

所得 EXAFS 光谱显示了不同组态层的背散射。下面的方程式描述了 EXAFS 和结构因素间的关系：

$$\chi(k) = -S_0^2 \sum_i N_i F_i(k) \exp\{-2\sigma_i^2 k^2\} \exp\{-2R_i/\lambda(k)\} \sin\{2kR_i + \varphi_i(k)\}/(kR_i^2)$$

$$(4.81)$$

式中，i 表示第 i 层；S_0^2 是指示吸收原子多电子激发（振激/振离）的振幅衰减系数；N_i 是平均配位数；$F_i(k)$ 是第 i 层的原子背散射振幅；σ_i^2 是静态 Debye-Waller 因子；R_i 是第 i 层吸收原子和邻位原子的平均间距；$\lambda(k)$ 是表示由多电子激发引起的相干损失的平均自由路径；$\varphi_i(k)$ 是散射过程中的总相变[34,36,39]。在上面的方程式中，$\exp\{-2R_i/\lambda(k)\}$ 表示由交互介质引起的非弹性损失。另一方面，$\exp\{-2\sigma_i^2 k^2\}$ 由热振动和静态无序程度引起。最终，EXAFS 分析涉及 R_i，N_i 和 σ_i^2 的推导。其他因子，如 φ_i 和 F_i 可以通过使用标准化合物或通过热力学计算得到。紧密相关的参数可以分为两组：

$$\{F(k), \sigma, \lambda, N, S\} \text{ 和 } \{\varphi(k), E_0, R\}$$

由傅里叶变换（FT）得到的光谱显示了 R 空间的峰，这里 R 是吸收原子间的距离。由于相间势 $w_i(k)$ 的存在，该值小于组态间距。由于 EXAFS 光谱是不同组态 x 壳层的总和，EXAFS 中的 FT 也是各 x 壳层的 FT 总和。因此，可将 R 空间中一个感兴趣的峰进行逆 FT 变化，从而将单个壳层从所有壳层中分离出来。获得的数据符合正弦 EXAFS 函数，可用以推导 R_i、N_i、σ_i^2、ΔE_0。这种耦合可通过 k 空间和 R 空间的 k^1 和 k^3 拟合进行去耦合化，这是因为 σ_i^2 和 ΔE_0 分别不影响 k^1 和 k^3。同时，R_i 和 ΔE_0^0 对虚部有相反的影响。因此，解释 EXAFS 数据时必须考虑这些结构因素。

原位 XAS 可用于追踪锂二次电池在充放电过程中原子局部结构的变化。原位电池的结构如图 4.77 所示[40]。基于原位 EXAFS 测试，我们可以鉴定 Ni 和 Co 原子在锂从包含多元素的正极材料（如 $LiNi_{0.85}Co_{0.15}O_2$）中脱出时的局部结构变化。图 4.78 显示了 Ni 的 EXAFS FT 光谱，在该光谱上 1.5Å 峰由 Ni-O 键的第一壳层引起，峰强度随着锂的脱出而增加。这是因为 Ni^{3+} 转化为 Ni^{4+} 的过程伴随着不那么明显的 Jahn-Teller 效应和更对称的 Ni 组态。2.6Å 峰所代表的 Ni-Ni 键向更低的 R 区域偏移，这表明 Ni-Ni 键的间距缩短。同样在 Co 的 FT 光谱上可以观察到 Co-O 和 Co-Co 峰。与 Ni 不同，Co-O 峰的强度和 Co-Co 峰的位置没有太大的变化。Co-Co 峰的强度随着锂脱出引起的 CoO_2 层结构无序而稍有降低。通过分析这个例子，我们可以看到 Ni 比 Co 更容易被氧化，从而引起键长变短和局部结构变化。

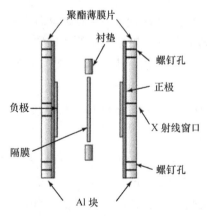

图 4.77　一个原位 XAS 测试电池[40]（经 Elsevier 许可复制参考文献［40］）

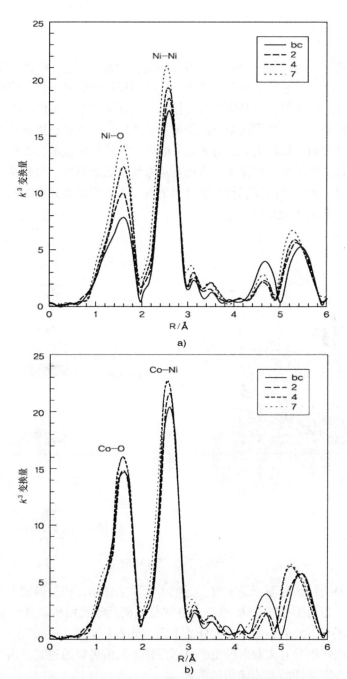

图 4.78　a) Ni 的傅里叶变换后的 EXAFS 光谱（k^3 加权）
（经 ACS 许可复制，2001 年）；b) Co-Ni 氧化物充电过程中所测得的 Co 的傅里叶
变换后的 EXAFS 光谱（k^3 加权）（经 Elsevier 授权复制，2001 年）

4.2.6 透射电镜

透射电镜（Transmission Electron Microscopy，TEM）是一种显微镜技术，它通过把 120 ~200 kV 的电子束投射至样品，电子与样品中的原子相互作用，从而得到有关颗粒尺寸、微观结构和晶体结构的信息（见图 4.79）。由钨丝产生的电子因带负电荷被吸附至正极，速度由电极间的电势差决定。电子通过电磁透镜进行加速然后聚焦至样品表面。以速度 v 运动的加速电子束的波长可表示为 $\lambda = h/mv$。一套完整的透射电镜由电子枪、收集电子束的聚焦系统、成像系统、投影系统和一个观察记录系统组成。聚光系统控制投射至样品的电子束的强度和角度，物镜成像并将其逐渐放大然后聚焦至荧光屏。

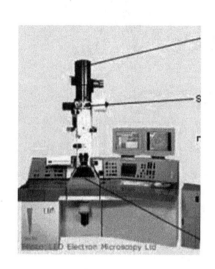
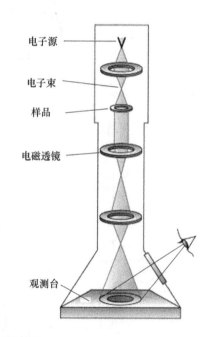

电子源

电子束

样品

电磁透镜

观测台

图 4.79　TEM 构造

晶体材料通过衍射而不是吸收，与电子束发生作用，衍射强度取决于作用材料的晶面取向。带角度计的 TEM 设备允许样品支架运动或两轴倾斜，从而可以得到特定的衍射图谱。此外，使用紧挨样品下面的光圈可以得到特定方向的衍射图谱。通过设置光圈使得只有未散射的电子可以穿过，我们可以通过观察高对比图像中的电子强度获取有关样品晶体结构的信息。

TEM 有成像模式和衍射模式。在成像模式下，样品的微颗粒被放大，通过将投影镜聚焦至物镜的成像侧得到图像。衍射模式将投影镜聚焦至后焦面，这样衍射图谱就被投射至荧光屏。成像模式可以分为高分辨率 TEM 和常规 TEM（Conventional TEM，CTEM）。高分辨率图像指的是由穿过薄样品的电子之间的相位差所形成的衍射图谱。相衬法通过将两道或多道电子束穿过光圈获得干涉图谱，电子束间的相位差形成对比度。CTEM 模式不会生成晶格图谱，可用于分析晶体内的缺陷（例如层错，晶界）。从 TEM 我们可以得到明场（Bright Field，BF）像、暗场（Dark Field，DF）像和选区电子衍射（Selected Area Electron Diffraction，SAED）图谱。明场像对于观察带有位错或其他缺陷从而引起电子密度变化的高度有序的晶格尤其有用。通过移动光圈至偏转电子的位置或倾斜电子束以让偏转电子穿过，即可生成仅基于偏转电子的暗场像。该方法的一个优势是可以生成指定晶体点阵平面的偏转电子图谱。

通过晶体样品在特定方向进行强布拉格衍射，然后在物镜的后焦面上形成衍射图谱。SAED 光圈被用来观察有限区域的衍射图谱。通过限定观察区域（~ 0.2μm），荧光屏上的衍射图谱可仅对应选定区域。如果用聚光透镜代替光圈，探针尺寸可小至 50nm，同时可利用大量电子束。与 SAED 相比，具有高收敛性的电子可以生成更小区域的衍射图谱。高收敛性的电子束使得电子可以从不同角度同时射入，从而生成 CBED 图谱而不是斑点样图[41,42]。

TEM 可用于确定锂电池的新电极材料的结构和成分。该技术可以实现通过 XRD 无法实现的微结构分析。图 4.80 显示了在石墨碳表面形成的 SEI 膜的 TEM 图谱[43]。图 4.81 是一个 3 nm SnO$_2$ 正极材料颗粒的 TEM 图谱[44]。

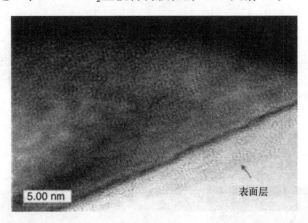

图 4.80　石墨表面形成的 SEI 层图像[43]（经电化学学会许可）

从高分辨率放大得到的上述晶格条纹我们可以发现 SnO$_2$ 与尺寸为几纳米的四方晶系金属 Sn 混合。在图 4.81 的右上部，可以清楚地观察到金属 Sn 的图样为 t-Sn 和 SnO$_2$ 的衍射环。

下面的例子描述了 TEM SAED 图谱的结果，用它来检查在金属氧化物正极材料内 CoO 和锂之间的相互作用（见图 4.82）[45]。TEM 被用来检测晶体结构和新成

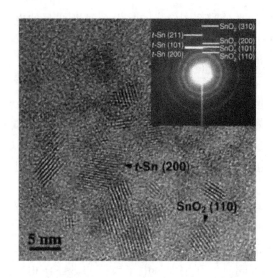

图 4.81 晶格条纹 TEM 图谱和 SnO_2 正极材料的
电子衍射图谱（经 ACS 许可改编，2005 年）

分的变化，引起如下所示的新转换反应机制：

$$CoO + 2Li^+ + 2e \Leftrightarrow Li_2O + Co$$

$$\frac{2Li \Leftrightarrow 2Li^+ + 2e}{CoO + 2Li \Leftrightarrow Li_2O + Co} \qquad (4.82)$$

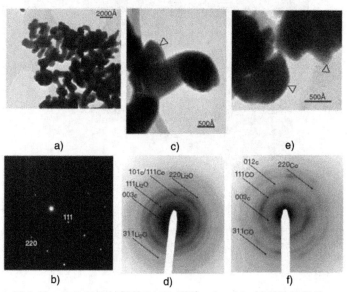

图 4.82 CoO 正极材料的 SAED 图谱：（a，b）循环前的样品；
（c，d）从充电电池中提取的样品和（e，f）从放电电池中提取的样品[45]

4.2.7　扫描电镜

扫描电镜（Scanning Electron Microscopy，SEM）是一个电子加速器，它使用电磁透镜聚焦加速电子束得到一个图像（如图 4.83）。电子枪配有钨丝作为光源，电子束被加速至 $60\sim100\mathrm{keV}$。施加高电压时，钨丝的温度上升至 2700 K，电子从钨丝端头射出。这些场发射电子穿过扫描系统的偏转线圈，被集中至一个聚光透镜，然后用物镜聚焦至样品表面。入射光与样品撞击时，发射出二次电子。使用闪烁计数器收集这些二次电子，所得信号在 CRT 显示屏上放大。

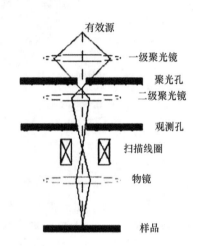

有效源

一级聚光镜

聚光孔

二级聚光镜

观测孔

扫描线圈

物镜

样品

图 4.83　SEM 设备的结构

透镜系统和样品固定在一个真空的垂直圆柱室内，这是为了避免电子在从钨丝移动至样品过程中由于与空气中的分子发生碰撞而散射。由于电子在 10^{-4} Torr 压力下的平均自由行程是 125 cm，因此最小压力应该为 10^{-7} Torr。与光学和透射电子显微镜不同，SEM 的聚光透镜和物镜不会形成样品的像。相反，电子束聚焦至一点然后通过扫描周围环境生成图像[46,47]。SEM 利用最接近样品表面处生成的二次电子，然后将信号在 CRT 显示屏上放大。CRT 显示屏上点的亮度与电子束和样品间的相互作用所生成的二次电子数成比例。

样品固定在铝金属圆柱支架上并接地，这样可以避免在与入射电子束的碰撞过程中带电。用炭带密封周围或用溅射法在不导电样品表面包覆一层 $20\sim30$ nm 的碳、Au 或 Pd 层可以使非导电样品通过支架放电。

在场发射扫描电镜（Field-Emission SEM，FE-SEM）中，用一次入射电子束扫描样品表面可产生二次电子，用弱减速场收集二次电子可以得到清晰的图像（见图 4.84）。场发射电子枪具有比其他电子枪更高的电子能量。窄探针的图像分辨率可达 1.5 nm，是普通 SEM 的 3～6 倍。所生成的图像对应表面附近的区域，因为动能低的电子不能较深的穿入样品。由于几 keV 的加速电压就可以生成高分辨率的图像，因此即使是未包覆或不导电样品也可以实现几 nm 的分辨率[48]。

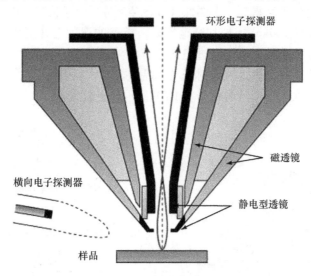

图 4.84　FE-SEM 装置结构

SEM 图像类似于相机拍摄的照片，该技术提供的直接图像方便了电极材料的分析。图 4.85 是一个典型的锂二次电池的截面图像[49]。

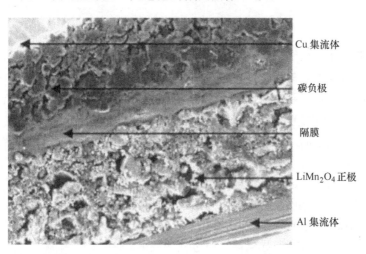

图 4.85　一个锂电池的截面 SEM 图像[49]（经 Elsevier 许可复制，版权 2000 年）

下一个例子（见图 4.86）是球形核壳结构的正极材料，以 $LiNi_{0.8}Co_{0.1}Mn_{0.1}O_2$ 为核，$LiNi_{0.5}Mn_{0.5}O_2$ 为壳[50]。从合成样品的截面图像上我们可以看到核被厚度 1～

1.5 μm 的壳层所包裹。

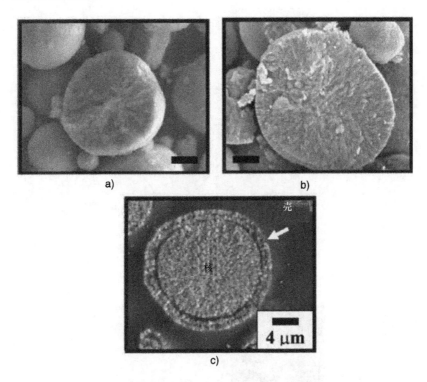

图 4.86　具有核壳结构的颗粒的截面变化:
a) $[Ni_{0.5}Co_{0.1}Mn_{0.1}](OH)_2$; b) $[(Ni_{0.5}Co_{0.1}Mn_{0.1})_{0.8}(Ni_{0.5}Mn_{0.5})_{0.2}](OH)_2$
核壳材料; c) $Li[(Ni_{0.5}Co_{0.1}Mn_{0.1})_{0.8}(Ni_{0.5}Mn_{0.5})_{0.2}]O_2$
核壳材料。标尺为 4 μm (经电化学学会许可复制)

除了观察样品的表面, SEM 还可以通过配备能谱 (Energy Dispersive Spectroscopy, EDS) 对样品内的元素进行定性和定量分析, 以及得到背散射电子图像。

EDS 是一种体样分析方法, 它可以检测 μm 级的颗粒, 误差范围 5% ~ 10%。倾斜样品支架会引起电子束与样品内部原子的衍射反应, 通过它可以进行晶体结构、晶界和晶面取向的鉴定。与 TEM 相比, SEM 具有样品制备更简单和适合分析各种材料的优点。

4.2.8　原子力显微镜

如图 4.87 所示, 原子力显微镜 (AFM) 由一悬臂和具有纳米精度的 Si 或 Si_3N_4 尖探针组成。将探针靠近样品表面时, 尖端和表面电子间的斥力引起悬臂偏转, 然后用光电二极管测量悬臂反射的激光的强度。

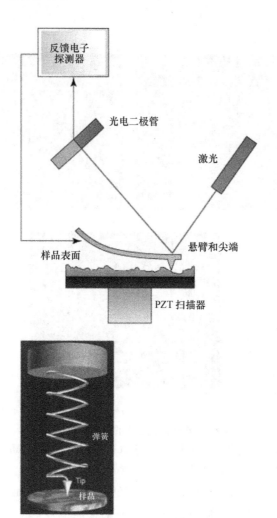

图 4.87   AFM 设备结构

当在恒定力作用下扫描表面时，悬臂的垂直运动被记录下来以生成表面的图像[51,52]。假设悬臂的弹性系数 k_N 已知，则斥力 F_N 可表示如下：

$$F_N = k_N \times \Delta Z \tag{4.83}$$

探针的垂直运动可以用力表示，范德华相互作用可通过施加 $10^{-13} \sim 10^{-8} N$ 的力来测量。力的种类包括机械接触力、范德华力、毛细力、化学键力和磁场力。这些力受电极特征、尖端到样品的间距、表面杂质和探针形状的影响。由于电流没有在探针和表面间流动，AFM 可以分析所有材料，包括绝缘体和导体。对于无法使用扫描隧道显微术（Scanning Tunnel Microscopy，STM）成像的绝缘体尤其有用。AFM 可在不同模式下进行，包括接触模式、摩擦模式、轻敲模式和非接触模式。

1）接触模式维持探针和表面间的物理接触，被用来获得清晰的图像，但是会有擦伤样品的风险。

2）摩擦模式通过施加一侧力来建立探针和表面间的接触以测量悬臂的偏转。

3）在轻敲模式下，一个压电元件驱动悬臂以共振频率摆动。与接触模式相比，只需较少的刮擦即可测量摆动的振幅或相变。

4）在非接触模式下，在无需任何物理接触且没有斥力的条件下即可进行测量，这样更适合使用带导电或磁性特征的探针。

原位 AFM 被用来直接观察电化学反应过程中的电极表面。进行原位实验时，将 AFM 放置在手套箱内的垫子上。原位电池的结构如图 4.88 所示[53]。

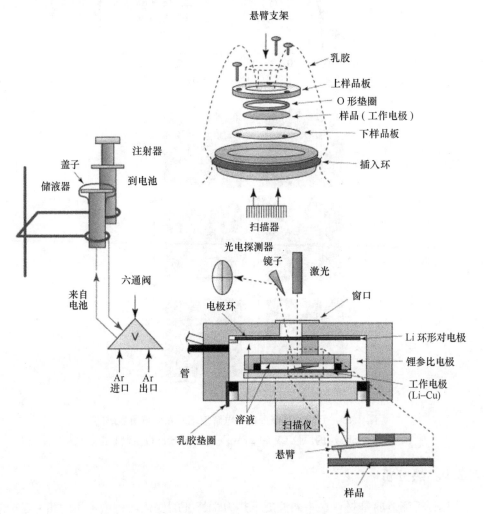

图 4.88　一个 AFM 原位电池的结构[53]（经 ECS 许可复制）

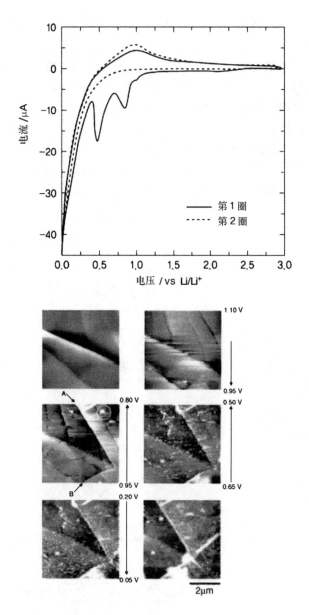

图 4.89　石墨负极表面由于电解液还原和分解所生成的
SEI 层的原位 CV 和 AFM[54]（经 ECS 许可复制）

4.2.9　热分析

热分析测量的是材料在不同温度下热力学特征的变化。一些常用的热力学分析方法包括热重分析（Thermogravimetric analysis，TGA）、差热分析（Differential thermal analysis，DTA）和差示扫描量热分析（Differential Scanning Calorimetry，DSC）。图 4.89 为由于电解液还原和分解导致的石墨表面 SEI 膜层表面的原位 CV 和 AFM 的结果[54]。

当温度从室温升至目标温度时，TGA 会观察到由于热分解或挥发引起的重量变化。发生重量损失的点可以通过微分失重曲线来鉴别。TGA 被用来确定聚合物的分解温度、材料的吸水量、材料中的无机和有机成分、有机物或溶剂的热分解温度[55,56]。

如图 4.90 所示，TGA 设备包括一个装样的托盘和一个高精度天平。样品放置在一个小电炉中，电炉中配有一个用于精确测温的热电偶。为了防止氧化或其他不希望发生的反应，需向其中通入特定的气体（N$_2$，Ar 等）以保证惰性气氛。

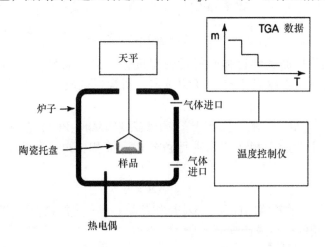

图 4.90　TGA 设备结构示意图

DTA 通过测量样品与对比样（非反应的）之间随时间变化的温度差来测量样品的热容量和焓变。通过这些，我们可以分析样品随温度变化的热力学特征和反应动力学特征。

DSC 测量样品发生物理变化时（例如相变）相对于对比样的吸热和放热量[55,56]，已知对比样的热容量。当样品释放或吸收更多热量时，发生放热或吸热反应，对应的峰出现在 DSC 热分析图的基线上方或下方。如图 4.91 所示，DSC 由一个样品盘和对比样盘组成。样品盘由高导电性的铝金属制成，而对比样是一个空的铝盘。样品重量一般为 0.1～100 mg，测试可在惰性气体中进行。DSC 可分为热通量 DSC 和功率补偿型 DSC。

热通量 DSC 也称量热式 DTA，它的样品和对比样置于同一个电炉内。热量通过银或合金盘传递至样品和参比样，这些盘可以检测温度。

与热通量型不同，功率补偿型 DSC 的样品和对比样使用不同的电炉。使用

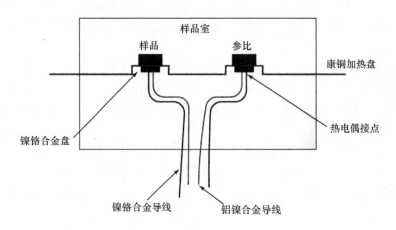

图 4.91　热通量 DSC 设备结构

该方法时需消除样品和参比样间的任何温度差。当样品发生吸热反应温度下降时，通过提供一定功率以维持温度的恒定，所提供的功率可以从 DSC 热分析曲线上看出。

作为实例，图 4.92 显示了聚对苯二甲酸乙二醇酯（PET）的 DSC 分析[56]。将 DSC 热分析图中对应于相变的峰进行积分得到面积，再由方程式（4.84）可计算焓。

$$A = \Delta H \times k \tag{4.84}$$

式中，A 是吸热或放热峰的面积；ΔH 是相变焓；k 是热常数；k 值随设备而变化，可用已知相变焓的样品进行测定。

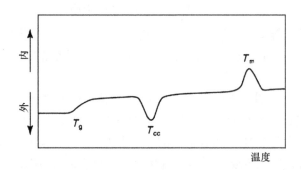

图 4.92　PET 的 DSC 曲线[56]

图 4.93 显示了 DSC 分析所得的锂电池中电解液的热力学特征。如方程式（4.85）[57]所示，我们可以看到 $LiPF_6$ 在 200℃熔化，300℃分解。

$$LiPF_6(s) \Rightarrow LiF(s) + PF_5(g) \tag{4.85}$$

LiPF$_6$加入 EC-DEC 溶剂中时会发生不可逆分解，在 230～250℃发生吸热反应，250～320℃发生放热反应。如图 4.93 所示，LiPF$_6$分解所得的 PF$_5$与痕量水反应会生成 HF。230℃附近的峰对应由 EC 和 HF 之间反应引起的 EC 分解。此外，我们可以观察到具有不同 LiPF$_6$浓度的电解液的热力学特征变化。

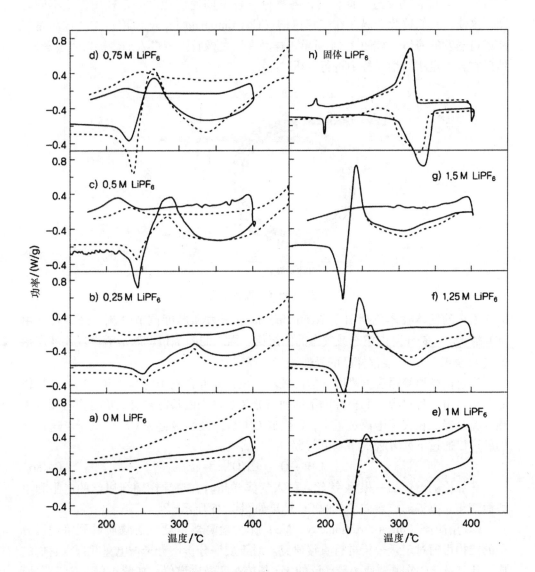

图 4.93　含不同 LiPF$_6$浓度的 EC/DEC 的 DSC 热分析图变化：
两个不同样品（实线和虚线）的比较，升温速率为 5℃/min[57]

4.2.10　气相色谱-质谱

色谱法通过与标准参比材料进行对比的方式来对液态或气态化合物进行定量和定性分析。在锂电池中，该方法被用来分析高温下电解液的稳定性以及分解产物（气体）。当混合物穿过色谱柱时，各种分子以不同速度运动并在柱中停留不同时间，这使得它们彼此分离。在气相色谱（Gas Chromatography，GC）中，样品是气体或可蒸发的液体。如图 4.94 所示，样品在穿过橡胶隔膜进入加热接口时被蒸发，然后在含固定相的细长柱中进行分析[14]。

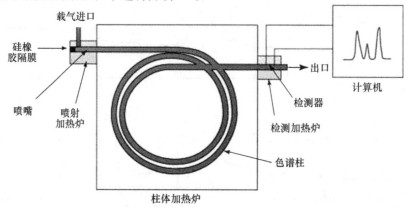

图 4.94　GC 设备结构

常用的气体载体包括 H_2、N_2 和 He，通过压力和温度调节气流。开口管柱由 SiO_2 制成，它是柱壁内液态或气态的固定相。固态的固定相可以是活性炭或液态形式（见表 4.5），可根据样品的极性进行选择[14]。

当色谱柱温箱温度升高时，样品的蒸气压升高并在柱中持续片刻。这样各种样品分子就由于各自沸点和极性的不同而被分离。常用的检测器有火焰电离检测器和热导检测器。在火焰电离过程中，C 生成 CH 基，最终转化为 CHO^+ 离子。这样我们就可以通过下列方程式得到电荷数：

$$CH + O \rightarrow CHO^+ + e \tag{4.86}$$

热导检测器包括一根钨-铼丝。引入气体样品时，热导性随金属丝的电阻和电势而变化。电势随热导向变化的 GC 结果如图 4.95 所示[14]。

GC 用质谱（Mass Spectrometry，MS）作为检测器得到气态物质的裂解谱。分子的结构可通过定量分析进行直接研究。对于质谱分析，分子被电离并根据它们的质荷比（m/z）分类。使用最广泛的 MS 是传输四极质谱仪，如图 4.96 左边部分所示，它与 GC 相连。从 GC 柱中洗脱出来的化合物穿过连接器进入电离室。分子在进入四极滤质器之前在低于 15 kV 的能量下被电离[14]。电离方法可分为电子电离和化学电离。

表 4.5　毛细管气相色谱内的固定相类型

结构	极性	温度范围/℃

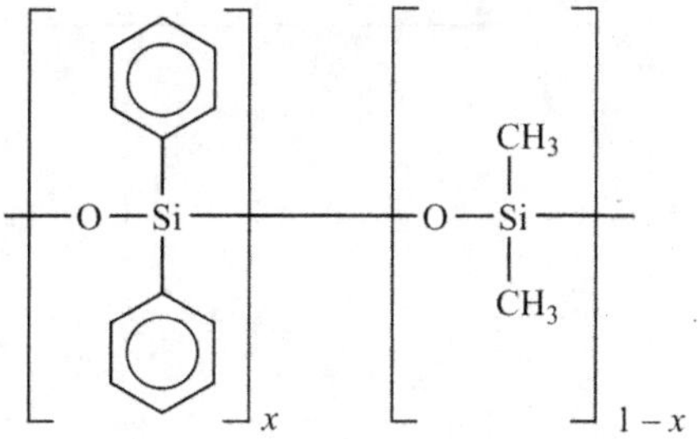

$x=0$　非极性　$-60 \sim 360$

（联苯）$_x$（二甲基）$_{1-x}$聚硅氧烷

$x=0.05$	非极性	$-60 \sim 360$
$x=0.35$	中等极性	$0\sim30$
$x=0.65$	中等极性	$50\sim370$

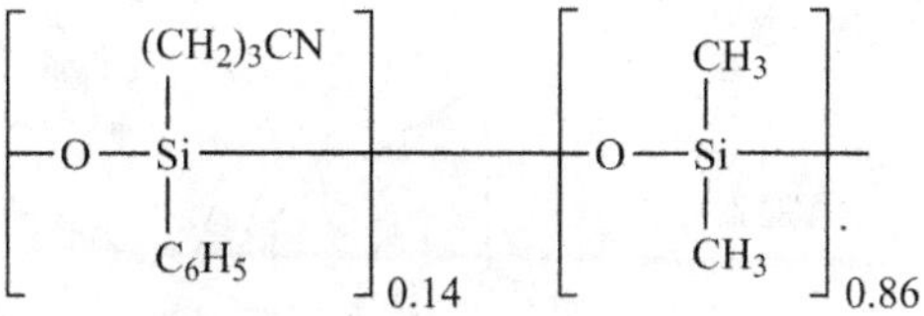

中等极性　$-20 \sim 280\,^{\circ}C$

（氰丙基苯基）$_{0.14}$
（二甲基）$_{0.86}$聚硅氧烷

强极性 $40\sim250\,^{\circ}C$

$$+CH_2CH_2-O+_n$$

（聚乙二醇）

强极性 $0\sim275\,^{\circ}C$

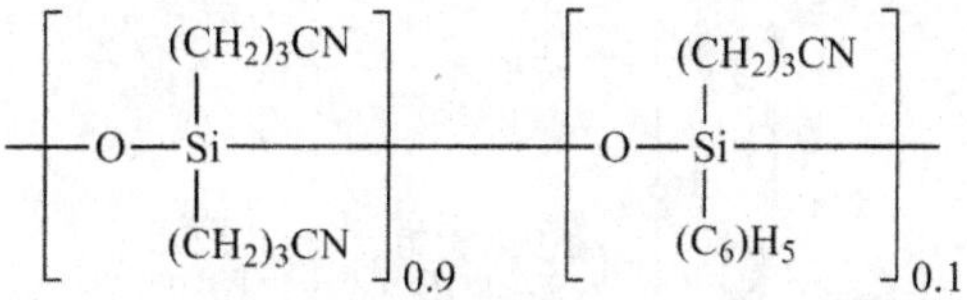

（二氰丙基）$_{0.9}$　（氰丙基苯基）$_{0.1}$
聚硅氧烷

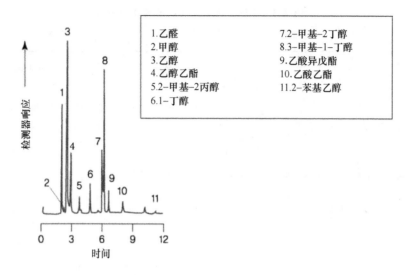

图 4.95 GC 分析结果实例

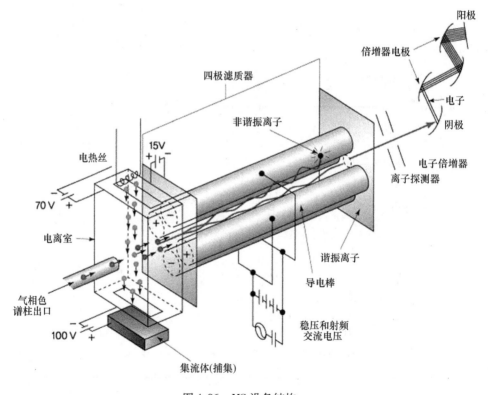

图 4.96 MS 设备结构

在电子电离中，加热金属丝上发射出的电子被加速至 70 kV 并如式（4.87）

所示被电离。

$$M + e^- (70eV) \rightarrow M^+ + e^- (55eV) + e \qquad (4.87)$$

式中，M^+ 是生成的离子，会被进一步裂解。

在化学电离中，1 mbar 的气体被 100～200 eV 的电子电离。对于甲烷，CH_4 变成 CH_5^+。如式（4.88）所示，CH_5^+ 与被分析分子的原子反应生成质子化分子。化学电离得到的色谱和 m/z 值与电子电离化得到的不同。

$$CH_5^+ + M \rightarrow CH_4 + MH^+ \qquad (4.88)$$

为了分析质谱，不同的裂解谱需按照 m/z 值和峰位置进行比较。图 4.97 是一个描述如何推导裂解组分的例子[14]。

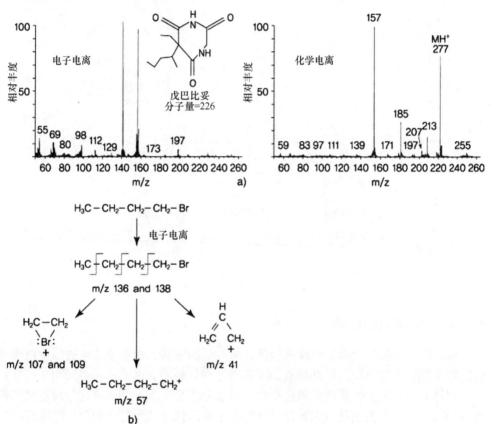

图 4.97　a）MS 谱和 b）裂解组分分析实例

4.2.11　电感耦合等离子体质谱

电感耦合等离子体质谱使用氩气对等离子在 10000 K 温度下释放的阴离子进行定量分析。电感耦合等离子（Inductively Coupled Plasma，ICP）是一种痕量元素分析方法，它将离子转化为用 m/z 信号表示的质谱。图4.98 为 ICP 的结构示意图。

ICP 使用射频电流从高温等离子体中制得离子。等离子体由置于感应线圈内的石英管中的电流生成。频率一般为 27.12~40.68 MHz，运行功率为 800~1500 W。当等离子体生成的离子进入质谱仪时，根据它们的质荷比被分离[14]。我们可以同时分析样品中的所有元素，原子量范围从 7（Li）~250（U）。溶剂需被稀释以维持检测极限（ppm-ppb），固体样品需在强酸，如 HNO_3 中溶解制样。对于精确元素分析，使用已知浓度的标准溶液制取校准曲线，样品的元素分析结果由 ICP-MS 得出。另一个校准方法是向样品中加入样品本身没有的但已知浓度的标准对比材料，然后观察峰强度的变化。

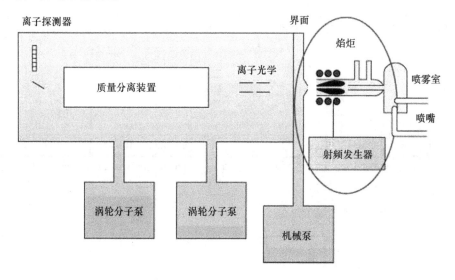

图4.98　ICP 设备结构

4.2.12　比表面积测试

由于绝大多数的锂离子电池电极活性材料呈粉末状，而在充放电过程中锂离子的脱嵌发生在颗粒表面，因此很有必要检测这些材料的表面结构和表面积。

固体表面如果发生压力或温度变化，气态分子会发生冷凝。该现象由范德华作用力引起，也就是所谓的吸附现象。气态分子从固体中蒸发称为脱附。吸附可以是物理或化学过程。物理吸附由范德华作用力引起，而化学吸附则由固体与气体间的电子转移或共享引起。固体的表面积可以通过测量吸附气体的量来计算。吸附气体的量会随温度、压力、气体类型和固体类型的不同而不同。当温度保持恒定的条件下，吸附的量取决于压力，通过改变压力可以获得有关多孔材料的更多信息。

BET 是姓氏 Brunauer、Emmett 和 Teller 的首字母缩写。根据 BET 理论，恒温下固体表面的气体吸附量是气体分压的函数。在利用 BET 评价材料的表面特征前，我们需要对 Langmuir 吸附有一个基本的了解。BET 理论是基于 Langmiur 吸附方程和 Langmiur 理论的扩展。Langmiur 理论做出下列假设[58]：

1）分子以单分子层的形式被化学吸附至表面。

2）所有位置是等效的，每一个活性位置只能被一个颗粒占据。

3）活性位置是独立的，不受被占据几率的影响。

在气体 A 吸附至固体 B 的反应中（A（g）+B（表面）↔AB（表面）），平衡常数 K 由式（4.89）得到，其中 k_a 是反应速率常数，k_d 是脱附常数。

$$K = \frac{k_a}{k_d} \qquad (4.89)$$

在平衡状态下，表面的覆盖率保持不变，吸附变化速率 $k_a[A]$ 与脱附变化速率 $k_d[B]$ 是一样的。该原理可由式（4.90）所表示的 Langmiur 等温线解释[58, 59]。

$$\theta = \frac{N}{S} = \frac{KP}{1 + KP} \qquad (4.90)$$

式中，N 是吸附的分子数；S 是位置数；P 是气体压力。Langmuir 吸附模型描述的是理想情况，BET 理论则将其扩展至实际体系。根据 BET 理论，分子吸附不是发生在单层基础上，而是多层的。BET 理论做出下列假设[59, 60]：

1）气体分子（被吸附物）可不限层数的被物理吸附至固体（吸附物）表面；

2）各吸附层间没有交互作用；

3）Langmiur 理论适用于每一层。

BET 方程式如式（4.91）所示。

$$\frac{1}{\nu[(P_0/P) - 1]} = \frac{c - 1}{\nu_m c}\left(\frac{P}{P_0}\right) + \frac{1}{\nu_m c} \qquad (4.91)$$

式中，P 是压力；P_0 是吸附温度下被吸附物的饱和压力；ν 是吸附气体的量（体积）；ν_m 是单层吸附气体的量；c 是 BET 常数，它由式（4.92）表示。

$$c = \exp\left(\frac{E_1 + E_L}{RT}\right) \qquad (4.92)$$

式中，E_1 是第一层的吸附热；E_L 是第二层和更外层的吸附热并对应液化热。吸附等温线是一条以 P/P_0 为 x 轴，$1/\nu[(P_0/P) - 1]$ 为 ν 轴的直线，即 BET 线（见图 4.99）。

上述线性关系在 $0.05 < P/P_0 < 0.35$ 的范围内成立。该直线的斜率和 γ 轴截距被用来计算单层吸附气体的量和 BET 常数 c。

基于气体分子的物理吸附，BET 法可用来计算表面积。总表面积 S_{total} 和比表面积 S 可由式（4.93）和式（4.94）得到。

$$S_{total} = \frac{(\nu_m N s)}{M} \qquad (4.93)$$

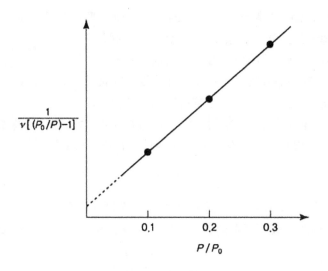

图 4.99　BET 线

$$S = \frac{S_{\text{total}}}{a} \tag{4.94}$$

式中，N 是阿伏伽德罗常数；s 是吸附横截面；M 是被吸附气体的摩尔体积；a 是吸附物的质量。通常在液氮温度下吸附氮气进行 BET 测试。

根据孔隙尺寸，多孔材料可如下分类：

1）大孔：孔隙尺寸 50～1000 nm；

2）中孔：孔隙尺寸 2～50 nm；

3）微孔：孔隙尺寸 0.2～2 nm。

这三类被称为纳米孔（孔隙尺寸 0.2～1000 nm）。

如图 4.100 所示，BET 等温线可以分为如下六类：

Ⅰ类：吸附仅限于几个分子层。可见于微孔材料中的物理吸附。

Ⅱ类：该类型针对无孔或大孔吸附物的情况。等温线的拐点表示了单层覆盖完成，多层吸附开始的点。

Ⅲ类：被吸附物与吸附物之间的作用相对较弱并起着重要作用。该类型很少见。

Ⅳ类：该类型是典型的中孔材料类型。最典型的特征是由孔隙的毛细凝聚引起的滞后环回线。孔隙基本充满后，高 P/P_0 部分可见一平台。如图 4.101 所示，Ⅳ类的滞后曲线可归因于多层吸附和毛细凝聚。

Ⅴ类：该类型的等温线的初始部分类似于Ⅲ类。可观察到孔隙的毛细凝聚和滞后回线。

Ⅵ类：这是一种特殊的情况，球对称的非极性被吸附物以多层吸附的方式吸附至均匀无孔的表面，得到如图所示的分段曲线。各段的形状取决于气体、固体和温度的均匀性[59, 61]。

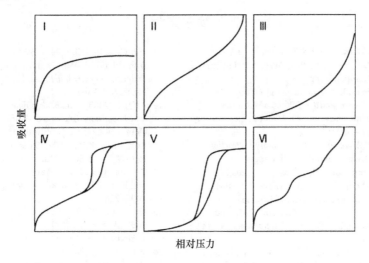

图 4.100　吸附等温线的 IUPAC 分类

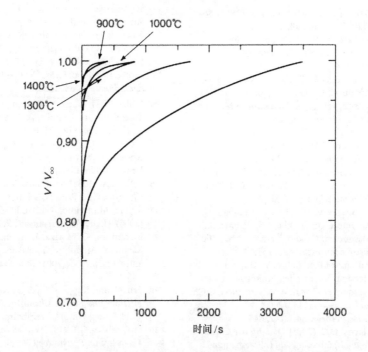

图 4.101　900～1400℃下焙烧所得碳样品的吸附动力学[62]

BET 法被广泛用于测试各种碳基负极和正极材料的表面积和孔隙尺寸。如图

4. 101 所示，当负极上的硬碳加热至高温时，微孔部分闭合，此时可以观察到一个小的滞后。微孔的闭合降低了气体吸附速率[62]。

参考文献

1 Cullity, B.D. (1978) *Elements of X-ray Diffraction*, Addison-Wesley Publishing Company, Inc.

2 Bish, D.L. and Post, J.E. (1989) *Modern Powder Diffraction: Reviews in Mineralogy*, vol. **20**, Mineralogical Society of America.

3 Rokakuho, U. (1991) *X-ray Diffraction Analysis*, Bando Publishing.

4 Yonemura, M., Yamada, A., Takei, Y., Sonoyama, N., and Kanno, R. (2004) *J. Electrochem. Soc.*, **151**, A1352.

5 Amatucci, G.G., Tarascon, J.M., and Klein, L.C. (1996) *J. Electrochem. Soc.*, **143**, 1114.

6 Novak, P., Panitz, J.C., Joho, F., Lanz, M., Imhof, R., and Coluccia, M. (2000) *J. Power Sources*, **90**, 52.

7 Dahn, J.R. and Haering, R.R. (1981) *Solid State Commun.*, **40**, 245.

8 Richard, M.N., Koetschau, I., and Dahn, J.R. (1997) *J. Eelectrochem. Soc.*, **144**, 554.

9 Morcrette, M., Chabre, Y., Vaughan, G., Amatucci, G., Leriche, J.B., Patoux, S., Masquelier, C., and Tarascon, J.M. (2002) *Electrochim. Acta*, **47**, 3137.

10 Hatchard, T.D. and Dahn, J.R. (2004) *J. Electrochem. Soc.*, **151**, A838.

11 Tarascon, J.M., Gozdz, A.S., Schmutz, C., Shokoohi, F., and Warren, P.C. (1996) *Solid State Ionics*, **86–88**, 49.

12 Morcrette, M., Chabre, Y., Vaughan, G., Amatucci, G., Leriche, J.B., Patoux, S., Masquelier, C., and Tarascon, J.M. (2002) *Electrochim. Acta*, **47**, 3137.

13 Palacin, M.R., Chabre, Y., Dupont, L., Hervieu, M., Strobel, P., Rousse, G., Masquelier, C., Anne, M., Amatucci, G.G., and Tarascon, J.M. (2000) *J. Electrochem. Soc.*, **147**, 845.

14 Harris, D.C. (2003) *Quantitative Chemical Analysis*, 6th edn, W. H. Freeman and Company, New York.

15 Lin-Vien, D., Colthup, N.B., Fately, W.G.,

and Graselli, J.G. (1991) *The Handbook of Infrared and Raman Characteristic Frequencies of Organic Molecules*, Academic Press, San Diego.

16 Aldrich (2003) *Handbook of Fine Chemicals and Laboratory Equipment*, Aldrich Chemical Company, Milwaukee, p. 1494.

17 Kolasinsky, K.W. (2002) *Surface Science*, John Wiley & Sons, Ltd.

18 Zhuang, G.V., Xu, K., Yang, H., Jow, T.R., and Ross, P.N., Jr. (2005) *J. Phys. Chem. B*, **109**, 17567.

19 Kanamura, K., Toriyama, S., Shiraishi, S., and Takehara, Z. (1995) *J. Electrochem. Soc.*, **142**, 1383,

20 Wartewig, S. (2003) *IR and Raman Spectroscopy: Fundamental Processing*, Wiley-VCH Verlag GmbH.

21 Schrader, B. (1995) *Infrared and Raman Spectroscopy: Methods and Applications*, Wiley-VCH Verlag GmbH, New York.

22 Kostecki, R. and Mclarnon, F. (2004) *Electrochem. Solid State Lett.*, **7**, A380.

23 Panitz, J.C., Joho, F., and Novak, P. (2000) *Appl. Spectrosc.*, **53**, 1188.

24 Inaba, M., Iriyama, Y., Ogumi, Z., Todzuka, Y., and Tasaka, A. (1997) *J. Raman Spectrosc.*, **28**, 613.

25 Nelson, J.H. (2003) *Nuclear Magnetic Resonance Spectroscopy*, Prentice Hall, Upper Saddle River, NJ.

26 Fyfe, C.A. (1983) *Solid State NMR for Chemists*, CFC Press, Guelph.

27 Kerlau, M., Reimer, J.A., and Cairns, E.J. (2005) *Electrochem. Commun.*, **7**, 1249.

28 Nakamura, K., Moriga, T., Sumi, A., Kashu, Y., Michihiro, Y., Nakabayashi, I., and Kanashiro, T. (2005) *Solid State Ionics*, **176**, 837.

29 Ertl, G. and Kuppers, J. (1985) *Low Energy Electrons and Surface Chemistry*, Wiley-VCH Verlag GmbH, Weinheim.

30 Muilenberg, G.E. (1978) *Handbook of X-ray Photoelectron Spectroscopy*, Perkin-Elmer, Minesota.

31 Regan, E., Groutso, T., Metson, J.B.,

Steiner, R., Ammundsen, B., Hassell, D., and Pickering, P. (1999) *Surf. Interface Anal.*, **27**, 1064.

32 Shirley, D.A. (1972) *Phys. Rev. B*, **5**, 4709.

33 Andersson, A.M., Henningson, A., Siegbahn, H., Jansson, U., and Edstrom, K. (2003) *J. Power Sources*, **119**, 522.

34 Teo, B.K. (1986) *EXAFS: Basic Principles and Data Analysis*, Springer, Berlin.

35 Sayers, D.E. and Bunker, B.A. (1988) in *X-ray Absorption: Principles, Applications, Techniques of EXAFS, SEXAFS and XANES* (eds D.C. Koningsberger and R. Prins), Wiley–Interscience, New York.

36 Lytle, F.W. (1989) in *Applications of Synchrotron Radiation* (eds H. Winick *et al.*.), Gordon and Breach Science, New York.

37 Mosset, A. and Galy, J. (1989) in *Applications of Synchrotron Radiation* (eds H. Winick *et al.*.), Gordon and Breach Science, New York.

38 Yoon, W.S., Chung, K.Y., McBreen, J., Zaghib, K., and Yang, X. (2006) *Electrochem. Solid State Lett.*, **9**, A415.

39 Sayers, D.E., Stern, E.A., and Lytle, F.W. (1971) *Phys. Rev. Lett.*, **27**, 1204.

40 Balasubramanian, M., Sun, X., Yang, X.Q., and McBreen, J. (2001) *J. Power Sources*, **92**, 1.

41 Williams, D.B. (1996) *Carter, Transmission Electron Microscopy*, Plenum Press, New York.

42 Fultz, B. and Howe, J.M. (2001) *Transmission Electron Microscopy and Diffractometry of Materials*, Springer.

43 Striebel, K.A., Shim, J., Cairns, E.J., Kostecki, R., Lee, Y.J., Reimer, J., Richardson, T.J., Ross, P.N., Song, X., and Zhuang, G.V. (2004) *J. Electrochem. Soc.*, **151**, A857.

44 Kim, C., Noh, M., Choi, M., Cho, J., and Park, B. (2005) *Chem. Mater.*, **17**, 3297.

45 Poizot, P., Laruelle, S., Grugeon, S., Dupont, L., and Tarascon, J.M. (2000) *Nature*, **407**, 496.

46 Goldstein, J.I., Newbury, D.E., Echlin, P.,

Joy, C., Romig, A.D., Lyman, C.E., Fiori, C., and Lifshin, E. (1992) *Scanning Electron Microscopy and X-ray Microanalysis*, Plenum Press.

47 Reed, S.J.B. (1996) *Electron Microprobe Analysis and Scanning Electron Microscopy in Geology*, Cambridge University Press, Cambridge.

48 Jaksch, H.(Oct. 1996) Materials world.

49 Orsini, F., Dupont, L., Beaudoin, B., Grugeon, S., and Tarascon, J.M. (2000) *Int. J. Inorg. Mater.*, **2**, 701.

50 Sun, Y.K., Myung, S.T., Kim, M.H., and Kim, J.H. (2006) *Electrochem. Solid State Lett.*, **9**, A171.

51 Binning, G., Quate, C.F., and Gerber, C. (1986) *Phys. Rev. Lett.*, **56**, 930.

52 Cohen, S.H., Bray, M.T., and Lightbody, M.L. (1994) *Atomic Force Microscopy/Scanning Tunneling Microscopy*, Plenum Press, New York.

53 Aurbach, D. and Cohen, Y. (1996) *J. Electrochem. Soc.*, **143**, 3525.

54 Jeong, S.K., Inaba, M., Abe, T., and Ogumi, Z. (2001) *J. Electrochem. Soc.*, **148**, A989.

55 Haines, P.J. (2002) *Principles of Thermal Analysis and Calorimetry*, Royal Society of Chemistry.

56 Ford, J.L. and Mann, T.E. (2012) Adv. DrugDeliv. Rev., **64**, 422.

57 MacNeila, D.D. and Dahn, J.R. (2003) *J. Electrochem. Soc.*, **150**, A21.

58 Langmuir, I. (1928) *J. Am. Chem. Soc.*, **40**, 1368.

59 Lowell, S., Shields, J.E., Thomas, M.A., and Thomas, M. (2004) *Characterization of Porous Solids and Powders: Surface Area, Pore Size and Density*, Kluwer Academic Publishers.

60 Brunauer, S., Emmett, P.H., and Teller, E. (1938) *J. Am. Chem. Soc.*, **60**, 309.

61 Sing, S.W., Everett, D.H., Haul., R.A.W., Moscou, L., Pierotti, R.A., Rouquerol, J., and Siemieniewska, T. (1985) *Pure Appl. Chem.*, **57**, 603.

62 Buiel, E., George, A.E., and Dahn, J.R. (1998) *J. Electrochem. Soc.*, **145**, 2252.

第 5 章　电池设计和制造

根据电池应用领域的需求，设计和生产的电池必须有合适的容量、功率和安全性等特征。设计电池时，首先考虑正极和负极的电化学电势和容量。其他需要考虑的因素还有：电流收集方法、电极动力学和基本的电池安全性能[1-5]。制造工艺应该把设计和工序分布都考虑进去。一些重要的变量包括电极组成物的一致性和诸如涂布宽度和长度等物理性能。制造电池产品需要经历多个单独的工序，这些工序可以分为组装工序和激活工序。初始激活过程是由电池设计条件所决定的，并且其对电池的特性有重要的影响[4,5]。

5.1　电池设计

电池可以根据电极/电解质结构类型、电解质和封装方法进行分类。电极/电解质结构有两种类型，分别为卷绕型和叠片型。锂离子电池采用液态电解质，而聚合物锂电池则采用聚合物电解质。封装可分为圆筒式（圆柱状或长方体状）和口袋型。

根据电池的形状和功能，电池设计也会稍有些区别，但它的基本原理如下所示：

1）在充放电过程中，正极和负极的总电容量相等。

2）电池的电压与电荷状态成正比。

3）电池的电容量取决于电池所设计的电压范围，因此电池充电时，不能超过充电截止电压，放电时，不能超过放电截止电压。

5.1.1　电池容量

电池的容量由半电池的开路电压所决定，半电池由金属锂与一个负极或者一个正极组成。图 5.1 为以锂的金属氧化物作为正极材料的半电池的容量示意图。

在电池首次充电时，随着锂的脱嵌，锂的金属氧化物的晶体结构会随之发生改变，但不会回到最初的结构。由于发生在正极的首次不可逆容量，即使锂重新嵌入也不能变回原来的晶体结构。这个不可逆容量的值与诸多变量有关，如金属元素，锂与金属元素的比例以及颗粒尺寸大小。通常情况下，$LiCoO_2$ 的首次不可逆容量为 $3 \sim 5\ mAh/g$，$LiNiO_2$ 的首次不可逆容量为 $20 \sim 30\ mAh/g$。经过两次充放电循环后，电池的库伦效率值接近 100%。碳基负极的首次不可逆容量主要是形成了由电解质

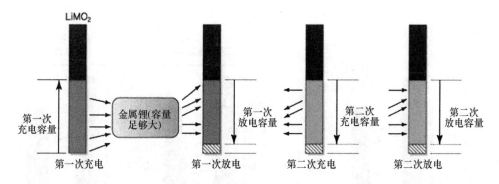

图 5.1　使用正极材料（锂的金属氧化物）的半电池的容量示意图

在负极表面发生的还原反应所引起的固体电解质膜。该不可逆容量的值主要取决于负极材料的结晶度、结构、比表面积和颗粒尺寸。商业化石墨负极的初始不可逆容量为 $20 \sim 30$ mAh/g。经过两次充放电循环后，负极的库伦效率也接近 100%。图 5.2 描绘了采用负极材料的半电池容量的概念。

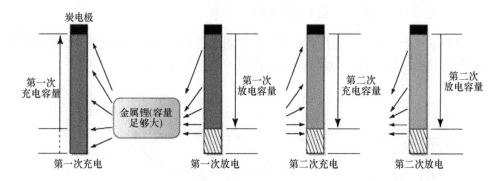

图 5.2　使用负极材料的半电池的容量

　　考虑到包括正极和负极的全电池的首次不可逆容量，电池容量如图 5.3 所示。在全电池的首次充电过程中，正极提供的锂部分消耗用于负极形成固态电解质膜的首次不可逆反应。为了测试随后阶段的放电过程，我们可以用首次不可逆容量相对较小的 $LiCoO_2$ 与首次不可逆容量相对较大的 $LiNiO_2$ 进行比较。$LiCoO_2$ 电池的容量为首次放电量减去正极的首次不可逆容量，而 $LiNiO_2$ 电池的容量为首次放电量减去负极的首次不可逆容量。上述情况分别称为负极限制设计与正极限制设计。它们的不同是由于采用金属锂作为参考电极的半电池和采用一个对电极的全电池提供锂的数量不同而导致的。因为在半电池中金属锂是无限量提供的，而在全电池中锂的供给受到正极材料的限制。因此，电池容量的设计受到电极材料的首次不可逆特性的限制。

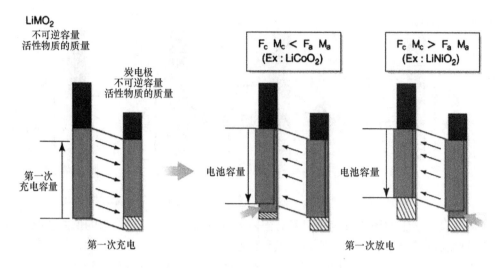

图 5.3　一个正极和一个负极的首次不可逆容量

5.1.2　电极电势与电池电压的设计

如图 5.4 所示，电池电压用正极和负极间的电势差来表示。电压的设计是基于电极的开路电压并反映出如放电深度和温度等不同的情况。

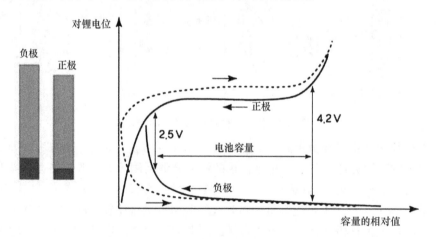

图 5.4　电池电压和电极电势的关系

取决于不同的情况，即使电池电压显示的一样，正极和负极的电势行为也可能有所不同。电荷平衡不仅受到电极电势的影响，它同样受到电池中正极和负极的比率影响。这意味着改变正极和负极的比率会导致截止电压随之改变。电荷平衡的概念如图 5.5 和图 5.6 所示。图 5.5 展示了如何通过提高正极的首次不可逆容量从而调整电池的电势平衡。

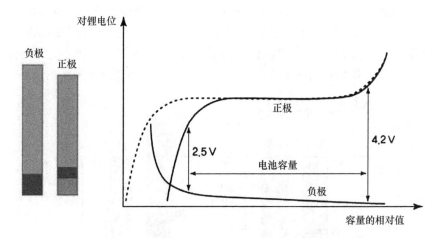

图 5.5　通过增加正极的首次不可逆容量来调整电势平衡

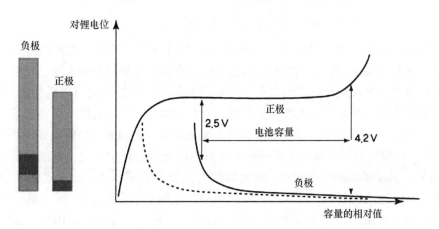

图 5.6　通过增加负极的首次不可逆容量来调整电势平衡

　　如图 5.6 所示，电势平衡也可以通过增加负极的首次不可逆容量来调整。这种调整可以理解为，在正极或负极中加入过剩的锂来弥补负极或正极的不可逆容量。对电荷平衡的调整必须谨慎进行，因为其与电池的容量、电压和安全性能密切相关。在接下来的部分，我们将阐述电池电荷平衡设计中需要考虑的因素。

5.1.3　正极/负极容量比的设计

　　在电池容量设计中最重要的准则是负极的可逆容量必须比正极大。尽管当负极可逆容量比正极小的电池有一些优势，如电池容量更高，但是放电时负极上由于锂的沉积可能会导致安全问题。从图 5.7 中正极与负极的容量比率可以看出，电池的容量总是受较小的电极容量限制，尽管使用的另一个电极有同样大或者更大的容量。假设两个电极有同样的首次不可逆容量，我们可以把负极与正极容量比，即所谓的 N/P 率（负极容量/正极容量）设定为 1，此时电池容量为 80 mAh。另一方面，如果正极采用容量较高的电极，而且 N/P 为 1.5 时，电池的容量会减小到 70 mAh。当然，如果适当调节 N/P 比例的话，很少会出现这种极端的结果。

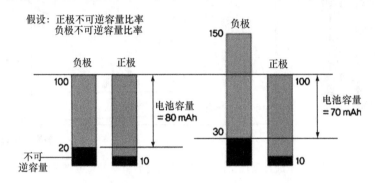

图 5.7　电池容量、首次不可逆容量和 N/P 比例之间的关系

在这一章节，我们测试了 N/P 率对电池循环寿命的影响，这种影响是由相当复杂的变量所决定的。容量的衰减可能是由于电池的主要成分如正极、负极、电解质及隔膜之间的反应所造成的。由于电解质和隔膜的性能劣化与正极和负极有关，下面的几个例子都是受到正极及负极劣化限制。假设负极的首次不可逆容量比正极大，并且 N/P 率恒定为 1.1，电极劣化对电池循环寿命和安全的影响如图 5.8 和图 5.9 所示。我们假设正极发生不可逆反应使得电池每循环 100 次，电池容量会降低 10 mAh，其结果如图 5.8 所示。前面提到的，当 N/P 率为 1.1 时，电池容量为 78 mAh。而电池经过 100 次循环，正极劣化后，电池的实际容量为 88 mAh。从这一点我们可以看出，当 N/P 率低于 1 时，负极的可逆容量利用率为 100%。经过 200 次循环后，锂在负极沉积，会贡献出 88 mAh 电池容量。当电池容量随着循环进行而增加时，电池的安全性能会受到严重的威胁。

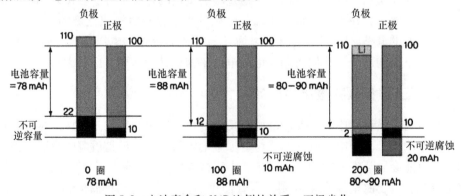

图 5.8　电池寿命和 N/P 比例的关系：正极劣化

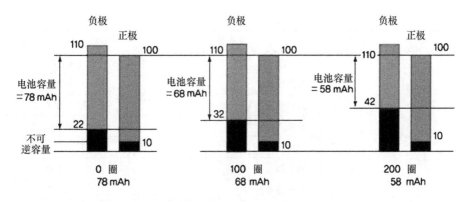

图 5.9　电池寿命和 N/P 比例的关系：负极劣化

如图 5.9 所示，负极发生不可逆反应使得电池容量每 100 圈循环降低 10 mAh
容量。当电池 N/P 率为 1.1，并且正极和负极的首次不可逆容量分别为 10 和
22mAh，电池的首次容量为 78 mAh。经过 100 次循环后，负极劣化使得电池的容量
衰减为 68 mAh。从这点可知，电池的 N/P 率大于初始值 1.1。经过 200 次循环后，
电池容量进一步衰减到 58 mAh。尽管电池的安全不受到威胁，但还需调整设计从
而避免电池循环寿命的过度损耗。从电池设计的上述变量可知，我们需要一个谨慎
的方法来设定电池设计条件。

5.1.4　电池设计的实际应用

在这一章节中，我们用实际例子来讨论电池设计的细节。表 5.1 和表 5.2 分别
给出了圆柱形电池物理的和电化学的设计因素。对于非圆柱的电池，类似的表格也
可以获得。与电化学因素一样，考虑物理因素时必须考虑电池成分的有效空间分
布，例如电极具有同样的体积和重量。这些电池物理的和电化学的设计因素以及材
料的优缺点必须在电池制造和电池评估前就要考虑到。不同的生产厂家的术语可能
有些不一样，这里我们尽可能采用通用的术语。

表 5.1　圆柱形电池的物理设计因素（例子）

	设计因素	值/mm
卷芯	内部（卷芯）直径	17.6
	芯轴直径	3
正极	总厚度	0.128
	外部厚度	0.057
	内部厚度	0.055
	集流体厚度	0.015
	宽度	58.0

（续）

设计因素		值/mm
负极	总厚度	0.113
	外部厚度	0.052
	内部厚度	0.052
	集流体厚度	0.008
	宽度	59.0
	隔膜厚度	0.020
	正极壳厚度	0.100
	负极壳厚度	0.110
涂覆长度	外部正极	813.7
	内部正极	783.5
	内部负极	816.9
	外部负极	785.4

表 5.2　圆柱形电池的电化学设计因素（例子）

	参　　数	值	单　　位
正极	活性材料组分	96	%
	充电容量	175	mAh/g
	首次可逆效率	95	%
	首次不可逆容量	8.75	mAh/g
	可用容量	160	mAh/g
	厚度	0.128	mm
	负载水平	43	mg/cm^2
	负载（或电极）密度	3.75	g/cc
	总的正极负载质量	18.9	g
负极	活性材料组分	97	%
	总的充电容量	350	mAh/g
	厚度	0.113	mm
	负载（或电极）密度	1.75	g/cc
	负载水平	22	mg/cm^2
	总的负极负载质量	9.9	g
电池	电流密度	3.2	mA/cm^2
	额定容量	2950	mAh
	N/P 比例	1.1	无量纲

首先，我们检查表 5.1 中列出的物理设计因素。一个标准的圆柱形电池直径为

18 mm，由正极、负极和隔膜组成，这些电池组成物以"卷芯（Jelly roll）"方式卷绕起来。设计的直径要能够允许卷绕和壳体插入。设定电极厚度时需要考虑电池的倍率放电能力，并且正极的厚度（~130 μm）通常都大于负极的厚度（~110 μm）。这是因为 $LiCoO_2$ 中锂离子的扩散系数比石墨的要大。这些厚度由于颗粒尺寸和粒径分散不同而不同，但通常都能够接受。由于每个电极的宽度跟电池安全密切相关，负极的容量必须总是大于正极的容量。正是因为如此，负极的宽度（~59 mm）会稍微大于正极的宽度（~58 mm）。标准的圆柱形锂离子二次电池的长度为 65 mm，而电极的宽度应设计小于 65 mm，以便使得其他部件（如电池上盖和安全销）能够嵌入电池中。隔膜缠裹着正极和负极，从而避免两个电极之间的短路。每个电极内部和外部涂层的长度值不同，因为这可以通过物理缠绕来实现，从而电荷平衡随着正极和负极的位置（内部或外部）而改变。没有涂层的集流体放置在最外层的正极（或负极）处并用终止胶带来密封。

从表 5.2 列出的电化学设计因素中，我们可以看出正极和负极材料呈现不同的比例。这是因为正极材料（$LiCoO_2$）和负极材料（石墨）的电子电导率有差别造成的。为了弥补这种区别，我们用适当数量的碳与正极材料混合。在这一过程中，还必须保证混合的高度均匀性。电池充电容量对应着锂离子从 $LiCoO_2$ 正极材料中脱嵌。理论上，这个数量是 0.5 mol，但随着充电电压、组分设计以及材料的结构稳定性的不同而不同。设计还应考虑安全问题，因为过充电可能会导致安全问题。如果选用 NCA（Ni-Co-Al）、NMC（Ni-Mn-Co）或两者的混合物来替代 $LiCoO_2$，设计时就要考虑每种材料的性能。

在电势或容量设计中，首次库仑效率对正极和负极来说都是一个基本的因素。5.1.1 节和 5.1.2 节讨论了首次不可逆容量。就物理组分、堆积密度和孔隙率而论，电极密度也应该纳入考虑范围。如果电极密度过高，就会影响电池的安全性能和电解液的注液过程。负载水平，即电极中的单位面积中活性物质的量，将反映锂离子的扩散系数、颗粒的电子电导率和流向集流体的电子路径。这个因素同样影响了电池的倍率性能。我们设计时都是优先考虑负极特性，后考虑正极特性。电池容量是通过考虑上述物理布局和电化学设计因素来确定的。

5.2 电池制造工序

由于电池有许多类型，锂离子电池的制造工序也会有所差别，表 5.3 列出了上述差别。由于方形电池和圆柱形电池的制造工序相似，本章主要讲述方形电池的制造工序。根据聚合物电解质的种类，聚合物电池可以分为化学凝胶和物理凝胶型。有一点需要注意的是，聚合物电池多是基于叠片结构而不是卷绕结构。

表 5.3 不同电池种类的制造工序的比较

工序	锂离子电池 圆柱形/方形	锂离子聚合物电池		
		卷绕结构		叠片结构
		物理凝胶	化学凝胶	物理或化学
电极	混合	混合	混合	混合
	涂覆/压制	涂覆/压制 隔膜涂覆	涂覆/压制	涂覆/压制 隔膜涂覆
组装	卷绕	卷绕	卷绕	冲压
	卷芯插入	卷芯插入	卷芯插入	堆叠
	焊接	焊接	焊接	焊接
	注入电解液	注入电解液	注入电解液	注入电解液
	焊接	袋式密封	袋式密封	袋式密封
后期处理	无	冲压	热交联	冲压或热交联
构造	老化	老化	老化	老化
	CHG/DIS	CHG/DIS	CHG/DIS 放气/再封装	CHG/DIS 放气/再封装

电池生产流程可以大致分为电极加工工艺、组装工艺和化学处理过程。在制造电池之前就必须明确每个过程的细节。当所有设计规划完成后,制造工序首先生产电极,然后组装电池的各种部件,最后对充放电进行检查并且对电池成品进行分类,继而装箱[4,5]。图 5.10 给出了方形锂离子电池的制造流程。在接下来的几个部分我们将对每个过程进行详细讲述。

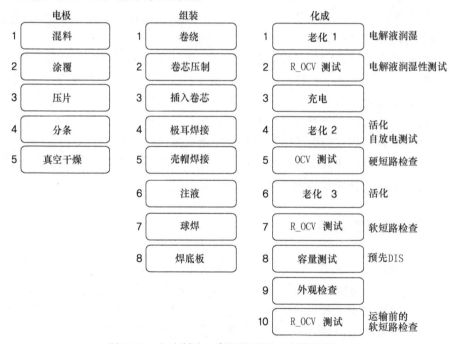

图 5.10 电池制造工序的流程图(方形电池)

5.2.1 电极制造工艺

5.2.1.1 电极浆料的制备

在这一工序中,我们将聚偏二氟乙烯溶于 N-甲基吡咯烷酮溶剂 (NMP) 中从而制成粘结剂溶液。接着将活性材料和导电剂混合分散形成均匀的浆料。这一工序可以分为粘结剂溶液的制备、粘结剂溶液的转移、浆料的制备、浆料的存储和转移。图 5.11 为分阶段制备活性材料的浆料。首先,将粘结剂与溶剂进行混合制成粘结剂溶液,然后将这溶液转移至与浆料搅拌机相连接的缓冲罐中。最后,通过采用最优化的程序将活性材料、导电剂和粘结剂溶液混合搅拌从而制成电极浆料。

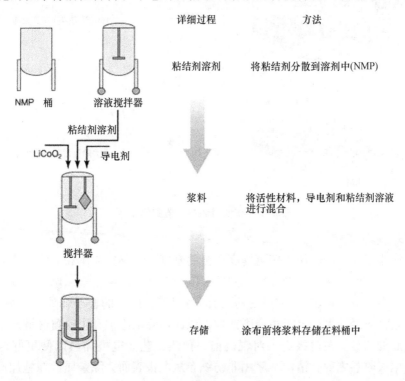

图 5.11 活性物质浆料的制备

在电极浆料存储的过程中,要把制备好的浆料通过浆料泵打至存储搅拌槽,并进行搅拌以防浆料变硬和团聚。如果要进行涂覆,浆料会自动从存储搅拌槽转移至高位槽,即浆料转移至涂布机头。

5.2.1.2 电极涂覆

在电极涂覆工序中,浆料在涂布机头与金属集流体之间通过,以给定的模式和厚度进行涂覆,紧接着进行烘干处理。这个工序由松辊、涂覆、干燥、面密度测量和收卷组成。涂层涂覆于电极的正面和背面。对于正极和负极的这种涂覆工序,两者都是一样的。铝箔和铜箔分别被用作正极和负极的集流体。松辊工艺可准备金属集流体或单面电极。在混料工艺制备的浆料通过涂布机头后，金属集流体以给定的模式和固定的厚度被涂覆。烘干工艺将涂覆在金属集流体上浆料中的溶剂和水分除去。面密度（厚度）的测量工艺可检验涂覆在电极上浆料的多少。在收卷工艺中，在合适的张力下电极被收卷成卷。同时，在正面涂覆电极之后，背面涂覆过程重复着以上步骤。图 5.12 为用挤压式涂布机将浆料涂覆在金属集流体上。

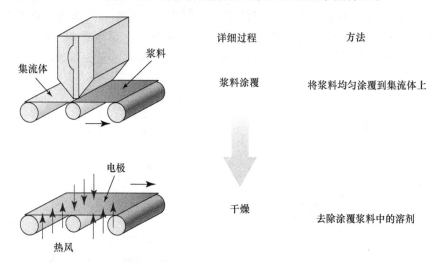

图 5.12　将电极浆料涂覆到集流体上

5.2.1.3　辊压工序

在涂覆工序后的辊压工序可提高电极的密度，改善集流体和活性物质之间的附着力，并且在两个热辊或者冷辊之间压平电极。此工序由松辊、修边、预热、清洁和卷绕工序组成。松辊工艺在保持张力的情况下，巨大的辊子释放开，放入电极。修边工艺将未经涂覆的电极边缘削减掉，以此消除由涂覆和未涂覆区域产生的厚度差异引起的褶皱。在电极进入对辊之前，预热工艺让电极加热以便更好地辊压电极。在电极收卷之前，清洁工序用非纺织布从电极表面去除杂质。在施加恒定张力的情况下，卷绕工艺将电极卷成卷。图 5.13 为一台辊式压机，用来将涂覆的电极辊压成金属卷。

5.2.1.4　分切工序

在分切工序中，电极被切成一致宽度并且为组装工艺的卷绕做准备。分切工序可以被分解成松卷、清扫和卷绕三部分。当电极进入切割机的时候，松卷工序维持合适的张力。在卷绕电极之前，清扫工序用清洁的无纺布扫除电极表面的杂质。清扫之后，在保持张力的情况下，卷绕工序使电极卷成卷。图 5.14 展示了分条机将辊压好的电极切割成特定宽度的过程。

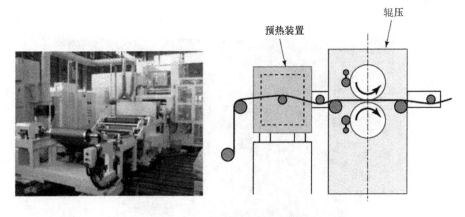

图 5.13　辊压机和辊压过程

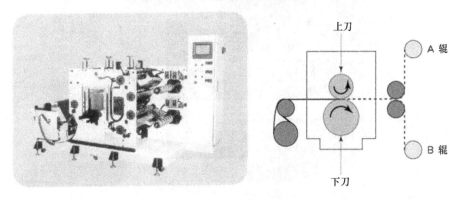

图 5.14　分条机和分条过程

5.2.1.5　真空干燥工序

在真空干燥工序，卷轴上卷曲的电极在真空室内干燥一定时间。通过热处理，水分以及辊压工序产生的过量压力被消除。

5.2.2　装配工序

5.2.2.1　卷绕工序

卷绕工序是将极耳焊接到电极上形成一个卷芯，并且将隔膜放在正极和负极之间，接着进行圆柱形卷绕，从而形成一个卷芯。这时，卷芯被完全卷绕成了，准备插入壳体。这个工艺包括极耳超声焊接、中心位置校准、内部短路检查。极耳超声波焊接工艺借助超声波在正极上焊接一个铝极耳，在负极上焊接上一个镍极耳。中心位置校准工艺消除卷芯中心的褶皱并且为插入的焊嘴预留空间。内部短路检查工序通过测量卷芯的电阻以避免次品，它要确保电阻高于数十 MΩ。对于方形的电池，卷芯可能被压制，随后嵌入壳体。图 5.15 为一个卷绕机，用于卷绕工序中卷芯的卷绕。

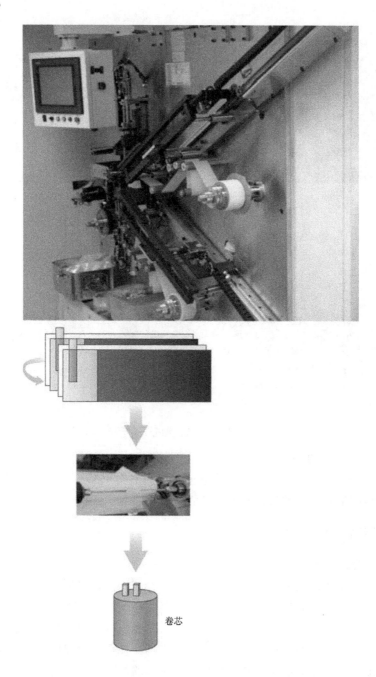

卷芯

图 5.15　卷绕机和卷绕过程

5.2.2.2　卷芯入壳/正极极耳焊接/辊槽工序

卷芯入壳工序是将卷芯在壳体里面插入一定的深度，可以通过 X 射线检测法测量插入的程度。负极极耳焊接工艺是将负极极耳弯曲并焊接在壳的底部。在圆柱形电池的装配上，辊槽工序为垫片打造一个凹槽，以便能接触到包含卷芯的壳体的顶部。

5.2.2.3　注液工序

在电解液注液过程中，注射电解液后的内部压力应该小于大气压，而且通过将空气引入到壳体内部，电解液能够浸渍到卷芯中。在注液工序之后，在正极极耳和滚槽周围的电解液要用干净的无纺布擦掉，插入垫片即完成此工序。

5.2.2.4　正极极耳焊接/封口/X 射线检测/清洗工序

正极极耳焊接工序包含正极极耳的焊接和电流中断装置的焊接。电流中断焊接是通过焊接安全阀的中间区域进行组装来实现。封口工序是通过对包含电流中断装置、正温度系数（Positive Temperature Coefficient，PTC）、盖帽的电池顶部施加压力来实现的。在密封中断电流装配、正温度系数、盖帽之后，封装好的电池被施加一定压力保持恒定的高度。X 射线检测检查装配后的电极内部电极排列和检查缺陷。清洗工序用水将电池的表面电解液和其他杂质除去，然后对电池进行干燥消除水分。最后，在化成工序之前，电池打标上制造厂家、编号和生产日期。

5.2.3　化成工序

5.2.3.1　化成工序的目的

化成工序分为激活、挑出不合规格的电池、容量分选三个方面。首先，在激活工艺中，装配好的电池通过充电、老化、放电使其稳定化。在首次充电过程中电压为 3.3 V 时，负极表面形成 SEI 膜。这个步骤有利于锂离子在电解液-电极界面迁移，抑制电解液的分解。激活的程度将影响电池的多个特性，例如电池的性能、寿命以及安全性。有缺陷的电池能够通过检测老化时的开路电压和放电容量来判断出来。故障电池的主要原因是内部短路，内部短路导致开路电压和放电容量的下降。故障电池必须要丢弃以避免性能出现问题和安全问题。当锂离子电池被串联或者并联以及用作一个电池组的时候，容量分选是相当重要的。如果电池组内的电池没有相同的特性（容量，电压）、性能、电池寿命和安全性可能产生不良影响。通常情况下，在同一电池组里的电池应该有着同样的容量，相差不超过 3%。

5.2.3.2　步骤与功能

化成工序的主要步骤与功能如下：

1）外部检测：电池检查是否泄漏，含有杂质或者变形。

2）老化 1：将电解液浸入到卷芯中应保持恒定的温度和恒定湿度，严格的保养可以防止腐蚀或者随时间引起的其他副作用。

3）开路电压（OCV1）：这个工序检查电解液的湿润性、副作用的发生情况以及组装部件的缺陷。

4）充电：电池进行充满电，以去除前面步骤中出现的故障电池。

5）静置：这个步骤将充电态的电池稳定到开路电压2（OCV2），通常需要几个小时。

6）开路电压2（OCV2）：这个步骤检测出故障电池。

7）老化2：完全充满电的电池在恒温恒湿的环境下保持一周的时间。

8）开路电压3（OCV3）：与开路电压2类似，此步骤检测出故障电池。

9）老化3：通过在恒温和恒湿环境下维持28天，电池进一步稳定。

10）充放电以便装箱：电池进行完全放电满足容量要求，之后充电以便装箱。

11）容量分选：电池根据放电容量进行分类。通常情况下，3%的容量范围内相当于一个等级。

参考文献

1　Lim, D.J. (2000) Battery Technology Symposium in Korea, The Korean Society of Industrial & Engineering Chemistry.

2　Schalkwijk, W.A. and Scrosati, B. (2002) *Advances in Lithium-Ion Batteries*, Kluwer Academic, New York.

3　Hong, Y.S. (2006) Advanced Secondary Battery Technologies,The Korea Industrial Technology Association.

4　Kim, S.S. (2008) Industrial Trends on Lithium Secondary Batteries for Mobile IT. Electronic Times, Seoul.

5　Kim, M.H. (2008) Symposium on Chemical Materials for Energy Conversion, Korea Research Institute of Chemical Technology, Daejeon.

第6章 电池性能评估

6.1 电池充放电曲线

本章节先介绍与电池性能相关术语，然后讨论它们的意义。

6.1.1 充放电曲线的重要性

电池的特性通过充放电曲线表现出来。如图 6.1 所示的充放电曲线包含了丰富的信息。一般来说，一个锂二次电池的充放电曲线（如图 6.1 a）显示了容量的不同以及在负极和正极组成半电池曲线上电势的不同。正、负极的电池为半电池如图 6.1 b 所示。如图 6.1 a 所示，横轴表示容量，纵轴便是电压的变化。纵轴上的高值以及横轴上的高值分别表示有着较好的输出量和较长的运行时间。

锂二次电池的电压比现有的镍镉或者镍氢电池电压高 2.5 倍多。镍镉或者镍氢电池含有水系电解液，其电压为 1.5 V。然而用钴酸锂作正极，石墨作负极的锂二次电池的电压高于 3.6 V。这是因为过渡金属氧化物正极与石墨负极之间有着较大的电势差，过渡金属氧化物正极用锂离子作为充放电的媒介，而石墨电极的对锂电

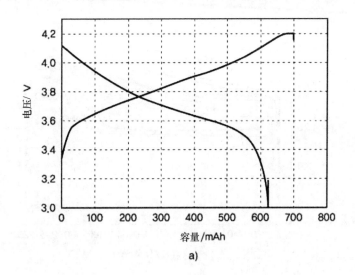

图 6.1 锂二次电池的充放电曲线：a）全电池

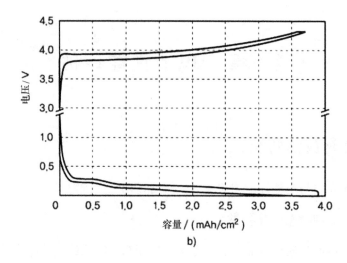

b)

图6.1 锂二次电池的充放电曲线：b) 半电池（续）

位较低，仅有 0.05 V。由于移动电话和其他涉及声音和视频传输功能的通讯设备要求最小电压为 3.0 V，锂二次电池是大量数据传输工具最合适的电源选择。

如图 6.2 所示，不同形状的充放电曲线取决于正极材料的不同，这些表示能通过电池传递电能的多少。充放电曲线的形状会随着锂离子脱嵌过程中氧化物的晶体结构、原子间的结合、过渡金属氧化物 d 轨道和氧气 p 轨道内的电子结合决定的能量状态而发生变化。这些内容已经在第 3.1 节正极材料晶体结构中提到过。实际的电池电压与理论值不同，主要是极化的原因。iR 降就表示这样的极化效应。

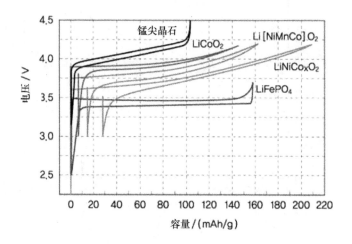

图6.2 不同正极材料的充放电曲线

　　iR 降取决于电池的设计。图 6.3 显示了电压与电极的厚度之间的关系。较厚的电极通常设计用作大容量的电池，则存在电极内部电势的不平衡。当锂离子通过隔膜和集流体之间的位置时便产生了电阻。由于电阻随着厚度而增加，在设计高容量电池时需要考虑这个方面。由于每个电极上有显著的 iR 降，因此，在正极和负极之间保持一个平衡相当重要。

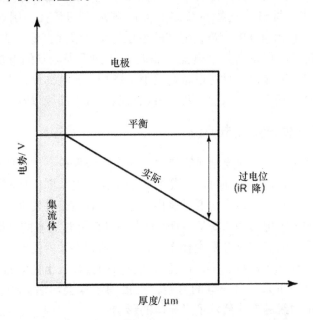

图 6.3　一定厚度的电极内部电压降

6.1.2　充放电曲线的调整

　　电池的充放电曲线由电极与锂的反应电压决定。此外，它与使用的电气设备紧密相关。对视听传输设备来说，较少噪音以及保证高质量音频的最低电压要求为 3 V。终端的电器产品需求也要仔细检查以便选择合适的电池材料。

　　正如之前提到的，电极材料的电压由原子之间的结合力决定，尤其是过渡金属氧化物 d 轨道电子和氧气 p 轨道电子之间的结合力，以及由过渡金属氧化物的晶体结构来决定。负极电压会随石墨中碳层的结晶度而变化。为了理解充放电曲线的概念，我们应该注意到，充放电曲线主要归因于每个电极曲线的差别。一个处于 0 V 的电池，则表明正极和负极之间电压差为 0 V，但是这并无法表明每个电极的绝对电压值。每个电极的绝对电压值可以通过锂作为参比电极的三电极体系进行测量。这种方法通常用于充放电过程中，分析正极和负极绝对电压的变化。

　　大多数商业化的锂二次电池用钴酸锂作为正极，石墨作为负极。这是因为钴酸锂-石墨体系有着较高的电压，良好的稳定性，以及优异的高温性能。然而，最近钴价格的上涨以及钴酸锂的热稳定性差，这些促进了对镍-锰-钴三元体系的积极研究。这些材料与钴酸锂相比电压略低，但是稳定性好，且价格相对低廉。镍，钴，锰的量可以进行调整，以便容量、安全性、成本最大化。镍含量增加会导致较高的容量和较低的电压，而较高的锰含量会增强安全性。钴元素则会促进电子的运动，增强电池的性能。材料的选择与最终产品的需求密切相关。例如，$LiNi_{1-x}M_xO_2$（$0 < x < 0.2$）拥有相当高的容量，但它的电压低于钴酸锂，低 0.2 V。这个对单个电池来说微不足道，但是当几个电池串联起来（如手提电脑的电池组）的时候这种差别就会变得很明显，并且对设备造成很大影响。正是如此，电气设备必须首先考虑应用的要求。基于这个认识，我们可以检测充放电曲线以及合适的电压。

6.1.3　过充曲线与充放电曲线

一个充电器主要用于对电池进行充电，它有三级保护系统。如果这三级的保护系统没有正常发挥作用，电池可能会超过它的正常充电范围，从而出现过充电。这就是所谓的过充电状态。过充电通常是由充电器或其他组件发生故障引起的。在正常电压范围内的最大电压为 4.3 V，但是这并不能消除过充电的可能性。

当电池过充电时，究竟会发生什么？首先，随着电池内的电阻产生热量，电池的温度会升高。相比正常状态下，过充时从正极中会释放出更多的锂，它们会在负极上以金属锂沉积下来。过充电的时候，正极的结构会坍塌，产生热并释放出氧气。图 6.4 通过曲线的变化展示了过充电的影响。

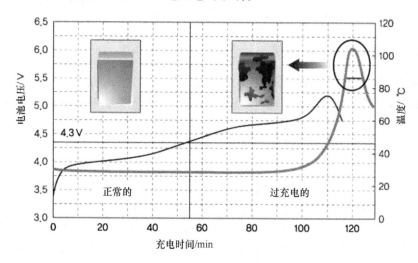

图 6.4　电池的过充电行为

如图 6.4 所示，当实施恒定电流充电，电池超过指定电压时，就会发生过充。

这时，电池的温度会迅速上升。由于电极上产生的热，会使隔膜开始熔融，导致电池内部短路。电池会变得危险，甚至会发生爆炸。图 6.4 的例子没有保护机制，表明了过充电的危险性。为了防止起火或爆炸，可以提高电解液的黏度，限制过充电情况下离子的运动，也可以由电解液添加剂的分解在电极表面产生绝缘性材料。即使过充电的程度不是很极端，电池会被认为处于不正常状态。如果电池没有像设计的那样发挥性能，正极电压会连续增加，锂会在负极沉积，导致对锂的电压接近于零。这时候，在正极上过高的电压导致电解液分解，且释放可燃性的气体。随着正极材料热稳定性的迅速下降，结构坍塌会伴随着大量的热释放出来。

由于过充电不是由电池本身引起，而是由不合格充电器引起，建议使用原装的充电器。尽管电池安装有过充保护装置，这种风险也不能被忽略。最近，针对功能性隔膜、电解液添加剂、更安全的正极材料来防止过充的研究比较活跃。为解决可能出现在需要大尺寸电池应用上的安全问题，这个领域上应该需要进行更多的研究。

6.2　电池的循环寿命

6.2.1　循环寿命的重要性

循环寿命是电池能用多久的一个指标，可以用循环次数来表示。它说明了电池可以充放电的次数。一次循环指的是先充电，然后完全放电的过程。评估电池的循环寿命时，速度（速率）这一概念应该被考虑进来。随着移动设备和手提电脑功能的不断增加，要求电池具有优异的性能来满足高输出和高能量的要求。对于混合动力汽车和电动工具而言，依靠现在的电池设计来实现高功率和寿命的特性要求是很困难的。图 6.5 呈现了电池容量上的改变，我们可以看出更高倍率放电会导致更

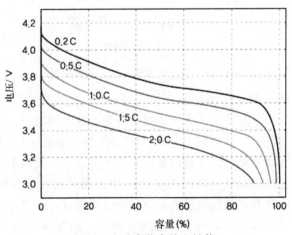

图 6.5　电池高倍率放电性能

大的容量衰减。如果放电的时候电流密度很低，电池电压会接近平衡电压，放电容量会接近电池的理论容量。然而，随着放电电流的增大，过充电电压增加，电池容量会减少。

6.2.2　电池循环寿命的影响因素

电池循环寿命的影响因素可以被分成材料的本征特性和设计性能。本征特性与核心材料（正极，负极，隔膜和电解液）有关，而设计影响因素则包括正极和负极的设计平衡。

如果由于核心部件恶化导致电池循环寿命减少，是不可能恢复的。随着电池温度的上升，恶化的进程会加速，循环寿命会迅速地恶化。在这种情况下，材料的基本性能必须得到改善。从另一方面来说，设计因素也是循环寿命恶化的原因，这个问题常常由正极和负极之间热力学和电化学不平衡引起的。例如，选择一个高性能的正极和高性能的负极未必会得到一个循环寿命性能优异的电池，反之亦然。电池设计被认为是具有挑战性的，因为不得不考虑许多因素，并且需要相当的经验。图6.6为循环寿命劣化的两种形式。

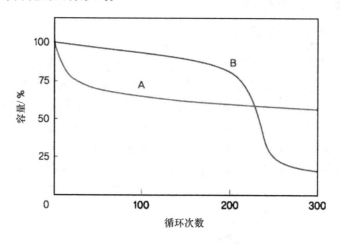

图6.6　典型的电池循环寿命的问题

图6.6的曲线 A 呈现了锂在负极沉积后一个好的电极设计平衡。当锂在初始阶段有意地被沉积，电池展现了优异的循环寿命。这种情况下，循环寿命的劣化可以通过调整正极和负极之间的设计平衡来解决。另一方面，曲线 B 起初展现了出色的循环性能，但是某点之后迅速地恶化。由于牵涉一个复杂的过程，电池性能的分析必须仔细地进行。当电池以低倍率（$C/10$）循环时，应该检测电池的容量恢复。如果容量有所改善，恶化问题的根源是不合适的设计。否则，它有可能是由于电池内部的核心材料劣化引起的。对曲线 B 而言，曲线 B 的容量通过低倍率的充

放电得以改善，电池的电阻随着循环的进行得以增加。这是因为电极表面阻抗层的形成或者是电解液的电阻增加。当电子以相当快的速度从外电路流入时，电阻可以被忽略。电池内锂离子的破坏由电极活性物质界面的阻抗、隔膜孔的堵塞以及电解液的损耗引起。界面阻抗通常是由于电解液的分解产物所致。电解液的分解反应会产生气体，或增加电解液的粘度，因此增加电池的电阻。

为了避免这种现象，近期做了一些尝试来阻止电解液分解，包括活性物质的表面修饰或者使用电解液添加剂在充电过程中形成稳定的 SEI 膜。在正极上的氧化反应发生在相对较高的电压下，然而负极的还原反应发生在与锂接近的电势。由于高电压的作用，电解液的分解伴随着正极材料表面的氧化反应，会释放出大量的气体来。从正极材料与电解液反应中释放出来的气体受存在于正极表面杂质（LiOH，Li_2CO_3）和结构缺陷的影响。对于后者而言，随着锂离子被消耗，电池容量逐渐减少，伴随着由晶体点阵和与电解液的反应造成的结构坍塌。

负极在充放电时易于发生大的体积膨胀和收缩。正因为如此，在负极材料表面形成的固体电解质膜层必须对体积变化有灵活性。如果固体电解质膜层在充电期间由于负极膨胀恶化，新的膜层会在电解液的分解中得以形成。电解液随后逐渐耗尽，锂离子被消耗掉，这样随着循环的进行从而导致容量下降。其他与正极和负极有关的问题将归因于电极的厚度。如图 6.3 所示，厚的电极可能导致电极内部电势的不平衡。在较高电阻的区域分解反应会加速，这将引起大的过电势。对于负极，电压可能下降直到锂会沉积为止，同时，电解液中存在的锂离子很容易沉积出来。这两种情况对电池的循环寿命会产生消极的影响。

正如之前所提到的，随着负极的收缩和膨胀反复进行，电解液则被连续不断地消耗掉，导致固体电解质膜恶化继而重新形成。为了提高电池循环寿命，由电解液与负极表面反应形成的固体电解质膜必须具有较好的品质。固体电解质膜通常受到电解液添加剂的影响。使用不同类型的添加剂正在探究中。

6.3　电池容量

6.3.1　概述

电池容量指的是电池储存的电荷数量，以毫安时或安时来表示。换句话说，电池容量可以通过在恒定电流条件下，从电池中提取出电荷的多少来测定。这个与电池里面的正极材料数量有关，因为锂离子来自于正极材料。单位体积的容量常用于评估移动电话或手提电脑内的电池，然而单位质量的容量优先被用于不受体积约束的应用领域。图 6.7 展示了有史以来锂二次电池容量的变化。

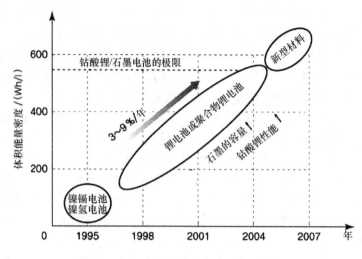

图6.7 锂二次电池能量密度的发展变化

6.3.2 电池容量

自从期望小电池有更高的容量以来，大多的便携式设备，包括手机、笔记本电脑在内要求较好的单位体积容量。电池的设计应该不仅要有较大的单位体积容量，还需要较高的电性能和较高的安全性能。电池容量受以下因素的影响。首先，对于高电池容量，活性物质应该有较高的单位体积容量或单位质量容量。不管电池设计的充裕性，如果正极材料的容量较小，则不可能获得高容量电池。其次，活性物质必须有高的振实密度。高的振实密度能够提高电极的封装密度。制备电极，活性物质要与粘结剂或导电剂混合，并涂覆在集流体上，然后进行辊压。如果封装不合适的话，电极将占据更多的体积，也没法获得高容量。第三，活性材料必须有较小的比表面积。如果比表面积太大，当活性物质覆盖在电极表面的时候，将需要高的液体含量。此外，粒子之间的高表面积也会使电流被分散，需要大量的粘结剂和导电剂来粘附。需要很多的导电剂和粘结剂来降低电阻和改善粘附力。这个导致活性物质数量相对较少，在有限的空间内无法获得高容量。第四，有必要减少隔膜的厚度或集流体的厚度，以及减少电解液占有的空间。然而，这个应该谨慎地进行，因为这些部件与电池的安全性联系紧密。例如，集流体不能太薄，因为它应该拥有足够的机械强度来抵挡涂布过程的冲击。由于集流体为负极或正极上的电子迁移提供了通道，集流体太薄会引起电阻增加或者过热。隔膜则与电池的安全性直接相关，因此保持合适的厚度以避免安全性的急剧下降。在电池的设计上，当使其他部件的功能和性能内的任何损失减少到最小化时，活性物质必须保持完整。

6.3.3　电池容量的测试

通常情况下，电池容量通过电池充放电测试设备来获得。由于用于移动电话上电池的类型繁多，在容量测量方面很难实现标准化。应用于手提电脑的电池是标准圆柱形电池的代表为 18 650 电池，如图 6.8 所示。

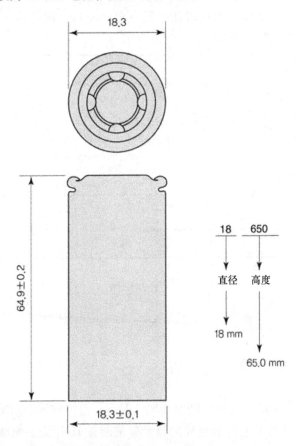

图 6.8　圆柱形电池的尺寸

电池容量一般由制造商标称的额定容量来表示。不同充放电倍率情况下容量也有不同，0.2 C 为额定容量的设置值。对于笔记本电脑要求高输出的则要求高倍率放电能力。由于工作的倍率高于 0.5 C，循环寿命应该以更快的放电速率来评估。

在电池容量的评估中，恒定电流/恒定电压模式（CC/CV）被用于充电，而放电过程则适合恒定电流。这个差异归结于电芯的特性。如果在恒定电流下进行充电，电池内部会产生大量的热，而且电池的电阻会在每个电极上产生过电势。尽管电池在充电时，到了预先设置的截止电压，但由于动力学缘故，每个电极不能获得平衡电势。因此，通过在恒定截止电压下减小电流，在充电的终了阶段，会形成平衡电压。图6.9展示了典型的充电方法。在高倍率的条件下充电，恒定电流的范围相比于恒定电压范围要短。更长的恒定电压范围表明需要更长时间来到达平衡电压，主要是由于大电流导致了更大的过电势。正如图6.9所示，在恒定电压范围内的电流大小随时间逐渐减少。当电压减少到某个特定的点，会达到平衡电压，充电完成。尽管充电仍在继续，但这时几乎没有电流流过。放电是一个比较简单的过程，这个过程只涉及恒定电流。

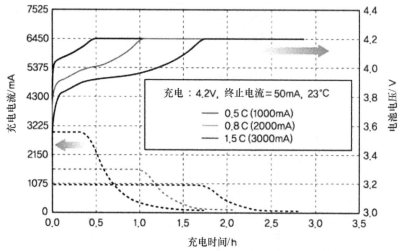

图6.9　不同倍率充电时的电压/电流行为

6.4　倍率放电下的放电特性

倍率放电能力指的是充放电倍率增加情况下，电池容量的保持能力。充放电的倍率由 xC 表示，$1.0C$ 意味着电池的额定容量能在1h用完。电池以 $2.0C$ 的倍率放电可用30min，$4.0C$ 可用15min，而 $0.5C$ 则可用2h。

随着最新电器设备功能的多样化，对大电流放电能力的需求越来越多。电池作为主要的能源被期望有更高的性能。目前的移动电话要求 $0.5C$ 的放电能力，但是不久的将来这将增加到 $1.0C$。因为与移动电话相比，更大电流要求的笔记本电脑要求装配高容量和大放电能力的电池。特别情况下，电动机会运行起来，来保存运行电脑上的工作或者启动后的初始化过程。大电流放电能力是电动机获得高功率的必要条件。通常情况下，$1.0C$ 的放电倍率需要 $0.8C$ 的倍率充电。混合动力车要求 $40C$ 的输出功率，而电动工具至少需要 $10C$ 放电倍率。我们可以知道倍率充放电能力会随着应用类型的变化而变化。电池的倍率充放电能力也与电池的设计密切相关。它们受多种因素的影响，如电解液，隔膜，活性材料的类型，颗粒大小，等等。在这些因素中间，电极的厚度是影响大电流放电能力的主要因素。倍率放电能力可以通过将电极变薄而大大改进，因为薄的电极里面具有较小的电子阻抗和离子阻抗。另一个影响因素是活性材料的颗粒大小。然而，电极的变薄会导致电极内更少的活性物质量（被集流体，隔膜和电解液占据），因此减少了电池容量。依照电池的应用，必须适当地考虑这些因素。主要的技术挑战是在电池容量没有减少的情况下增加大电流的放电能力，而且这个领域的研究在未来的研究里面处于优先研究的地位。

当电池用一段时间后，它的循环寿命和倍率放电能力会大大减少。这是因为随着时间的推移，电池的内部阻抗会随之大大增加。正如前面提到的，影响电阻增加的原因有多个，如界面反应产物的形成，活性材料、电解液的性能劣化以及更大的电极接触电阻。

$$I = V/R \qquad (6.1)$$

式中，I 表示电流；V 表示电压；R 表示电阻。正如式（6.1）所示，电阻的增加导致电流的减少。为了增强倍率放电能力，电池的电阻应该保持最小化。

依照式（6.2），电池阻抗根据电子还是锂离子，可以划分为两个部分。

$$R_{tot} = R_e + R_{Li} \qquad (6.2)$$

式中，R_e 是电阻；R_{Li} 是锂离子的电阻。大电流时电子引起电阻的增加，接触阻抗成为主因。这些增加的电阻对用于 HEV（混合动力汽车）中的电池有举足轻重的影响。因此在保持适当集流器厚度的同时，保持连接处的电阻最小化是非常有必要的。从另一方面来说，来自锂离子的电阻在移动电话以及在装备着需要更低倍率放电能力的紧缩电池的笔记本电脑中则更加明显。

6.5　温度特性

电池的温度特性是电池可靠性的指示器。电池性能的劣化可以通过环境温度的改变来进行评估。电池的温度特性可以分为正常温度范围内的性能可靠性和正常温度范围之外的电池安全性。在正常工作温度范围，当电池工作时，电阻产生热量。在温度被设定为散热和发热都平衡的温度后，电池可以进行性能劣化检测。在正常温度范围之外，电池进行安全检测，这些问题可能是违反运行规定，周围环境而引起的安全问题。当恢复到正常温度时，与初始值的比较可以看出恢复的程度。随着电器设备工作温度的增加，温度特性变得越来越重要。本章节描述了不同类型的温度特性以及对电池性能的影响。

6.5.1 低温特性

低温特性的一个例子是在寒冷冬天或在冰箱里的时候是否能够释放能量来使电话工作起来。相关特性可以归结成放电特性和循环寿命特性。电池低温放电可对电池容量进行测量，可以从一个放电循环来获取。对于小电池而言，通常的温度条件是从 –10 ~ –20 ℃，对混合动力车辆的电池而言则到 –30 ℃。低温循环寿命特性在 0 ~ 10℃ 内检测循环寿命，以及长时间检测低温下的电池性能。随着将来人工智能机器人和工业上的应用，电池将遭受更苛刻的条件。对于移动设备来讲，低温放电被认为是电池设计中一个重要的因素，直接暴露于外部环境的高能耗设备也必须关注电池的低温放电性能。如在航天器、军用车辆等在特定的环境里充当着主要能量来源的电池在不同的温度、湿度、压力下必须显示出优异的性能。

影响温度特性的因素与涉及循环寿命的因素类似。唯一不同的是在低温时保持物质的流动性。例如，活性材料的颗粒越小，将增强电池的低温性能，这是因为增加了锂离子的通道，弥补了低温下锂离子移动慢的缺陷。

电池在低温下典型的放电性能如图 6.10 所示。

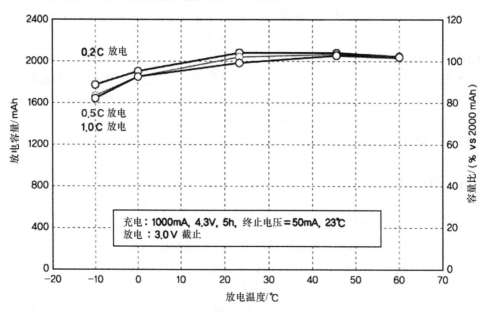

图 6.10　不同温度下电池的放电性能

6.5.2 高温特性

电池的高温特性指的是当电池在高于正常工作范围的温度时，电池保持初始性能的程度。在高温下，电池的特性可以分为长期存储和循环寿命特性。前者评估电池在高温下的性能，而后者涉及在夏天或在其他高温环境下来自电池本身和周围温度的上升。在两种情况下，电池能经得起热应力。

在高温下，因为如电解液、活性材料、隔膜等部件的反应增加，电化学恶化迅速发生。低温特性和高温特性常常彼此冲突。为了增强低温特性，更小粒径的活性材料或低黏度的电解液被使用。而在高温下，这些将增加了活性材料与电解液之间的反应，从而引起循环寿命迅速下降。换句话说，高温性能可以通过阻碍低温特性来改进。这个可以通过使用更小比表面积的活性材料，耐高温的电解液以及使用不同类型电解液添加剂以在负极形成稳定的 SEI 膜。

6.6　能量密度与功率密度（质量能量密度与体积功率密度）

6.6.1　能量密度

能量密度是单位质量或者单位体积内存储能量的多少，用 Wh/kg，Wh/l 表示。体积能量密度对于小电池或者受限于体积的系统来讲很有意义。对于没有体积限制的储能设备来讲，质量能量密度是更合适的。这是因为储能电池占有固定的空间并且用于较宽范围的领域。

6.6.2　功率密度

功率密度是单位时间内释放能量的多少。移动电话和笔记本电脑多数要求在 2.0 C 电流下放电，但是对于混合动力车辆而言应该要求更高。由于高功率密度涉及在规定的时间里释放出高功率，有必要拥有高电压和大电流。正如式（6.3）所示，为增加功率输出，电阻必须最小化。

$$P = I^2 R \tag{6.3}$$

式中，P 表示功率；I 表示电流；R 表示电阻。在影响电阻的各种因素里面，高倍率情况下，电极的厚度是最重要的。对于新的领域（混合动力，插电式混合动力，纯电动汽车等领域），应当采取不同的方法。除了选择能使电极里的电阻最小化的材料以外，其他应该考虑的因素是输出能量和输出功率。如果为了获得更高的输出，电极被做得非常薄，对于集流体，隔膜，电解液来说，制造成本会增加。随着存储能量的大大减少，电池接近成为超级电容器。薄电极复杂的制作工序也会影响到生产效率。

6.7　应用

锂二次电池用于包括通信设备、电脑、娱乐设施、电动工具、玩具、游戏、照明、医疗设备等在内的各种各样的移动设备中。在移动应用方面的电池展现了高功率密度，这对移动环境来说是最重要的条件。这些电池对需要高能量密度、高功率密度的设备来说非常合适的，可以扩展到混合动力汽车和其他运输领域。

6.7.1 移动设备的应用

随着 20 世纪 90 年代早期锂二次电池的商业化，移动设备市场迅速发展起来。为满足小尺寸和高能量的要求，锂二次电池是最合适的能源。手机消费者行为的改变引领无处不在的数字化趋势的新模式，预示着从被动消费到双向通信的转变。随着由内容多样化和软件增值服务引起的对高能量密度的需求，我们已经进入锂二次电池时代。除了高容量，另一个要求是设计的灵活性。聚合物锂离子电池是锂二次电池的一个实例，它满足了尺寸、形状和灵活性等条件。因为更好的稳定性对更高能量密度的电池来说必不可少，电池市场已经开始实施安全规章。

6.7.2 交通设备的应用

化石燃料的有限供应已经导致了石油价格的高升以及环境保护意识上的增加。在京都议定书里减少二氧化碳排放的承诺和通过加州空气资源协会对环保型车辆的需求对高功率锂二次电池的发展有着积极促进作用。日本丰田普锐斯（Prius）是第一辆商用混合动力汽车。该汽车将镍氢电池作为电源，它为高油价提供了一个解决之道。然而，就小尺寸、大功率密度而言，它们不能与锂二次电池进行抗衡。针对汽车使用的大型电池是锂二次电池最有挑战的应用之一，因为这既要求高功率密度，也需要高能量密度。除了性能之外，必须满足电池的高安全性要求。这是由于电能的增加，大型电池更有可能出现安全问题。为了匹配车辆的标准，循环寿命应该得到提高，而且循环寿命远比移动设备要长。用于车辆的术语叫使用寿命。就电池驱动的车辆而言，电路和其他组件扮演着重要的角色。特别是，对包含许多串联或并联电池的电池组的有效管理，电池管理系统（BMS）是很重要的。

混合电动汽车的目标是通过联合内燃机和二次电池系统来改进燃油效率。这些车辆在路途中反复的充放电，因此不需要单独地充电。同样地，大功率密度和安全性是当务之急。由于纯电动汽车只靠电能来运转，锂二次电池需要具有高能量密度、高功率密度和出色的安全性能。对于在这个领域将来的应用，锂二次电池必须以选择合适的材料从而进一步得到发展。

6.7.3 其他应用

虽然没有移动设备和运输工具的应用那么占优势，以下涉及锂二次电池的领域显示了新的希望。例如不间断电源电池，应急电池，替代性储能电池，军用电池或航空用的电池。这些电池不仅仅需要高能量密度和长的循环寿命，还需要高温特性来确保在恶劣环境下的性能。